はじめての TECHNICAL MASTER 103

TypeScript

エンジニア入門編

A textbook for fast learning of TypeScript programming;
language basics, popular libraries, CLI tools,
generative AI, Web servers and frameworks.

西山 雄大 著

秀和システム

本書サポートページ

本書で使われるサンプルコードは秀和システムのウェブページからダウンロードして学べます。

●秀和システムのウェブサイト

https://www.shuwasystem.co.jp/

●本書ウェブページ

https://www.shuwasystem.co.jp/book/9784798073637.html

はじめに

「おめでとう！あなたは良い選択をしています」

> **「TypeScriptを最初の言語の一つとして選んだことにおめでとう**
> **――あなたはすでに良い選択をしています！」**
>
> **"Congratulations on choosing TypeScript as one of your first languages — you're already making good decisions!"**

この一文はTypeScriptの公式ドキュメント（TypeScript Documentation）にある記事、「新しいプログラマーのためのTypeScript（TypeScript for the New Programmer）」の冒頭にある文章です。

ほかならぬTypeScriptの開発者が書いているので、いささか手前味噌な前口上に聞こえるでしょうか。それでも筆者は2019年にTypeScriptを書くようになってから、この主張が正しかったように感じます。とりわけ、ここ数年のTypeScriptを取り巻く現状から見るとそうです。最初の言語としてTypeScriptを選ぶことは、プログラミングを始めると起こりうる数多くの間違いを少なくするうえで、より良い判断だと言えると思います。

2012年に誕生したTypeScriptは、Webアプリケーション開発の領域を中心にシェアを広げていきました。当初はJavaScriptの動作環境を前提としていたTypeScriptでしたが、この2、3年に最初からTypeScriptで書かれたコードを動かすことを想定したランタイムが台頭してきました。こうした視点は開発体験においても同様であり、ライブラリの中には「TypeScriptファースト（TypeScript-first）」を掲げるものもあります。TypeScriptはもはやJavaScriptという言語を補強するツールキットではなく、それ自体がひとつのプログラミング言語なのです。

本書もこうした「TypeScriptファースト」の姿勢、すなわち「TypeScriptで書いたコードが最初から動く」ことを前提に開発するアプローチを取ります。もっとも、文法上も動作の面でもJavaScriptの基盤の上に成り立っている以上、JavaScriptにまつわる問題にぶつかることは避けられません。しかし経験的に間違いのより少ない道筋を示すという意味においても、TypeScriptの習得は単にJavaScriptを学ぶよりも多くのものを提供してくれると筆者は信じます。その意味でもTypeScriptはやはり最初に学ぶべき言語なのです。

本書の特色

本書のこのアプローチは「JavaScript実行環境で動作するという要件に基づきつつ、型をはじめとするTypeScriptのポテンシャルを最大限に引き出す」という従来の書籍とは大きく異にしています。実際、Web開発におけるTypeScriptの適用や型システムの活用という観点については優れた書籍がすでに世に多く出ていますし、日々改善されている実装に関する最新情報という点ではインターネット上の公式・非公式のドキュメントにとても及びません。それよりも本書はTypeScriptでのプログラミングを通じて獲得される認識、すなわち世界観を読者に理解してもらうことに努めます。その際に参照したリファレンスや根拠となるドキュメントは参考文献として末尾に示したので、より詳しく知りたい方はそれらを参照することが可能です。

本書の特色として、Bun や Deno といった比較的新しいランタイムを積極的に採用したことが挙げられます。TypeScriptの実行環境というユースケースにおいては、これら新興のランタイムが今後より広く定着する可能性があります。またTypeScriptという言語のポータブルな特性を理解していただくうえでも、その実行環境がWebブラウザーやNode.jsだけではないことを体感してもらいたい狙いがあります。なにより開発環境の構築というTypeScript習得におけるオーバーヘッドを、この選択により最小限にとどめることができます。

全体の構成にあたっては、それぞれのパートが完結した内容になるように工夫しました。各パートならびに各章は重要度に従って並べられていますが、内容そのものは基本的に疎結合であり、どのパートから読み始めても開発するうえで差し支えがないようになっています。本書を読む学習者が途中で脱落することなく、章ごとに一定の達成感を得られることを重視しました。仮にどこかの章で挫折してしまっても、別のパートでは異なる実行環境で心機一転して開発が始められることで、後でまた戻ってきて再チャレンジできるようにもなっています。

最後に、開発現場の最先端が日本ではなく欧米にあることに鑑み、国際的に通用する英語での表記を尊重しました。語句に訳語が与えられている場合と、カタカナで音訳されている場合とに関わらず、重要な概念については括弧書きでアルファベット表記を付け加えるようにしています。日本語に訳す前の方がかえって意味がとりやすい概念もありますし、より詳しく知るために自分で検索して調べる際にも便利かと思います。なお、すでにいくつか訳語のある概念についても、必要があれば訳し直すことにします。

本書が想定する読者

本書の読者としてはまず、プログラミング言語について文法やデータ構造などの一般的な知識があり、簡単なプログラムをいくつか書いた経験がある方を想定しています。とはいえ、多くの人は学校教育における情報の授業などでこの条件をすでに満たしていると思われます。そうでなくても、とりあえず手を動かしてものごとを習得することが好きな方には、プログラミングという体験がどんなものか試してみるのに適当でまとまった教材になっていると思います。

次に、業務ですでにTypeScriptを使っているが、より本質的に理解するために個人でも何かを作ってみたいと感じている方です。本書はそのような方に向けて書かれていると言っても過言ではありません。TypeScriptはその言語設計や機能のために、型の活用や特定用途での駆使といった観点から書かれたドキュメントがこれまで多かったと思います。それに対して本書は実際にプログラムをイチから作るという体験を大事にしているので、ものづくりを通してTypeScriptの本質を身につけたいと思っている方にはうってつけです。

それからJavaScriptでの開発経験はあるものの、これまでTypeScriptを試してみる機会がなかったという方には朗報です。実行環境についての前提知識やJavaScript特有の動作のクセなどの理解をスキップして、TypeScriptプログラミングのエッセンスにそのまま到達できます。TypeScriptそのものがJavaScriptによる開発の課題や問題点を解決するために改良されてきた言語なので、そうした言語機能の必要性や有用性を沁み入るように理解できると思います。なお本書は既存のJavaScriptプロジェクトへのTypeScript導入という、プロダクション上は重要であるものの学習にはそれほど関係がないシチュエーションは取り扱っておらず、それにより設定ファイルの調整などTypeScript開発にまつわる障害を最小限にしています。

最後に、TypeScriptの型システムを活用した、より良い開発体験を追い求めている方にも読んでいただきたいです。近年プログラミングにおける開発者体験というものが重視されるようになりましたが、TypeScriptはそうした潮流の最先端にいます。筆者が2019年にTypeScriptを書くようになってからも、毎年のように新たな言語機能が追加され、TypeScriptの開発体験はどんどん良くなっていると感じます。本書でもアプリケーション開発などで実際にありそうなシナリオで、これらの便利な機能を具体的に活用する方法を提示していきたいと思います。

本書の構成

パート1では、JavaScriptから始まるTypeScriptの背景について解説します。TypeScriptについて知るためには、まずはその元になっているJavaScriptについて詳しく知るべきでしょう。JavaScriptが使われるようになって以来、さまざまな課題に直面するたびに解決が図られ、そうした試みの一環としてTypeScriptもまた生み出されたという経緯について学びます。それらを通してTypeScriptが開発者コミュニティのどのような要請から発明され、そして採用されてきたかを見ます。

パート2からパート4では、それぞれ異なるランタイムを使って、シチュエーションの異なるプログラムをTypeScriptで開発します。

パート2ではBunを使ってCLIツールを開発します。CLIツールは簡単なプログラムをすぐに動かせるスクリプト言語の得意領域で、作り込めば実用的な用途に耐えるものにもなります。今回はコマンドラインからメモを記録できるツールと、それを拡張してTodo管理ができるようにしたツールをそれぞれ作ります。その中でファイルやデータの操作など、多くの場面で求められる基本的なプログラミングの概念をTypeScriptで実習します。

パート3ではDenoを使ってWebサーバーを動かしてみます。Webアプリケーション開発はTypeScriptの主要なユースケースであり、このパートではサーバーサイドでの処理に絞ったかたちで取り扱います。連携する外部サービスとしてChatGPT APIを利用することで、ここ数年で話題になっている生成AIの技術も取り入れました。また、HTMLやHTTPプロトコルなど、一般的なWeb関連技術についての理解も深めます。

パート4ではNode.jsを使ってコンテナー化されたWebサービスを開発します。フロントエンドとバックエンド、データベースなどを備えた、より実践的なWebアプリケーション開発にここで取り組みます。構成ファイルや設定ファイルなどTypeScriptプロジェクトの複雑性を構成する要素も、ここではつぶさに見ていきます。最後にはコンテナー技術を用いたサーバーレス構成にもチャレンジする予定です。

TypeScriptを活用するうえでキーとなる型付けなどの言語機能については、基本的に章の中で採りあげることとしつつ、後から参照しやすいように項としても切り出したいと思います。また、本筋には関係ないものの技術的背景や歴史的経緯を説明する内容は、コラムとして随所に配置します。

サポートについて

本書で紹介するソースコードについては、Cosenseプロジェクト https://cosen.se/tech-master-typescript/ を通して公開する予定です。

TECHNICAL MASTER

Contents 目次

Part 01 TypeScriptの世界観

Chapter 01 TypeScriptまでの道のり

01-01 JavaScriptの誕生：Webサイトのための言語 …… 2

1 静的なページに動的なインタラクションを取り入れるためにJavaScriptが開発された
2 Netscape NavigatorとInternet Explorerとの間でブラウザー戦争と呼ばれるシェア争いがあった
3 ブラウザー間のコードの互換性が問題となった

01-02 ECMAScript：標準化と混沌 …… 4

1 1993年のECMAScript 3でJavaScriptの基本的な機能が固まった
2 Webをめぐる状況の変化からECMAScript 4は2度にわたり放棄された
3 ECMAScript 4にはTypeScriptを先取りする革新的な機能が含まれていた

01-03 Ajax：Webアプリケーションへの拡大 …… 6

1 2005年のGoogleマップは高度な体験を実現したWebアプリケーションだった
2 Ajaxという手法では画面をリロードすることなくJavaScriptでページを書き換える
3 ブラウザー間の差異を吸収するためjQueryというライブラリが使われるようになった

01-04 Node.js：ユニバーサルなプログラミング言語へ …… 8

1 Node.jsではJavaScriptがサーバーサイドで動作する
2 モジュールエコシステムやパッケージ管理システムも備えられた
3 クライアント1万台問題を解決する点でもNode.jsが注目された

01-05 Babel：モダンなJavaScriptへの渇望 …… 10

1 Node.jsとの仕様の違いに加え、ブラウザーによっては最新のJavaScriptの機能が使えなかった
2 webpackは複数のモジュールファイルを1つのJavaScriptにバンドルする
3 Babelは古いJavaScriptを新しいJavaScriptにトランスパイルする

01-06 TypeScript：AltJS戦国時代の覇者 …… 12

1 JavaScriptを拡張して開発者体験やコードの可読性・保守性を向上することが試みられてきた
2 CoffeeScriptはコードを非常に短く書けるAltJSとして多くの開発者に使われていた
3 JavaScriptからの段階的な移行という観点からTypeScriptのアプローチが支持された

01-07 TypeScriptがもたらしたもの …… 14

1 Webアプリケーション開発でも柔軟性より堅牢性が重視されるようになった
2 IDEによる開発支援の拡充により開発者体験が向上した
3 コードのドキュメンテーションとしての側面が注目されるようになった

01-08 第1章のまとめ …… 16

Chapter 02 TypeScriptと型

02-01 動的型付けと静的型付け …… 18

1 型付けとは値や変数やその他のデータ要素を分類し、型と呼ばれる属性を付与すること
2 型検査をどのタイミングで行うかによって静的型付けと動的型付けに大別される
3 型システムの目的のひとつはプログラムエラーとバグの発生を抑止すること

02-02 漸進的型付けというコンセプト …… 20

1 TypeScriptは漸進的型付けというアプローチでJavaScriptに静的型付けを組み合わせた
2 漸進的型付けでは型検査を行いたい箇所に型注釈を追加する
3 TypeScriptのany型では静的な型検査を行わない

02-03 型推論の仕組み …… 22

1 型推論ではコード周辺の情報や文脈から型が導出される
2 単純な関数の組み合わせなら型注釈がいっさい不要の場合もある
3 期待される型を先に注釈しておく技法は型駆動開発と呼ばれる

02-04 機械のための型と人間のための型 …… 24

1 手続き型の静的型付き言語では、データ型はメモリでの格納形式を指定する
2 TypeScriptの型情報はコンパイル時に取り除かれ、メモリの最適化には寄与しない
3 TypeScriptの型は開発者にとって都合の良いように定められたもの

02-05 数学の応用としての型 …… 26

1 ユニオン型は集合論の和集合に相当し、「いずれかの型」を表現する
2 インターセクション型は集合論の積集合に対応し、「いずれも備えている型」を表現する
3 独自の型を宣言する方法には型エイリアスとインターフェースの2つがある

02-06 アノテーションとしての型 …… 28

1 TypeScriptの型アノテーションでは変数名の後にコロンで区切った型の名前を続ける
2 オプショナルな型アノテーションの記法は段階的な型情報の付与を可能にする
3 TypeScriptの型推論を助ける機能が拡充され、コンパイラー自体の推論能力も向上している

02-07 ドキュメンテーションとしての型 ………… 30

1 外部とのデータのやりとりではインターフェースの型定義が役立つ
2 型を使ってデータを定義する方法は、コードコメントで説明するよりも保守性において優れている
3 型情報のおかげでIDEによるサジェストや入力補完などの開発支援機能が実現される

02-08 第2章のまとめ ………… 32

Chapter 03 TypeScriptの文法

03-01 データとデータ型 ………… 34

1 不変のデータ型はプリミティブと呼ばれ、TypeScriptでも同じ名前の型が対応する
2 複雑なデータ構造の表現にはオブジェクトが使われる
3 結果をコンソールに出力するには`console.log()`を使う

03-02 宣言と型アノテーション ………… 36

1 値に名前をつけるにはletやconstキーワードによる変数の宣言と代入を行う
2 TypeScriptでは変数の型が初期値や型アノテーションによって定まる
3 関数の宣言はfunctionキーワードで行い、引数や返り値について型アノテーションできる

03-03 式とリテラル ………… 39

1 JavaScriptで値を操作するには演算子を用いて式を記述する
2 一部のデータ型やデータ構造の値はリテラルによって記述できる
3 オブジェクトリテラルはTypeScriptにおける型アノテーションとは別物

03-04 制御フローと反復処理 ………… 42

1 if...else文では条件の真偽に応じてそれぞれのブロックの処理が実行される
2 try...catch文ではtryブロックでエラーが発生するとcatchブロックに処理が移行する
3 for文でループが書けるが、TypeScriptでは`.map()`や`.forEach()`などでの反復処理が好まれる

03-05 undefinedとオプショナル ………… 45

1 オブジェクトのプロパティにはチェーン演算子`.`で次々とアクセスすることができる
2 `.?`でチェーンすると`undefined`や`null`といった値にアクセスしても参照エラーにならない
3 TypeScriptではオプショナルプロパティやオプショナル引数が利用できる

03-06 リテラル型と型の絞り込み ………… 48

1 constアサーションを使うと型拡張が抑制されてリテラル型になる
2 ユニオン型は変数やパラメーターが値に取りうる選択肢として機能する
3 型が不明な値は型ガードによって型の絞り込みができる

03-07 Promiseとジェネリクス …… 52

1 非同期関数の呼び出しにはawaitキーワードを、定義にはasyncキーワードを前につける
2 TypeScriptでは非同期処理はPromise型として表現される
3 ジェネリクスでは型定義に使われる型を引数として後から渡すことができる

03-08 第3章のまとめ …… 55

Part 02 BunでCLIツール開発

Chapter 04 開発環境をととのえる

04-01 動作OSとコマンドシェルについて …… 58

1 OSによって開発体験はほとんど変わらない
2 本書で%はターミナルへの入力を表す
3 環境によっては$や›といった表示になる

04-02 コードエディターを導入する …… 59

1 VS Codeはターミナルやデバッガーなどの各種ツールを兼ね備えた統合開発環境
2 VS Codeではターミナルを画面内に表示することができる

04-03 VS Code拡張機能をインストールする …… 61

1 拡張機能を導入することで開発体験が向上する
2 自動フォーマット機能を有効にすると、ファイル保存時にコードが自動で整形される

04-04 作業用ディレクトリについて …… 63

1 作業用ディレクトリをホームディレクトリの下に作っておく
2 名前はworkplaceなどわかりやすいものにする

04-05 第4章のまとめ …… 64

Chapter 05 コマンドラインで動くメモツールを作る

05-01 Bunをインストールする …… 66

1 Bunはバンドラーやパッケージ管理システム、テストランナーなどを備えたツールキット
2 ターミナルでコマンドを実行してインストールし、パスを通す必要がある

05-02 プロジェクトを準備する …… 68

1 bun init コマンドでプロジェクトを初期化する
2 console.log() 関数で標準出力にログを出力する

05-03 テキストファイルに書き出す …… 70

1 Bun.write() でファイルにテキストが書き込まれる
2 new Date() で現在時刻のDateオブジェクトを生成できる
3 TypeScriptでは仮引数で期待される型に実引数の値の型を合わせないといけない

05-04 テキストファイルを読み込む …… 73

1 Bun.file() でファイルに相当するオブジェクトを生成する
2 text() メソッドでファイルのテキストを読み出せる
3 text() メソッドは非同期関数であり、呼び出しにはawait キーワードが必要

05-05 テキストファイルを編集する …… 75

1 file.writer() で書き込みに便利なオブジェクトを生成
2 end() メソッドで書き込みを完了
3 \n という文字列で改行を表現

05-06 コマンドライン引数を取得する …… 77

1 bun run index.ts のあとに続けて文字列を渡すことができる
2 Bun.argv というプロパティからコマンドライン引数が参照できる

05-07 型エラーを解決する …… 79

1 配列はpop() メソッドで最後の要素を破壊的に取り出せる
2 型アノテーションにより変数の型を定義できる
3 Null合体演算子 ?? でundefined だった場合の値を指定できる

05-08 制御構文を使って条件分岐する …… 82

1 if 文およびelse if 節で条件が真だった場合の処理を分岐
2 else 節に条件が偽だった場合の処理を記述
3 throw で開発者向けに例外を発生

05-09 関数を作成してエクスポート・インポートする …… 85

1 function キーワードで関数を宣言
2 関数の引数や返り値も型アノテーションできる
3 export キーワードでエクスポートした関数は import 文でモジュールからインポートできる

01 02 03 04 05 06 07 08 09 10 11 12

05-10 関数のテストを作成・実行する 90

1 test() と expect() を組み合わせて Bun のテストを記述
2 `` で囲まれたテンプレートリテラルではプレースホルダーとして式を埋め込める
3 bun test で記述済みテストを実行

05-11 第5章のまとめ 94

Chapter 06 データベースを備えたTodoツールを作る

06-01 本章で作るTodoツールについて 96

1 Todo や完了済み Todo などの状態を表現したい
2 複雑な処理をテキストベースで実現するのは難しい
3 データベースを使えば、抽象的で構造化された形式のデータを扱える

06-02 データベースとSQLiteについて 98

1 データベースはリレーショナルデータベースとそれ以外のデータベースとに大別される
2 SQL でリレーショナルデータベースに問い合わせるクエリを記述
3 SQLite はサーバーを必要とせず軽量なリレーショナルデータベース

06-03 データを定義し、テーブルを設計する 100

1 テーブルの構造は事前に定義される必要がある
2 データはレコードという形態でテーブルに記録される
3 フィールドの値は列ごとにデータ型が定められている

06-04 CRUD操作について 102

1 Create は新しいレコードをデータベースに追加する操作
2 Read はデータベースから複数件の情報を取得する操作
3 Update と Delete はそれぞれレコードを更新・削除する操作

06-05 データベースに接続し、テーブルを作成する 104

1 new Database() で SQLite データベースに接続
2 SQL クエリを発行して各列の名前やデータ型、制約を指定したテーブルを作成
3 接続を開いたデータベースは最後に閉じられる必要がある

06-06 Create：データを登録する …… 107

1 switch 文でパターンごとに分岐した処理を記述できる
2 BunのSQLiteドライバーでは、変数にあたる箇所を？と置ける
3 型エイリアスとユニオン型の組み合わせで、取りうる値を限定できる

06-07 Read：データの一覧を取得する …… 111

1 インターフェースを定義することで取得したデータオブジェクトの型を表現できる
2 外部からやってくる値に型をつけるのにasによる型アサーションが使われる
3 配列を順に処理するには forEach( ) メソッドを使う

06-08 関数を修正して再利用する …… 115

1 引数にはオブジェクトを取ることもできる
2 文字列がリテラル型ではなく文字列型として推論されないようconstアサーションを使う
3 オブジェクトが型を満たすことを保証するには satisfies キーワードを使う

06-09 Update：項目を更新する …… 120

1 SQL文は句を足すことで複雑なクエリを表現できる
2 レコードはIDを指定してフィールドの値を渡すことで更新

06-10 Delete：項目を削除する …… 123

1 テーブルからレコードを削除することは物理削除と呼ばれる
2 レコードに削除フラグを立てることで論理削除も実現できる
3 テーブルに列を追加するために新たなテーブルとして作り直す

06-11 コンソールへの出力を改善する …… 127

1 コンソール出力によりユーザーに処理の結果を伝える
2 早期リターンを使うことで処理の中断を表現できる
3 try ... catch 文を使ってエラーハンドリングを実装

06-12 第6章のまとめ …… 131

01
02
03
04
05
06
07
08
09
10
11
12

Part 03 DenoでWebサービス開発

Chapter 07 → DenoでWebサービス開発

07-01 開発環境を準備する …… 134

1 DenoはNode.jsの開発者によって、Node.js開発の反省点を踏まえて新たに開発された
2 Deno用にVS Code拡張機能が提供されている

07-02 GitHubアカウントを作成する …… 136

1 GitHubはソースコードを管理・共有できるプラットフォーム
2 作成したGitHubアカウントはユーザー認証にも使われる

07-03 Deno Deployでプロジェクトを作成する …… 137

1 Deno.serve() でWebサイトを配信する
2 new Response() でHTTPレスポンスを構成する

07-04 WebサーバーとHTTPについて …… 139

1 WebサーバーとはHTMLやファイルを配信するプログラムやコンピューター
2 ブラウザーはHTTPプロトコルでやりとりしたメッセージをもとにページを表示
3 リクエストはメソッドやパスなど、レスポンスはステータス行と本体で構成される

07-05 サーバーからHTMLドキュメントをレスポンスする …… 141

1 Webページのレスポンスは開発者ツールから確認できる
2 content-type はメディア種別を指定するヘッダー
3 HTMLドキュメントのメディア種別は text/html

07-06 ローカル環境で新規Denoプロジェクトを作成する …… 144

1 deno init でDenoプロジェクトを新規作成
2 テキストファイルを読み込むには Deno.readTextFile() を非同期で呼び出す
3 文字化けを防ぐために文字コード utf-8 を指定

07-07 サーバーからストリーミングレスポンスを返す …… 148

1 ストリーミングとはリソースをチャンクに分割しながら少しずつ処理すること
2 処理に時間がかかったり、リアルタイム性の高いコンテンツの提供にストリームが使われる
3 HTTP通信はステートレスだが、ストリーミングという形態で通信を維持できる

07-08 第7章のまとめ …… 151

Chapter 08 ChatGPT APIを使用してレスポンスを得る

08-01 ChatGPTについて …… 154

1 ChatGPTは大規模言語モデルと呼ばれる生成AIの一種

2 ChatGPTは対話のために作られたが、自然言語をやりとりできる関数としても使える

3 Web APIを利用すればサービスをアプリケーションに組み込める

08-02 Web APIについて …… 155

1 Web APIはHTTP通信を利用して情報を安全に交換するためのインターフェース

2 RESTと呼ばれる原則を適用したAPIが一般的

3 4種類の重要な操作がHTTPメソッドにそれぞれ対応する

08-03 ChatGPT APIを利用できるようにする …… 157

1 ChatGPTのAPIを利用するにはChatGPTアカウントが必須

2 開発者プラットフォームからAPIキーが発行できる

3 秘匿性が求められるデータは環境変数として.envファイルに保存

08-04 Denoでopenaiライブラリを使う …… 160

1 Denoではパッケージレジストリから直接URLでライブラリをインポートできる

2 環境変数はDeno.env.get()で取得

3 チャット補完を実行するためのメッセージとしてプロンプトを指定

08-05 レスポンスをストリームとして配信する …… 163

1 ChatGPT APIにはストリームモードがある

2 ストリームレスポンスはfor await...of文で反復して増分を取り出す

3 ストリームモードでは生成結果が逐次的に得られる

08-06 ルーティングを実装してパスからパラメーターを取得する …… 166

1 URLのパスをパラメーターとしてWebサーバーに任意の値を渡せる

2 new URLPattern()を使ってURLパターンマッチングができる

3 ルーティングによりWebサイトでパスごとに異なるページが表示される

08-07 MarkdownをHTMLに変換してから表示する …… 169

1 Markdownで書かれたテキストはHTMLに変換できる

2 HTMLドキュメントにはブラウザー標準のスタイルが適用される

3 CSSフレームワークを使うとスタイルを手軽に適用できる

08-08 第8章のまとめ …… 173

Chapter 09 → HonoとDeno KVを使用してブックマークAPIを作る

09-01 Honoプロジェクトを作成する ······ 176

1 Webフレームワークを使うと、Webサイトの基本的な機能を簡単に開発できる
2 Denoではnpmパッケージにnpm:をつけて指定する必要がある
3 Denoでは依存モジュールの管理にdeno.jsonが使われる

09-02 HonoでGETメソッドのレスポンスを実装する ······ 178

1 app.get()でパスに対するGETメソッドのレスポンスを実装
2 c.req.query()で指定したクエリパラメーターが取得できる
3 c.json()でJSONレスポンスを構成

09-03 HTMLをDOMツリーにパースしてtitle要素の中身を取り出す ······ 181

1 deno addでパッケージをモジュール依存にインストール
2 fetch()を使うとWebページの情報を取得できる
3 DOMParserのparseFromString()でHTMLテキストがパースされる

09-04 Deno KVを使ってPOSTリクエストをもとにデータを登録する ······ 185

1 キーバリュー型データベースではデータをキーと値のペアとして保存・取得する
2 フォームデータとしてのリクエストボディはc.req.parseBody()でパース
3 POSTメソッドでデータを登録した際の成功ステータスコードは201 Created

09-05 GETリクエストに対しDeno KVからデータ一覧をレスポンスする ······ 188

1 Deno KVではプリフィックスとしてキーを指定する
2 TypeScriptにとって不明な値の型はunknownと推論される
3 kv.list()は型引数にデータの値の型を取ることができる

09-06 符号化されてきたパスパラメーターの値を復号する ······ 192

1 配列はtoReversed()メソッドで逆順に変換できる
2 RESTfulなAPIでは、すべての情報に一意にアクセスできるようパス設計されるべき
3 decodeURIComponentでパーセントエンコーディングされた文字列を復号

09-07 Deno Deployでサービスをデプロイする ······ 196

1 デプロイとはアプリケーションやサービスのリソースをサーバー上に配置すること
2 deployctlでコマンドラインからデプロイできるようになる
3 deno deployでWebサービスがデプロイされ、インターネットに公開される

09-08 第9章のまとめ ······ 200

Part 04 Node.jsでWebアプリケーション開発

Chapter 10 ViteとVueでシングルアプリケーションを作る

10-01 Node.jsのインストール……202

1 プロダクション利用においてはNode.jsのシェアが圧倒的
2 TypeScriptの正式サポートという点ではNode.jsは後発
3 パッケージ管理システムnpmも一緒にインストールされる

10-02 Viteのテンプレートでvueプロジェクトを生成する……205

1 Viteを使うとVueとTypeScriptのプロジェクトを新規作成できる
2 npm create vite@latest でViteプロジェクトを作成
3 package.jsonはNode.jsにおける依存モジュールの定義ファイル

10-03 Vueの基本的なコンセプトについて……208

1 VueはHTMLベースのテンプレート構文を採用している
2 変数の読み書きを追跡する仕組みによりリアクティビティが実現される
3 単一ファイルコンポーネントとして処理が単一ファイルにまとめられる

10-04 コンポーネントの基礎……210

1 App.vueがアプリケーション本体、それ以外はコンポーネント
2 コンポーネント間のデータの受け渡しはpropsによって行う
3 <script> 内でスクリプトを、<template> 内でHTMLテンプレートを記述

10-05 Web APIをフェッチしてデータを表示する……213

1 ref() に入れたデータはリアクティブになる
2 @click ディレクティブでクリックイベントを実装
3 v-for ディレクティブで配列の数だけ要素を展開

10-06 コンポーネントを作成して呼び出す……216

1 defineProps() で受け取るpropsを定義
2 動的なpropsではコロンをつけて値をバインド
3 <style> ブロックにスタイルを指定するCSSを記述

10-07 入力フォームと連携する……220

1 ref() に入力値を格納し、input要素に v-model で双方向バインディング
2 @submit ディレクティブでform要素の送信イベントを実装
3 イベントディレクティブには .prevent といったイベント修飾子も利用できる

10-08 第10章のまとめ …… 223

Chapter 11 → Nuxtで短文投稿サービスを作る

11-01 Nuxtプロジェクトを作成する …… 226

1 メタフレームワークにはSSRとCSRという大きく2種類のレンダリングがある
2 ファイルシステムベースのルーティングではファイルのディレクトリパスがURLに対応する
3 npx nuxi@latest init コマンドでNuxtプロジェクトを新規作成

11-02 ファイルベースのルーティングを構成する …… 228

1 pages/下のVueファイルがディレクトリパスに対応したURLパスのページになる
2 app.vueに <NuxtPage /> を配置するとファイルベースのルーティングが有効になる
3 layouts/下のVueファイルはレイアウトコンポーネントとして使える

11-03 Nuxtモジュールを導入する …… 231

1 TailwindCSSは、HTML要素を手軽にスタイリングできるCSSフレームワーク
2 NuxtUIは定義済みコンポーネントを提供するUIライブラリ
3 npx nuxi@latest module add コマンドでNuxtモジュールを追加できる

11-04 ページのモックアップを作成する …… 234

1 オートインポート機能により、components/下のコンポーネントはインポート不要で利用できる
2 内部リンクは <NuxtLink> タグでマークアップ
3 動的なパスは角括弧 [ ] でパラメーターを囲んで指定

11-05 MongoDB Atlasでデータベースを作成する …… 239

1 MongoDB Atlas アカウントでクラスターを作成
2 ネットワークアクセスの制限をゆるめ、ユーザーを作成
3 作成したデータベースに仮データを登録しておく

11-06 Nuxtにmongooseを導入し、モデルを定義する …… 244

1 mongooseモジュールを導入し、nuxt.config.tsに設定を追加
2 defineMongooseModel() でコレクションのモデルを定義
3 TypeScriptのインターフェースでも同じ構造を定義

11-07 APIバックエンドを実装する …… 247

1 バックエンドはMongoDBのデータベースと通信し、加工したデータをフロントエンドに提供する
2 server/api/下にバックエンドAPIを実装
3 投稿のためのAPIはPOSTリクエストで受けつける

11-08 フロントエンドとAPIバックエンドをつなげる……250

1 useFetch() コンポーザブルでAPIからのデータ取得を最適化できる
2 ページ本体で取得したデータをコンポーネントにpropsで渡す
3 パスパラメーターはuseRoute() コンポーザブルを使って参照できる

11-09 投稿と同時にデータを再取得する……255

1 SSRで描画されたデータは自動的に再取得されない
2 $fetch() やuseFetch() が提供するrefreshにより再取得したデータがCSRで更新される
3 defineEmits() でコンポーネントに渡すイベントを定義できる

11-10 第11章のまとめ……260

Chapter 12 Dockerコンテナーを Cloud Runでデプロイする

12-01 Dockerの開発環境をセットアップする……262

1 Dockerは軽量なコンテナー型仮想環境を提供する
2 Dockerコンテナーは一貫した開発環境の可搬性を備える
3 Dockerの利用にはDocker Desktopのインストールが必要

12-02 Dockerfileからイメージをビルドする……264

1 Dockerfileというファイルを作成し、イメージの設定項目を記述
2 ベースイメージとしてはNode.js公式の構築済みイメージを利用
3 docker build -t コマンドでイメージをビルド

12-03 Dockerコンテナーでアプリケーションを動かす……267

1 docker run コマンドでコンテナーが作成・動作
2 -p 3000:3000 フラグでコンテナーのポートを転送

12-04 サーバーレスアーキテクチャーについて……269

1 サーバーレスプラットフォームの基盤にあるコンテナー技術により自動スケーリングが可能
2 フルマネージドサービスによりサーバーの運用・管理から解放され、開発効率が向上する
3 イベント駆動アーキテクチャーもサーバーレスに適している

12-05 Google Cloudにプロジェクトを作成し、CLIを初期化する ･･･ 271

1 Cloud Runではコンテナーをサーバーレス環境で実行できる
2 Google Cloudで新しいプロジェクトを作成
3 Google Cloud CLIをインストールして gcloud init で初期化

12-06 コンテナーイメージをビルドし、リポジトリとしてプッシュする ･･･ 276

1 Google Cloudの各種サービスを利用するためにAPIを有効化
2 プッシュ先リポジトリの指定にはプロジェクトIDが使われる
3 gcloud builds submit コマンドでArtifact Registryにプッシュ

12-07 コンテナー化したアプリケーションをデプロイする ･･･ 278

1 gcloud run deploy コマンドでアプリケーションをデプロイ
2 Secret Managerを利用して環境変数の値をシークレットとして扱う
3 サービスとイメージを削除してプロジェクトをクリーンアップ

12-08 第12章のまとめ ･･･ 281

おわりに ･･･ 282

補足資料 ･･･ 284

索 引 ･･･ 294

Part 01 TypeScriptの世界観

TypeScriptまでの道のり

TypeScriptが誕生し、開発者からの信頼と人気を獲得していくまでの歴史を紹介します。元となるJavaScriptの成り立ちから説明することを通して、JavaScriptがはじめての読者にも、開発の経験がある読者にも納得しながら読み進められるための準備とします。

Contents

01-01 JavaScriptの誕生：Webサイトのための言語 ……… 2
01-02 ECMAScript：標準化と混沌 ……… 4
01-03 Ajax：Webアプリケーションへの拡大 ……… 6
01-04 Node.js：ユニバーサルなプログラミング言語へ ……… 8
01-05 Babel：モダンなJavaScriptへの渇望 ……… 10
01-06 TypeScript：AltJS戦国時代の覇者 ……… 12
01-07 TypeScriptがもたらしたもの ……… 14
01-08 第1章のまとめ ……… 16

Section 01-01 JavaScriptの誕生：Webサイトのための言語

1995年、Webページに動きをつけるための言語としてJavaScriptが開発されると、ブラウザーの普及とともに一般化していきました。

このセクションのポイント

1 静的なページに動的なインタラクションを取り入れるためにJavaScriptが開発された
2 Netscape NavigatorとInternet Explorerとの間でブラウザー戦争と呼ばれるシェア争いがあった
3 ブラウザー間のコードの互換性が問題となった

JavaScriptは1995年、ブレンダン・アイク（Brendan Eich）というプログラマーによって、Netscape NavigatorというWebブラウザーのために開発されました。当時のブラウザーはまだ画像をテキストと混在して表示できるようになったところで、静的なコンテンツしか扱うことができなかったため、動的な振る舞いを制御できるプログラミング言語が求められたのです。そこで当時ネットスケープ・コミュニケーションズ（Netscape Communications、以下ネットスケープ）に勤めていたブレンダン・アイクにより、非プログラマーにも親しみやすい言語にすることを目標として開発されました。そしてアニメーションGIFなどの新機能とともに、Netscape Navigatorのバージョン2.0で導入されました。

「JavaScript」という紛らわしい名前も、このような「親しみやすさ」と関係があります。当時、サン・マイクロシステムズ（Sun Microsystems、現オラクル）が開発したJavaが、新しいプログラミング言語として注目を集めていました。ネットスケープはサン・マイクロシステムズと提携関係にあり、そうしたJavaのイメージにあやかることを重視しました。当初はLiveScriptという名前でリリースされたこの言語は、こうして数ヶ月後には現在のJavaScriptに名前が変更されています。のちにブレンダン・アイクはそれが「ネットスケープによるマーケティング上の策略だった」と語っています。

1995年はまた、マイクロソフト（Microsoft）からWindows 95が発売された年でもあります。このOSは誰でも手軽に扱えるパーソナル・コンピューター（パソコン）を謳い、当時普及しつつあったインターネットへの接続を世界的に後押ししました。そしてこのタイミングで、マイクロソフト独自のWebブラウザーであるInternet Explorerの提供も始まりました。ここにシェアの大半を占めていたネットスケープ・ナビゲーターと、ブラウザー戦争（browser war）と呼ばれるシェア争いが繰り広げられていくことになります。

Internet Explorerのバージョン3.0に1996年8月、JScriptという名前で搭載されたことで、JavaScriptは流れに乗って普及しはじめました。しかしJScriptもまたマイクロソフトによって独自実装された言語だったため、Netscape Navigatorとの互換性が必ずしも高くありませんでした。しだいに一方のブラウザーのために書いたJavaScriptコードが他方では動作しないということが問題になってきます。そこで1996年11月、ネットスケープが呼びかけ人となり、Ecmaインターナショナル(Ecma International、以後Ecma)の標準化機関においてJavaScriptの標準化が始められることになりました。

▼NCSA Mosaic

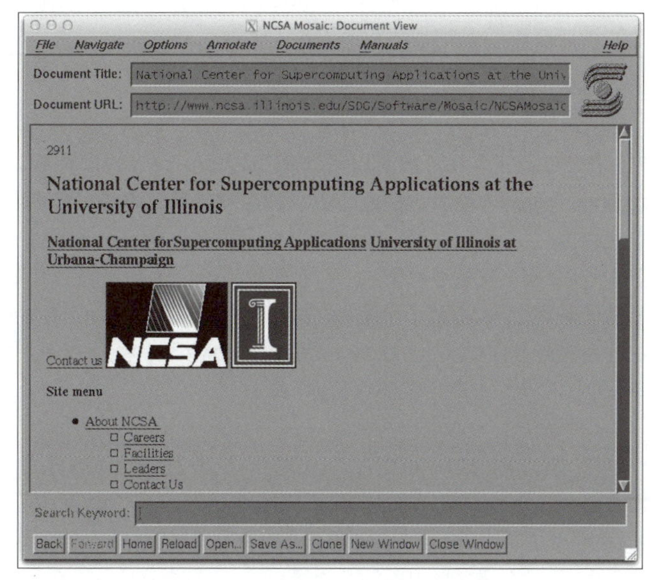

※出典：「NCSA Mosaic - Wikipedia」

▼Internet Explorer 3

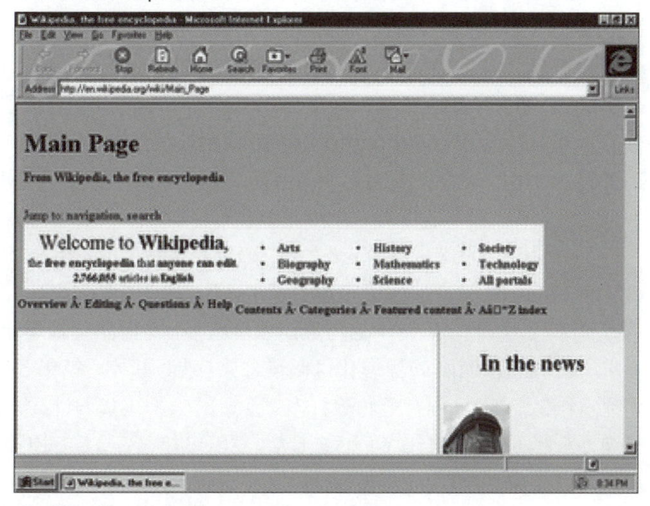

※出典：「Internet Explorer 3 - Wikipedia」

Section 01-02

ECMAScript：標準化と混沌

JavaScriptを標準化するためにECMAScriptという名前の規格が策定され、現在に至るまで改訂が続けられています。

このセクションのポイント

1. 1993年のECMAScript 3でJavaScriptの基本的な機能が固まった
2. Webをめぐる状況の変化からECMAScript 4は2度にわたり放棄された
3. ECMAScript 4にはTypeScriptを先取りする革新的な機能が含まれていた

EcmaはJavaScriptを標準化するためにTC39という専門委員会を立ち上げ、そこで策定された標準規格はECMAScriptと呼ばれるようになります。これがJavaScriptの別名のひとつで、現在では特定の年に公開された言語仕様を指すために、バージョン数をともなって「ECMAScript 6」（または「ECMAScript 2015」）などと記載されます。いわゆるJavaScriptを自社のWebブラウザーなどで動作させたいならば、企業はこの標準仕様に準じるかたちで動作環境を実装することが期待されました。なお、この時期の委員はネットスケープとマイクロソフト、そしてIBMといった企業から参画していました。

1997年の初版公開から、1998年の第2版、1999年の第3版と改訂を重ね、JavaScriptの基本的な言語機能がこの年までに固まります。しかしこのころ、WebブラウザーやWebそのものをめぐる状況は大きく変化していました。まず、ネットスケープは1998年にバージョン5のリリース予定をアナウンスするも、長年の開発によるコードの複雑化とコミュニティへの移管失敗により、Netscape Navigatorの開発は中止を余儀なくされました。それに対してInternet Explorerは1999年のバージョン5ではWebブラウザーのシェアの大半を占めるに至り、その過程でCSSやDOMなど現代的な機能の拡充とともにJScriptの独自拡張を進めました。さらに動画やゲームなどのメディアコンテンツを扱うプラットフォームとしてマクロメディア（Macromedia）のFlashが台頭しはじめ、そこでの開発にはECMAScript 3を独自拡張したActionScriptという言語が搭載されていました。

こうした状況のもと、ネットスケープの委員が主に取り組んでいた次期バージョンのドラフトは、もはや仕様策定を主導するだけの力を持ちませんでした。他方のマイクロソフトとマクロメディアも自身が独自拡張した言語仕様を元にしたドラフトで譲らず、ECMAScriptの標準化は暗礁に乗り上げます。結果としてTC39では動きが見られなくなり、両社それぞれのプラットフォームにおける実装はECMAScript標準からどんどん乖離していきました。2003年、こうしてECMAScriptの第4版の策定は放棄されてしまいました。

なおその2年後、ECMAScript 4は再び仕様策定が試みられています。このドラフトには後に実装されることとなるクラスやモジュールシステム、そして型注釈や静的型付けというTypeScriptを先取りした革新的な機能が含まれていました。しかし当時すでに安定した収益を自社のプラットフォーム上で築いていたマイクロソフトやヤフー（Yahoo）などは、こうした複雑性を新たにECMAScriptに持ち込むことに懸念や抵抗を示しました。こうして2008年に野心的なECMA Script 4はまたしても放棄され、より安全で安定した新バージョンの策定にフォーカスされることになりますが、ここで出た機能案そのものは以後さまざまに実現が試みられていくことになります。

▼JavaScriptおよびECMAScript関連年表

年月	できごと	特徴的な機能
1995年9月	LiveScriptがNetscape Navigator 2に搭載	
1995年12月	LiveScriptからJavaScriptに名称変更	
1996年8月	JScriptがInternet Explorer 3に搭載	ファイル入出力、アプリケーション制御
1996年11月	TC39 最初の会合	
1997年6月	ECMAScript 1 公開	正規表現、エラー処理
1998年6月	ECMAScript 2 公開	
1998年11月	Netscape 5 開発中止	
1999年12月	ECMAScript 3 公開	
2000年3月	インターネット・バブル崩壊はじまる	
2000年9月	ActionScriptがFlash 5に搭載	オブジェクト指向プログラミング、クラス
2003年6月	ECMAScript 4 策定中断	
2008年8月	ECMAScript 4 策定放棄	クラス、インターフェース、静的型付け、パッケージ
2008年9月	Chrome リリース	
2009年12月	ECMAScript 5 公開	strictモード、getter/setterプロパティアクセサー、JSONパース
2011年6月	ECMAScript 5.1 公開	
2012年10月	TypeScript 0.8 公開	静的型付け
2015年6月	ECMAScript 6 (2015) 公開	クラス、モジュール、アロー関数、テンプレート文字列、let/const変数定義、Promse
	ECMAScript 2016以降、スナップショットが1年ごとのEditionとして公開	

Section 01-03 Ajax：Webアプリケーションへの拡大

Ajaxを用いたWebアプリケーションの登場により、インターフェースを構築する言語としてJavaScriptが注目されはじめました。

このセクションのポイント

1. 2005年のGoogleマップは高度な体験を実現したWebアプリケーションだった
2. Ajaxという手法では画面をリロードすることなくJavaScriptでページを書き換える
3. ブラウザー間の差異を吸収するためjQueryというライブラリが使われるようになった

2005年、Google マップ（Google Maps）がWeb上で公開されると、その地図アプリケーションを実現している技術に世界のソフトウェア開発者が注目しました。デスクトップアプリ相当の高度な機能と、Flashなどを使って実現されていた滑らかな体験を、ブラウザー上でWebブラウザー標準搭載の技術のみを使って実現していたからです。公開したのは独自のアルゴリズムによる検索エンジンで台頭し、広告市場を席巻しつつあったグーグル（Google）で、のちに全く新しいWebブラウザーであるGoogle Chromeを公開すると、2012年にはWebブラウザーシェア首位へとなっていきます。ここにJavaScriptの開発領域は、それまでの「Webサイト」から「Webアプリケーション」へと転換しました。

JavaScriptを使った非同期通信でWebページを構築する手法はAjaxという名前で提唱され、広く認知を獲得していきます。その中核となっているのは、XMLHttpRequestという組み込みAPIでブラウザーからサーバーに非同期通信し、そのレスポンスに応じてページの一部を動的に書き換えるというコンセプトです。それまではサーバーサイドでWebページを構築したものをレスポンスとして受け取っていたため、リクエストごとに待機時間と画面遷移が発生していました。こうした処理をAjaxではクライアントサイド、すなわちブラウザー内でJavaScriptを使って制御することで、サーバーへの負荷軽減やパフォーマンス向上などを図ることができたのです。

JavaScriptに対する需要が増すなかで、しだいに開発者コミュニティの人気を獲得していったライブラリにjQueryがあります。jQueryは「write less, do more」というキャッチコピーに象徴されるように、非同期通信やDOMの操作といったJavaScriptの複雑な処理を単純な記法で書けるようにしたものです。Ajaxなどを実現する技術はブラウザーごとに実装の違いがあったなかで、このライブラリはJavaScriptに関するブラウザー間の違いを吸収するかたちでも機能しました。こうしてWeb開発者はJavaScriptをそのまま書く代わりに、jQueryを使って書くことが多くなりました。

2000年代中ごろにかけて、Webサイト構築の領域ではPerlやPHPなどのサーバーサイドが記述できる言語が隆盛を極めていました。それに対してページ上のちょっとしたインタラクションなどを任されていたJavaScriptは、おもちゃの言語(toy language)と呼ばれることも多かったのです。しかしGoogle マップやAjaxが登場したことで、ユーザーインターフェースを構築する言語としてのJavaScriptが見直されました。同時にその柔軟性から、より多くの機能と活躍の場所が求められていくことになります。

▼Google マップ

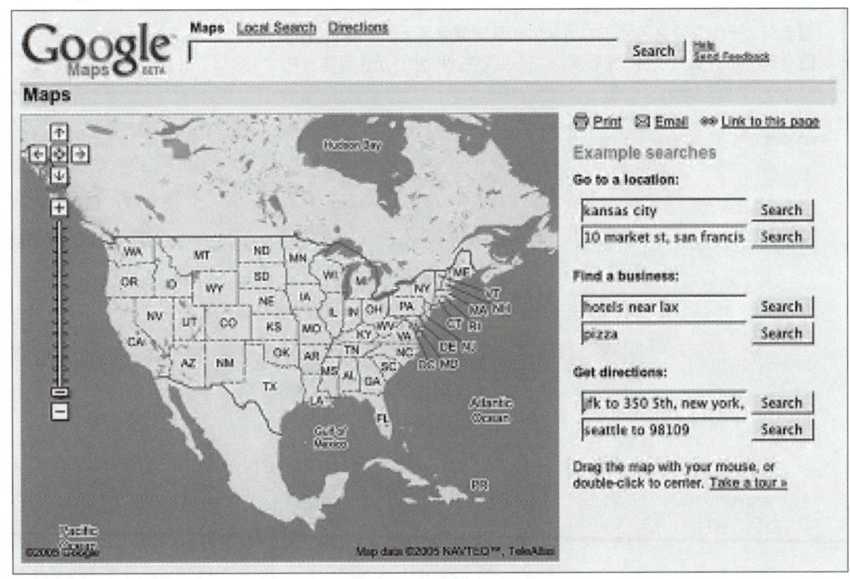

※出典：https://www.google.com/maps

▼jQueryでAjaxするコードの例

```
$.ajax({
  type: 'POST',
  url: '/process/submit.php',
  data: {
    name : 'John',
    location : 'Boston',
  },
}).then(function(msg) {
  alert('Data Saved: ' + msg);
});
```

※出典：「jQuery - Wikipedia」

Section 01-04

Node.js：ユニバーサルなプログラミング言語へ

Node.jsが2009年に公開されたことで、JavaScriptはサーバーサイドでも動作可能なユニバーサルなプログラミング言語になりました。

このセクションのポイント

1. Node.jsではJavaScriptがサーバーサイドで動作する
2. モジュールエコシステムやパッケージ管理システムも備えられた
3. クライアント1万台問題を解決する点でもNode.jsが注目された

2009年、ライアン・ダール（Ryan Dahl）によってNode.jsが公開されました。このJavaScriptランタイムはグーグルのV8 JavaScriptエンジン上で動作し、イベントループや非同期入出力（asynchronous I/O）などの仕組みを備えていました。Node.jsがそれまでのJavaScript実行環境と根本的に違ったのは、コードがWebブラウザー内ではなく、その外の世界であるサーバーサイドで動くという点です。これによってJavaScriptはクライアントサイドとサーバーサイド、どちらでも動作させられる言語になったのです。

Node.jsはまたそれまでのJavaScriptにはなかったモジュールシステムを取り入れました。ファイル入出力や暗号化といったコア機能はモジュールとして提供され、そのためにCommonJSという仕様を採用しました。さらにサードパーティーモジュールをインストールして管理できるように、npmと呼ばれるパッケージ管理システムが追加されました。こうしたエコシステムからはWebアプリケーションフレームワークのExpress.jsなど、Node.jsによる開発を実用的なレベルに引き上げるライブラリも現れました。

興味深いことに、サーバーサイドJavaScriptとしてのNode.jsは、クライアント1万台問題（C10K problem）と呼ばれる従来のWebサーバーにまつわる問題に対する解決策として注目されました。当時から現在に至るまで、WebサーバーにはApache HTTP Serverというソフトウェアが最もよく使われています。しかしこのソフトウェアはクライアントからの接続が約1万件に達するとレスポンス性能が大きく下がるという問題を抱えていました。Node.jsが採用したイベント駆動型プログラミングというパラダイムと、それにより実装が容易となったシングルスレッドでの非同期処理は、この問題に対する一つの解決策でした。

JSConfというJavaScript開発者のためのカンファレンスで公開されたNode.jsは、その後スポンサー企業によるマネジメントがうまくいかず、バージョン0のまま開発が停滞してしまいます。2014年にはこのGitHubプロジェクトをフォークするio.jsが現れ、Node.jsは事実上の分裂状態にもなってしまいました。しかし1年後の2015年にNode.jsが吸収するかたちで両者は統合され、2015年のNode.js 4.0以降は基本的に6ヶ月ごとにメジャーバージョンを安定してリリースする運用となりました。それ以来、ライアン・ダールが2018年に同じJSConfでDenoを発表するまで、Node.jsは事実上唯一のサーバーサイドJavaScript実行環境でした。

▼JSConf EU 2012でNode.jsについて発表するライアン・ダール

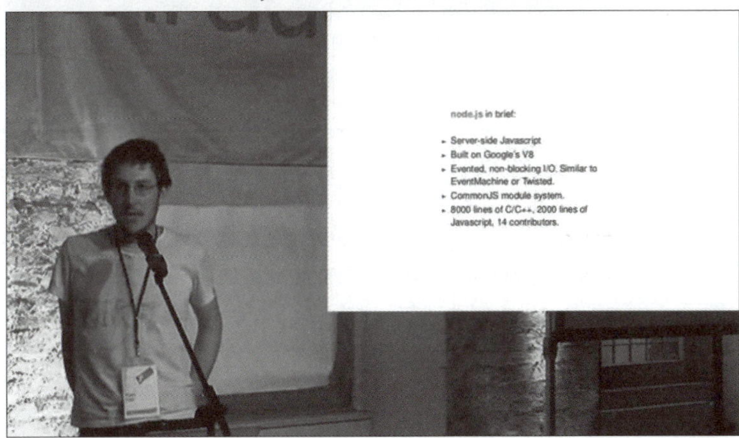

※出典：「Ryan Dahl: Node JS - YouTube」
※https://www.youtube.com/watch?v=EeYvFl7li9E

▼Apache HTTP ServerによるWebサイトで表示されるディレクトリ一覧ページ

Name	Last modified	Size	Description
Parent Directory		-	
checker-tests/	2020-07-06 15:19	-	
mirror-tests/	2020-07-06 15:19	-	
perms/	2020-07-06 15:19	-	
rsync-module/	2020-07-06 15:19	-	
checkrev.py	2020-07-06 15:19	1.7K	
find-ls.gz	2021-11-17 23:30	562K	
status.json	2021-11-17 23:10	151	
time.txt	2021-11-17 23:30	23	Timestamp file
update-files.sh	2020-07-06 15:19	224	

※出典：File:Web server directory list - Wikimedia Commons

Babel：モダンなJavaScriptへの渇望

Node.jsやECMAScript 6の機能を動作環境にかかわらず使いたいという要望に、バンドラーのwebpackやトランスパイラー Babelが答えました。

このセクションのポイント

1. Node.jsとの仕様の違いに加え、ブラウザーによっては最新のJavaScriptの機能が使えなかった
2. webpackは複数のモジュールファイルを1つのJavaScriptにバンドルする
3. Babelは古いJavaScriptを新しいJavaScriptにトランスパイルする

Node.jsコミュニティが成長するにつれて、それらのコアモジュールやライブラリをブラウザー上でも使いたい、あるいは他のファイルにあるコードをモジュールとして読み込みたいという需要が強くなっていきました。具体的には、Node.jsでは`require`というキーワードを使ってモジュールやファイルを読み込むことができたのです。ところがNode.jsのためのコードはCommonJS形式で書かれており、この記法そのものがブラウザー上の実装では互換性がないため、ブラウザーでは直接呼び出すことができません。モジュールを再現する仕組みはブラウザー側でも試みられていたのですが、ファイル間の依存性の解決などにおいて課題がありました。

2011年のBrowserify、そして2012年のwebpackの登場は、こうした状況にひとつのブレイクスルーをもたらしました。これらのツールでは相互に依存性のあるモジュールファイル群を、ブラウザー上で動く1個のJavaScriptファイルに変換することができます。複数のモジュールファイルをひとつに「束ねる」(bundle、バンドル)ので、こうしたツールはモジュールバンドラー(あるいは単にバンドラー)と呼ばれます。特にwebpackはHTMLやCSSなどが書かれたファイルも同様にバンドルできたことから、JavaScript開発者の主要なツールとなっていきます。

JavaScript開発の複雑化に対するこうした解決策を、その標準化団体であるEcmaも取り入れようとしていました。2015年に公開されることになるECMAScriptの第6版、いわゆるECMAScript 6(以下ES6)では、モジュール機能に加えてクラスや無名関数、テンプレートリテラルなど、待望されていた多くの機能が仕様化されます。ではこれらの新機能を開発者がすぐに使えたかというとそうではなく、各ブラウザーでの実装、特にChromeやFirefoxにシェアを奪われつつもプロダクションでの利用率が依然高かったInternet Explorerでの対応がなかなか進みません。さまざまなレベルのJavaScript実装が並立する状況に、JavaScript開発者はますます悩まされることになります。

そんななか、ES6のモダンな記法で開発したいという要望に応えるためにBabelが登場します。当初6to5と命名されたこのツールは、ES6以降の新しいコードをそれ以前の文法のJavaScriptに書き換えるとともに、古い実行環境では実装のない機能についてもpolyfillにより実装のギャップを埋めました。それだけではなく2013年に一般公開されたReactで使われるJSXなど、非標準のJavaScript構文の変換にも対応していました。トランスコンパイル（transcompile）、あるいはトランスパイル（transpile）と呼ばれるこの考え方は、TypeScriptをはじめとするその後のJavaScript開発における基本的な考え方となっていきます。

▼webpackバンドルの概念図

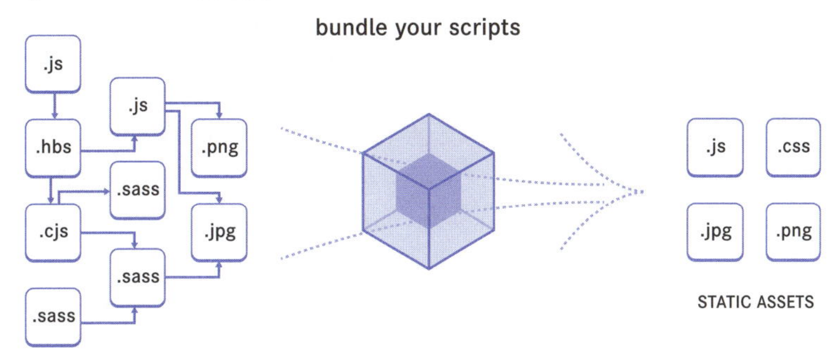

※出典：「webpack」
※https://webpack.js.org/

▼Babelの「Try it out」ページでクラスを使ったコードをInternet Explorer 11で動作するようトランスパイルしたもの（右がトランスパイル後）

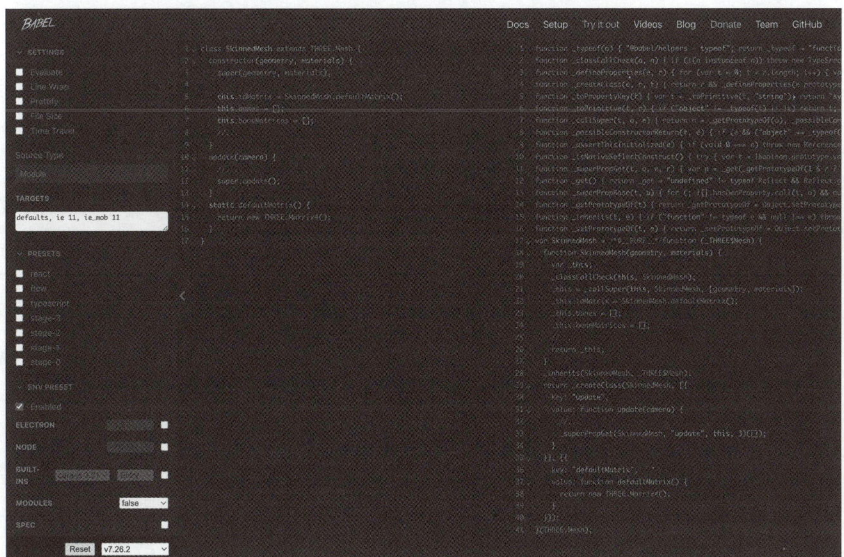

※出典：「Babel · The compiler for next generation JavaScript」
※https://babeljs.io/docs/learn

Section 01-06 TypeScript：AltJS戦国時代の覇者

JavaScriptによる開発が発展する過程で多くのAltJSが生み出されましたが、最後にはTypeScriptがシェアを占めるに至りました。

このセクションのポイント

1 JavaScriptを拡張して開発者体験やコードの可読性・保守性を向上することが試みられてきた
2 CoffeeScriptはコードを非常に短く書けるAltJSとして多くの開発者に使われていた
3 JavaScriptからの段階的な移行という観点からTypeScriptのアプローチが支持された

AltJSは新たな機能や構文を使えるようJavaScriptを拡張することで、それまでのJavaScriptで書かれたコードを置き換え、開発者体験やコードの可読性・保守性を向上しようとしたものの総称です。たとえば2012年に設計されたElmは純粋な関数型言語で、宣言的プログラミングや強力な型検査など、その後のJavaScriptプログラミングを先取りしたような機能を備えていました。こうした試みが行われてきた背景には、JavaScriptがWebブラウザー上で動作する事実上唯一のプログラミング言語であり、特にグラフィカルなインターフェースを構築するならば避けては通れなかった事情があるでしょう。AltJSの多くが登場したのはECMAScript 6が公開される前で、それだけ当時はJavaScriptに対する需要と不満が高かったと言えます。

特に人気があったのがCoffeeScriptというプログラミング言語です。Rubyを使って自作されたこの言語はGitHubに公開後、主にRuby開発者からの注目を集めていました。2011年に当時Webアプリケーションフレームワークとして絶大な人気を誇っていたRuby on Railsにサポートされたことで、多くの開発者が使用するようになります。インデントやシンタックスシュガー（Syntax Sugar、糖衣構文）を使った構文により、非常に短い文字数でコードを書くことができました。

グーグルやフェイスブック（Facebook）、マイクロソフトなどの大企業もこのようなJavaScriptの課題に取り組んでいました。大規模なWebアプリケーションを有するこれらの企業にとっては、いかに大規模開発における効率や安全性を向上させるかが一大事でした。世界最大級のソーシャルネットワーキングサービス（SNS）Facebookを運用していたフェイスブックは、JavaScript拡張構文のJSXをもつReactでの開発に加え、Flowという型検査の仕組みを導入することで、型安全性の向上や開発環境支援を強化しました。Chromeという自社製のWebブラウザーを擁するグーグルは、Dartという新しい言語のバーチャルマシン（VM）をChromeに統合することを通してJavaScriptを置き換えることを目論んでさえいました。

しかし数多くの開発者による試練を受けて最後に残ったのは、マイクロソフトが2012年に公開した**TypeScript**でした。JavaScriptがクラスやモジュールをはじめとするECMAScript 6以降の機能をサポートすることを見据え、TypeScriptはこれらの機能を先取りするかたちで実装していました。また、漸進的型付けという型安全性へのアプローチや、自社製の統合開発環境（IDE）であるVisual Studio Code（VS Code）による支援も、JavaScriptからの段階的な移行という点で優れていました。2017年にグーグルが社内の標準プログラミング言語として承認したことで、TypeScriptの覇権は決定的なものとなったのです。

▼代表的なAltJSとその特徴

名称	公開年	特徴
CoffeeScript	2009年	糖衣構文を利用して簡潔かつ短いコードが書ける
Dart	2011年	クラスベース、ネイティブコードへのコンパイル、静的型付け
Elm	2012年	関数型プログラミング、静的型付け、グラフィカルインターフェース構築に特化
TypeScript	2012年	JavaScriptのスーパーセット、漸進的型付け、ECMAScrit言語標準を先取りして実装
PureScript	2013年	関数型プログラミング、静的型付け、Haskellに由来する機能や構文

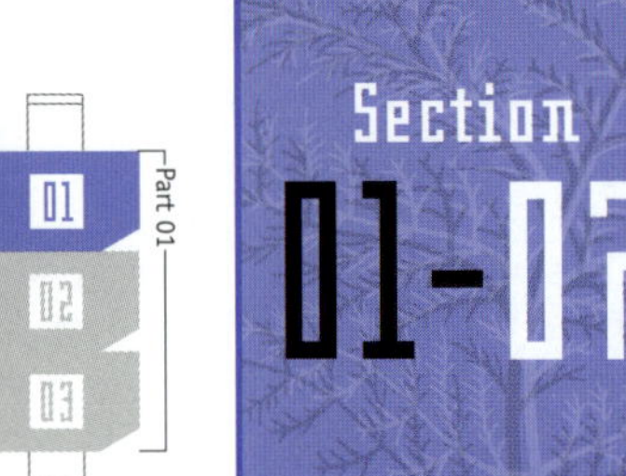

Section 01-07 TypeScriptがもたらしたもの

TypeScriptはその言語機能や開発体験を通じて、開発に対する姿勢や開発者の価値観も変化させていきました。

このセクションのポイント

1. Webアプリケーション開発でも柔軟性より堅牢性が重視されるようになった
2. IDEによる開発支援の拡充により開発者体験が向上した
3. コードのドキュメンテーションとしての側面が注目されるようになった

Babelやwebpack、そしてTypeScriptをコンパイルするためのtscなど、JavaScriptやTypeScriptの複雑なツールチェイン（toolchain）はnpmを通して管理・構築されるようになっていきました。このことは開発環境がもはやブラウザー上ではなく、Node.jsのエコシステム上に築かれるものになっている現状を示しています。JavaScriptという言葉が指す複数の実行環境、そしてTypeScriptの初期設定の難しさは、これらの言語をとっつきにくくさせてきたかもしれません。2020年代に入ってからはInternet Explorer 11のサポート終了やwebpackの事実上の開発終了などもあり、これらツールチェインの置き換わりが進みつつあります。

柔軟性よりも堅牢性が開発において重視されるようになったことも、JavaScriptに対する見方の変化の一つです。ES6におけるクラスやブロックスコープの導入に加え、ESLintやPrettierなどのライブラリが提供する静的検査やコードフォーマットの仕組みは、JavaScriptのコードをより一貫したものにする効果があります。それからインターフェース構築フレームワークであるReactとVueでは、TypeScriptが提供する型の適用がライブラリー開発のうえで大きなチャレンジとなりました。Vueは日本では特にReactと並ぶ人気がありましたが、TypeScriptのサポートを強化した次期バージョンの開発と移行に苦戦し、それが原因でReactに後れをとったことは否めません。

開発者体験の向上という点でも、TypeScriptが及ぼした影響は多大です。マイクロソフトは自らが開発するIDEであるVS Codeでコード補完やシンタックスハイライト、リファクタリングなどの機能が使えるように、ソースコードを解析するためのLanguage Server Protocol（LSP、言語サーバープロトコル）という仕様を開発していました。現在では多くの言語でサーバーが提供されているこの仕様は、型などの情報を検査しつつ推論もするという、TypeScriptにちょうど適したものでした。TypeScriptでこの仕組みが真っ先に取り入れられたことにより、TypeScript開発者かつVS Codeのユーザーはこの恩恵をいち早く受けることになりました。

これに関連して、ドキュメンテーションとしてのソースコードの側面にも改めて光が当てられるようになりました。ソースコードにおける説明はコメントとして書かれることが一般的ですが、コードに対しては往々にして後回しにされることも多いものです。TypeScriptにおける型のアノテーション（type annotation）、つまり注釈は開発者が読めるだけでなく型検査にも使えるものなので、それまで使われていたJSDocよりも書くための強い動機づけになりました。これにより、TypeScriptではドキュメントとしてもより豊かな内容を他の開発者に伝えられるコードを書くことができたのです。

▼TypeScriptでよく併用されるツールチェーン

- ESLint
  JavaScriptおよびTypeScriptの静的解析ツール（TSLintはのちに統合）
- tsc
  TypeScriptのトランスコンパイラー（正確にはCLI呼び出しコマンド）
- @types/...
  DefinitelyTypedによってコミュニティベースで提供されるJavaScriptライブラリの型定義

Part 01

01
02
03
04
05
06
07
08
09
10
11
12

Section

01-08 第1章のまとめ

JavaScriptは、Webページに動的なインタラクションを与えるためにブラウザーに実装されました。しかし独自実装が普及したことで、もともとの実装との互換性が問題になってきました。Ecmaによって標準化の努力が図られるものの、各ベンダーの方向性の違いにより策定が難航していきます。やがて各社が独自に言語を開発していったことで、JavaScriptをめぐる開発は混沌としていきました。

Ajaxによる本格的なWebアプリケーションが登場すると、JavaScriptは実用的な言語と認められるようになります。開発者コミュニティが活発になり、jQueryなどのライブラリが人気を獲得するようになりました。さらにNode.jsによってサーバーサイドプログラミングが可能となり、活躍の場を広げていきます。パッケージ管理やモジュールの仕組みが導入されたことも、複雑性の高い開発のための土壌を整えました。

2015年にはクラスやブロックスコープなどの仕様を備えたECMAScript 6が満を持して登場します。ところがレガシーブラウザでも動作させるには構文や実装の差を埋める必要があり、そこからバンドルやトランスパイルといった概念が一般的になります。これに先立って拡張性や可読性をそれぞれに追求していたAltJSの流行も、JavaScriptをめぐる状況を複雑にしていました。しかし型安全な開発や段階的な移行を可能としたTypeScriptが、やがて大規模開発をはじめとする現場で第一に選ばれるようになりました。

TypeScriptがその後のプログラミング開発に与えた影響は、統合開発環境による支援と開発者体験の充実をはじめとして多岐にわたります。言語とその実行環境をめぐるこうした改善の積み重ねも、JavaScriptの長い開発の文脈にあることを覚えておいて損はないでしょう。これからもWebアプリケーション、ひいてはプログラミングをめぐる状況は目まぐるしく変化していくと予想されます。それでもTypeScriptに関して言えば、おそらく今よりも活躍場所が広がる方向へと進展していくでしょう。

Part 01 TypeScriptの世界観

TypeScript と型

TypeScript に特徴的な型システムについて解説します。まずスクリプト言語としての JavaScript の性格を知り、そこから型付けの必要性や推論の可能性を読み解きます。そのうえで C や Java のような機械のための型と、人間のための型との違いを確認します。さらに安全性を強固にするための仕組みを、型理論や集合論を参照しつつ説明していきます。最後に TypeScript が効果を実証してきたアノテーションとしての型、そしてドキュメンテーションという考え方を紹介します。

Contents

Section 02-01

動的型付けと静的型付け

データを分類して属性を与える型付けはそのタイミングにより動的型付けと静的型付けに大別されますが、予測不能な動作を防ぐという目的では一致しています。

このセクションのポイント

1 型付けとは値や変数やその他のデータ要素を分類し、型と呼ばれる属性を付与すること
2 型検査をどのタイミングで行うかによって静的型付けと動的型付けに大別される
3 型システムの目的のひとつはプログラムエラーとバグの発生を抑止すること

プログラミングにおける型付け（typing）とは、値や変数やその他のデータ要素を分類し、型（type）と呼ばれる属性を与えることを指します。文字列と判定されたデータには文字列の型を付与し、数値であると評価されたデータには数値の型が与えられます。文字列をどのような型として扱うか（ひとつの値と見なすか、それとも文字の列と見なすか）、また数値をどこまで分類するか（整数と小数を区別するか）は、プログラミング言語によって異なります。型付けのためのこのような規則の集合は型システム（type system）と呼ばれます。

型（データ型）はしたがって、その値や変数がどのような特性をもつかを示すカテゴリー（category）と言えます。論理値を表すカテゴリーであるboolean型には可能な値が `true` と `false` の2つしかなく、! という演算子（operator）を作用させることで両者を反転するという操作ができます。TypeScriptではstring型やnumber型、boolean型などの基本的なデータ型であるプリミティブ型（primitive types）に加えて、これらの型の要素を組み合わせて構成される配列やオブジェクトなどの複合型（complex types）があります。コードを評価（evaluate）する際に、これらの型がもつ特性を判断材料とすることで、記述されている操作が実際に可能かどうかを事前にチェックすることができます。

この型検査（type checking）をどのタイミングで行うかによって、型付けは静的型付け（static typing）と動的型付け（dynamic typing）の2種類に大別されます。コンパイル（compile）時、つまり実行可能な形式にソースコードを変換する際に型をチェックするものは静的型付け（static typing）と呼ばれ、ランタイム（runtime）において、すなわちインタープリター（interpreter）がコードを逐次解釈しながらプログラム実行時に型をチェックするものは動的型付けと呼ばれます。静的型付き言語（statically typed language）では事前に型を確定させる必要があることから、変数の宣言に型を指定することが多いのに対し、動的型付き言語（dynamically typed language）では変数そのものは型を持たず、たんなる

容れ物として設計される傾向にあります。ソースコードを逐次解釈しつつ実行するJavaScriptは動的型付けを行う一方で、実行前にJavaScriptにコンパイル（トランスパイル）する必要のあるTypeScriptは静的型付けの仕組みを備えています。

こうした型システムの目的のひとつは、プログラムエラーとバグの発生を抑止することです。プログラムが実行される前に型という属性についての情報があれば、その属性に認められていない操作を未然に防ぐことができます。特に静的な型検査によってそれらの予測不能な動作を起こす可能性が排除されていることを、型が健全（sound）とか型安全（type-safe）であると表現します。TypeScriptは動的なプログラミング言語であるJavaScriptに静的型付けの仕組みを持ち込むことで、こうした意味での安全性を高めようとしたものです。

▼静的型付けと動的型付けの比較

	静的型付け	動的型付け
データ型の扱い	明示的	暗黙的
型検査のタイミング	コンパイル時	実行時
メリット	エラーに対して堅牢	データの扱いが柔軟
代表的な言語	C、Java、Go	Python、Ruby、JavaScript

Section 02-02

漸進的型付けというコンセプト

TypeScriptの根底には型注釈を徐々に追加できる漸進的型付けというコンセプトがあり、JavaScriptのコードから静的型付きの状態を目指すことができます。

このセクションのポイント

1 TypeScriptは漸進的型付けというアプローチでJavaScriptに静的型付けを組み合わせた
2 漸進的型付けでは型検査を行いたい箇所に型注釈を追加する
3 TypeScriptのany型では静的な型検査を行わない

TypeScriptは動的型付き言語であるJavaScriptに、漸進的型付け（gradual typing）における手法を使って静的型付けを取り入れた点が画期的でした。漸進的型付けは、プログラムのある部分は動的に型付けしつつ、他の部分は静的に型付けすることを可能とする型システムです。プログラムに型注釈（type annotation）*1を徐々に追加することを通して、動的型付き言語から静的型付き言語へ（あるいはその逆へ）切り替えられることを目指しました。その具体的な方法としては、静的型付けされる箇所はそれまで通り型注釈を記述する一方で、静的な型検査を行わないことを表す特別な型を導入することが提案されていました。

TypeScriptにおける漸進的型付けでは、JavaScriptの文法を拡張することで、静的な型検査を行いたい箇所に型注釈を追加できます。JavaScriptと同等のコードは型注釈がひとつもないので、最低限の型検査しか受けないことになります。これらの箇所すべてについて型注釈を施したとしたら、すべての箇所で静的な型検査を受ける、つまり静的型付きの言語であると言えます。この状態になるまで段階的に型注釈を追加するという戦略で、TypeScriptでは静的型付けを可能としています。

型注釈のない箇所のように、静的な型検査を行わないことを表す型を、TypeScriptではany型と呼んでいます。any型でアノテーションされた箇所では、型検査が明示的に無効になります。ひとたびany型が付与されてしまうと、明示的な他の型に変換することはできません。他方、any型は任意の型を表すので、他のどのような型もany型に変換することができます。

漸進的型付けはPythonやRubyなど他の動的型付き言語でも試みられてきましたが、JavaScriptのスーパーセットという扱いで言語そのものを別物としたTypeScriptでうまくいきました。他の静的型付き言語に置き換えるという選択肢がなく、仮にあったとしても言語全体を書き換えることが現実的に不可能だった大

*1 TypeScriptの言語仕様に含まれる、より狭い意味での型アノテーション（type annotation）と同じ語が使われていますが、それと区別するために型理論の文脈では型注釈と訳出してあります。

規模なJavaScriptの開発現場において、少しずつ型情報を付与できるというコンセプトはとても魅力的だったのです。もっとも、完全な静的型付き言語ではない以上、型安全性を損なう書き方は簡単にできてしまいます。その一方ですべての箇所について型注釈を施さなくとも、型付き言語の恩恵を受けることができます。

▼漸進的型付けを提唱したSiekとTahaによる論文の表紙

Gradual Typing for Functional Languages

Jeremy G. Siek
University of Colorado
siek@cs.colorado.edu

Walid Taha
Rice University
taha@rice.edu

Abstract

Static and dynamic type systems have well-known strengths and weaknesses, and each is better suited for different programming tasks. There have been many efforts to integrate static and dynamic typing and thereby combine the benefits of both typing disciplines in the same language. The flexibility of static typing can be improved by adding a type Dynamic and a typecase form. The safety and performance of dynamic typing can be improved by adding optional type annotations or by performing type inference (as in soft typing). However, there has been little formal work on type systems that allow a programmer-controlled migration between dynamic and static typing. Thatte proposed Quasi-Static Typing, but it does not statically catch all type errors in completely annotated programs. Anderson and Drossopoulou defined a nominal type system for an object-oriented language with optional type annotations. However, developing a sound, gradual type system for functional languages with structural types is an open problem.

In this paper we present a solution based on the intuition that the structure of a type may be partially known/unknown at compile-time and the job of the type system is to catch incompatibilities between the known parts of types. We define the static and dynamic semantics of a λ-calculus with optional type annotations and we prove that its type system is sound with respect to the simply-typed λ-calculus for fully-annotated terms. We prove that this calculus is type safe and that the cost of dynamism is "pay-as-you-go".

Categories and Subject Descriptors D.3.1 [*Programming Languages*]: Formal Definitions and Theory; F.3.3 [*Logics and Meanings of Programs*]: Studies of Program Constructs— *Type structure*

General Terms Languages, Performance, Theory

Keywords static and dynamic typing, optional type annotations

1. Introduction

Static and dynamic typing have different strengths, making them better suited for different tasks. Static typing provides early error detection, more efficient program execution, and better documentation, whereas dynamic typing enables rapid development and fast adaptation to changing requirements.

The focus of this paper is languages that literally provide static and dynamic typing in the same program, with the programmer controlling the degree of static checking by annotating function parameters with types, or not. We use the term ***gradual typing*** for type systems that provide this capability. Languages that support gradual typing to a large degree include Cecil [8], Boo [10], extensions to Visual Basic.NET and C# proposed by Meijer and Drayton [26], and extensions to Java proposed by Gray et al. [17], and the Bigloo [6, 36] dialect of Scheme [24]. The purpose of this paper is to provide a type-theoretic foundation for languages such as these with gradual typing.

There are numerous other ways to combine static and dynamic typing that fall outside the scope of gradual typing. Many dynamically typed languages have optional type annotations that are used to improve run-time performance but not to increase the amount of static checking. Common LISP [23] and Dylan [12, 37] are examples of such languages. Similarly, the Soft Typing of Cartwright and Fagan [7] improves the performance of dynamically typed languages but it does not statically catch type errors. At the other end of the spectrum, statically typed languages can be made more flexible by adding a Dynamic type and typecase form, as in the work by Abadi et al. [1]. However, such languages do not allow for programming in a dynamically typed style because the programmer is required to insert coercions to and from type Dynamic.

A short example serves to demonstrate the idea of gradual typing. Figure 1 shows a call-by-value interpreter for an applied λ-calculus written in Scheme extended with gradual typing and algebraic data types. The version on the left does not have type annotations, and so the type system performs little type checking and instead many tag-tests occur at run time.

As development progresses, the programmer adds type annotations to the parameters of interp, as shown on the right side of Figure 1, and the type system provides more aid in detecting errors. We use the notation ? for the dynamic type. The type system checks that the uses of env and e are appropriate: the case analysis on e is fine and so is the application of assq to x and env. The recursive calls to interp also type check and the call to **apply** type checks trivially because the parameters of **apply** are dynamic. Note that we are still using dynamic typing for the value domain of the object language. To obtain a program with complete static checking, we would introduce a datatype for the value domain and use that as the return type of interp.

Contributions We present a formal type system that supports gradual typing for functional languages, providing the flexibility of dynamically typed languages when type annotations are omitted by the programmer and providing the benefits of static checking when function parameters are annotated. These benefits include both safety and performance: type errors are caught at compile-time and values may be stored in unboxed form. That is, for statically typed portions of the program there is no need for run-time tags and tag checking.

We introduce a calculus named $\lambda^{?}_{\rightarrow}$ and define its type system (Section 2). We show that this type system, when applied to fully an-

Proceedings of the 2006 Scheme and Functional Programming Workshop
University of Chicago Technical Report TR-2006-06

※http://scheme2006.cs.uchicago.edu/13-siek.pdf

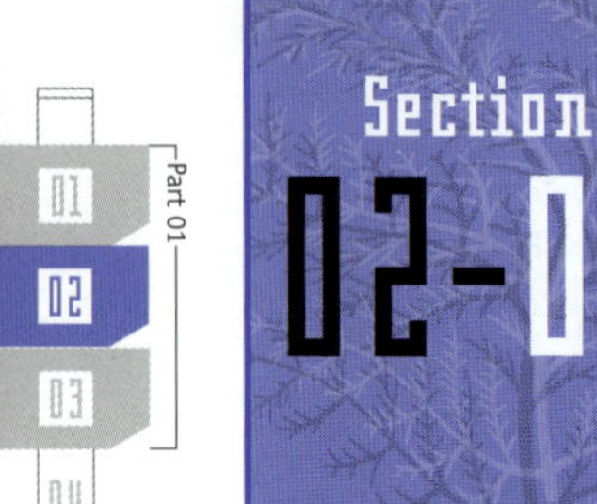

Section 02-03

型推論の仕組み

TypeScriptではすべての変数や関数について型注釈をしなくても、コンパイラーが文脈から型をある程度まで推論してくれます。

このセクションのポイント

1 型推論ではコード周辺の情報や文脈から型が導出される
2 単純な関数の組み合わせなら型注釈がいっさい不要の場合もある
3 期待される型を先に注釈しておく技法は型駆動開発と呼ばれる

型推論（type inference）は、コード周辺の情報や文脈から式の型を導出する仕組みです。TypeScriptでは、明示的な型注釈がなくともコンパイラーが型を自動的に決定できることがあります。さらにVS CodeなどのLanguage Server Protocolを備えたIDEでは、静的解析によってコードを書きながらでも型の情報を支援してくれます。型推論にはいくつかのアルゴリズムが知られており、あらかじめ決められたルールが適用できる場合のみ型を決定論的に導出できます。

たとえば変数を宣言するときは、代入される値によって型がひとつに決まります。TypeScriptでは変数が型を持ちますが、代入（assign）される値は型が事前にわかるため、それと同じになることが型注釈なしでもわかるのです。また、値同士を作用させた結果も型を導出（あるいは型の不整合を検知）できます。数値と数値を足し合わせた結果は数値になるでしょうし、文字列と数値を足し合わせた結果は、JavaScriptの実装にしたがって文字列となります。

このようにTypeScriptは型推論の機能があり、したがって型注釈をすべての場合で書く必要はありません。プログラムが単純な関数の組み合わせとして構成されている場合、型注釈をいっさい書かずに済むことすらあります。しかしTypeScriptは外部とデータをやりとりするというWebアプリケーション開発の性格上、型エイリアスやインターフェースなどの型定義を用いてアノテーションを加える必要がほとんどの場合で生じます。それでも型注釈にまつわる機能の充実により、TypeScriptの推論能力は年々向上しています。

これとは逆に、関数を実装する際に返り値の型があらかじめ決まっている場合などでは、あえて型注釈を利用するという考え方もあります。そうすれば中身を書いているうちに期待とは異なる結果になってしまう場合でも、型が違ったらその時点で型検査により不一致を検知できます。こうしたテクニックは型推論を機能として有していたOCamlなどの関数型プログラミング言語で知られていました。特に

TypeScriptに関しては、Idrisという言語にならって型駆動開発（type-driven development）と言われることもあります。

コラム

プログラミング言語ML

型推論を機能としてサポートし、プログラミングの世界に持ち込んだ言語としてはMLが知られています。ML（Meta Language）はその名前が示す通り、当初は数学における証明を記述するためのメタ言語（meta language）として生まれました。この証明を検証する自動定理証明系（automatic theorem proving system）において、データの種類を明示することなく、その使われ方から型を推論することを可能とする機構は、現在Hindley-Milner型システムと呼ばれています。型推論という機能のおかげで、開発者は数式を書くのとそれほど変わらない感覚で関数などのコードを記述することができました。

言語仕様であるMLにはいくつかの実装や方言がありますが、ここではOCamlという言語を特に採りあげます。OCamlはそれほど一般的に使われているプログラミング言語ではありませんが、プログラミング処理系の実装などにおいて一定の影響力を有しています。たとえばTypeScriptの普及と同時期に、JavaScriptに静的型検査を導入するための有力な解決策として受容されていたFlowはOCamlによる実装でした。TypeScript以外の言語ではRustのプロトタイプがOCamlで実装されたことが知られており、この言語もまた強力な型推論で知られています。

Section 02-04

機械のための型と人間のための型

CやJavaなどのプログラミング言語における型がメモリ管理を前提とした型なのに対し、TypeScriptの型は人間にとって扱いやすいよう定められた型です。

このセクションのポイント

1. 手続き型の静的型付き言語では、データ型はメモリでの格納形式を指定する
2. TypeScriptの型情報はコンパイル時に取り除かれ、メモリの最適化には寄与しない
3. TypeScriptの型は開発者にとって都合の良いように定められたもの

これまでTypeScriptの型についてカテゴリーのようなものと説明してきましたが、CやJava、Goなどのプログラミング言語に親しんできた方のために、それらとの違いを指摘しておかないといけません。これらの手続き的な静的型付き言語では、型とはメモリ管理にかかわる情報だったはずです。しかしTypeScriptにおける型はメモリ管理とはまったく関係がありません。前者の型が機械のための型だとすれば、後者の方はひとえに人間のための型です。

手続き型の静的型付き言語では、型（データ型）はメモリにどのような形式で値を格納するかを指定します。同じ数値でも小数は符号付き浮動小数点数という型として扱われ、占有するビット数も整数とは異なります。文字列についてもメモリ上は文字を表す数値の配列なので、実装上もそれに準じた扱いをされることがあります。JavaではString型がプリミティブ型には含まれず、変数への再代入などにおいてもint型などとは異なる挙動を示すのもこのためです。

TypeScriptでは、そもそもJavaScriptコードへのコンパイル時に型に関する情報が取り除かれます。実際にコードを実行するのはJavaScriptとしてであり、メモリ管理に関してはその処理系が動的にメモリを管理します。同様に、Cなどの言語でできたメモリ使用の最適化なども、TypeScriptではそもそも記述しようがありません。JavaScriptにおけるガベージコレクション（GC）などに対し、`malloc()`や`free()`のような低水準のメモリ管理プリミティブは提供されていないからです。

Cのような低水準言語と、そこから発展した手続き型の静的型付き言語では、計算機としての性質を考慮した言語設計が型システムに反映されています。それに対してJavaScriptという動的スクリプト言語に漸進的型付けや型推論が応用されたTypeScriptでは、数学的なルールについては人間が決めています。実際、HaskellやOCamlなどの数理的な性質が強いプログラミング言語では整数と小数が区別されるのに対し、TypeScriptではこれらをまとめてnumber型として扱い

ます。TypeScriptにおける型はいわば、人間としての開発者にとって都合の良いように取り決めされているのです。

▼言語によるデータ型の違い

	Java	OCaml	TypeScript
真偽値	boolean	bool	boolean
整数	intなど	int	number
浮動小数点数	doubleなど	float	number
文字	char	char	string
文字列	Stringなど	string	string

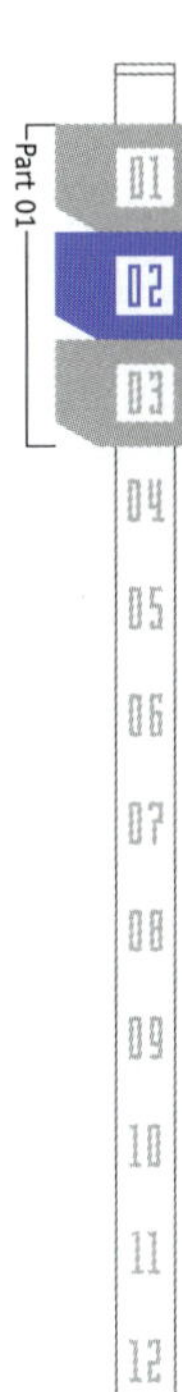

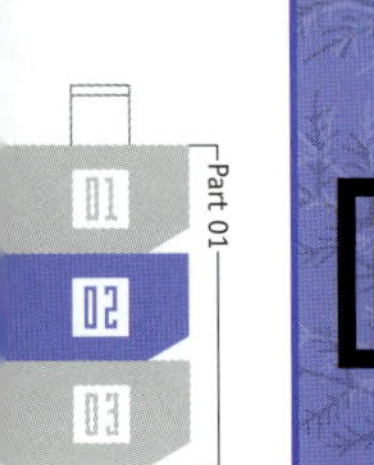

Section 02-05

数学の応用としての型

TypeScriptにおける型は値の集合と見なすことができ、和集合や積集合といった集合論の概念で考えるとわかりやすいことがあります。

このセクションのポイント

1. ユニオン型は集合論の和集合に相当し、「いずれかの型」を表現する
2. インターセクション型は集合論の積集合に対応し、「いずれも備えている型」を表現する
3. 独自の型を宣言する方法には型エイリアスとインターフェースの2つがある

TypeScriptの型が人間のための型であり、その型システムが数学的な出自をもつことを示す例として、ユニオン型（union type）やインターセクション型（intersection type）などの利用が挙げられます。これらによる型の操作は集合論の概念と結びつけると理解が容易になります。たとえばnumberという型は、理念上すべての数値の集合と考えることができます。そうすると他の集合と組み合わせて和集合や積集合を構成することで、より多様な値を型として表現することができます。

ユニオン型は集合論の和集合に相当し、「いずれかの型」を表現します。数学分野の論理学における「または」のように重複する集合も取り扱うことのできる概念ですが、実用上はむしろ日常会話の「あるいは」のように選択を表すことが多いです。TypeScriptにはオプショナルチェーンという `null` や `undefined` の可能性のあるプロパティを安全に参照する方法がありますが、これは求める値の型と `null` 型や `undefined` 型などとのユニオン型としても表現できます。ユニオン型によって複数の型の可能性が注釈された値は、if文などの制御フローに型ガードというテクニックを組み合わせることで型の絞り込みを行うこともできます。

インターセクション型は集合論の積集合に対応し、「いずれの型も備えている型」を表現します。TypeScriptのプリミティブ型は相互に排他的（mutually exclusive and collectively exhaustive: MECE）ですが、これらの積集合を取った型は空集合を表すnever型になります。実用的にはすでに定義済みの複合型を組み合わせて、より限定された型を構成するために使われます。例えで説明するならば、`material`（材質）というプロパティを持つ、調理用の鉄板の特性を表現したインターフェース（あるいは型エイリアス）と、`numberOfDimples`（穴の数）というプロパティをもつ別のインターフェースとを合成したならば、たこ焼き用の鉄板を表す新たなインターフェースを作り出すことができるでしょう。

ここで、オリジナルの型を定義する方法として型エイリアス（type alias）とインターフェース（interface）という概念が出てきました。両者は多くの場合で似た働きをしますが、いくつか機能的な違いもあります。型エイリアスはその名のとおり、ある型やそれを他のと組み合わせた型に別の名前を与える方法です。これに対してインターフェースはオブジェクト指向プログラミングに由来する概念であり、複数のプロパティを持つオブジェクトが定義できる以外に、継承（inheritance）や実装（implement）などの機能が利用できます。

・ユニオン型

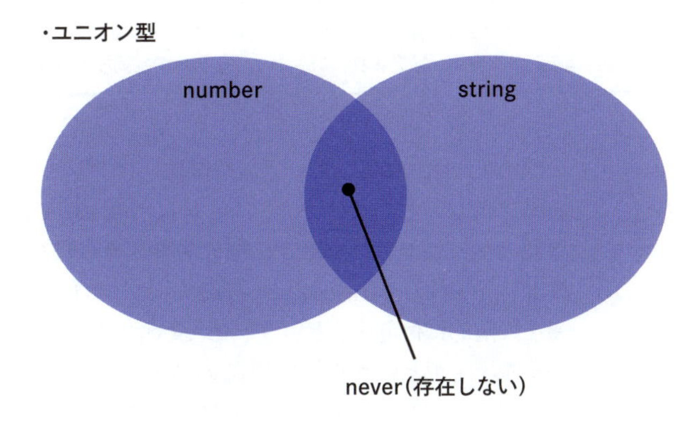

・インターセクション型

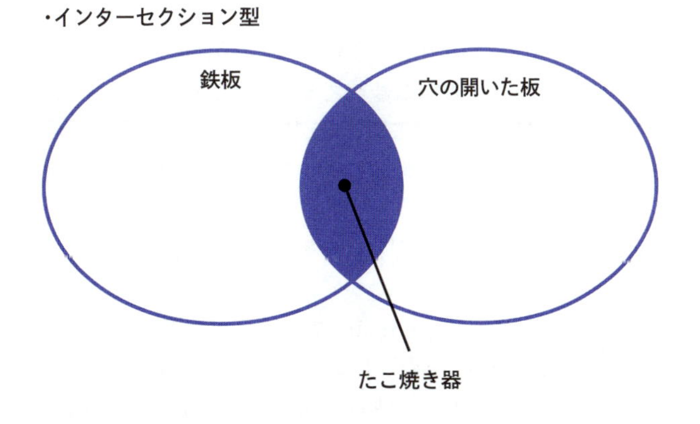

Part 01

01
02
03
04
05
06
07
08
09
10
11
12

Section 02-06 アノテーションとしての型

変数名の宣言前に型を定義するのではなく、変数名の後ろから注釈するという型アノテーションは、TypeScriptにおける型への向き合い方をよく表しています。

このセクションのポイント

1. TypeScriptの型アノテーションでは変数名の後にコロンで区切った型の名前を続ける
2. オプショナルな型アノテーションの記法は段階的な型情報の付与を可能にする
3. TypeScriptの型推論を助ける機能が拡充され、コンパイラー自体の推論能力も向上している

TypeScriptにおいて、変数や関数、オブジェクトのプロパティなどの型を明示する基本的な方法は型アノテーション（type annotation）です。これは対象となる単語の後ろにコロンを置き、型の名称をそれに続けるという構文をとります。この構文は型を注釈（annotate）するというアプローチをよく表していると同時に、型情報を段階的に付与するというTypeScript特有の要請にもうまく応えるものになっています。注釈という発想は狭義の型アノテーションに限らず、特にTypeScriptの発展過程で登場した独自の機能にも色濃く現れています。

TypeScriptでは型を名前の後ろに置きますが、これは静的型付きの言語では必ずしも多数派とは言えません。CやJavaなどの言語では、型は変数や関数の宣言時に名前の前に置くのが普通です。宣言と型の指定を同時にしないといけないのは、手続き型言語においては宣言に際して確保されるメモリ領域の扱いが型の種類に依存することに起因するのでした。型の種類をまず指定し、それから名前を記述することは、メモリ管理を第一に置く言語ではリーズナブルな言語設計だと言えます[*1]。

一方のTypeScriptでは、型は変数や関数の宣言時に必ずないといけないわけではないのでした。JavaScriptがもともとガベージ・コレクションを備えた動的型付き言語であり、型の情報がなくてもコードは動作します。それにJavaScriptコードを動かすようにするためには、型による注釈がなくても違和感のない構文になっている必要があるでしょう。コロンと型名を後置するTypeScriptの型型アノテーションは、段階的に型情報を適用する、あるいは必要があるときにだけ注釈を追加するという、TypeScriptに求められる種類の柔軟性をよく実現しています。

TypeScriptにおける型の付与には型アノテーションのほかに、開発者が型を強制できる型アサーション（type assertion）という方法もあります。これは型情報の推論が期待できないケースを補うためのものだったのですが、TypeScriptコンパイラーの推論能力向上とそれを補助する言語機能の充実により、as で型アサー

＊1　型の指定が後ろにくるGo言語はこの意味では例外に属します。しかし高いガベージ・コレクション性能をうたうGo言語にとっては、メモリ管理を意識させる構文にする必然性はなかったとも考えられます。

ションしないといけない場面は着実に少なくなってきています。具体的にはバージョン3.4で追加されたconstアサーション `as const` や、バージョン4.9から追加された `satisfies` 演算子が、こうした型推論を助けるために利用できます。これらの機能もまた後ろから情報を追加するという構文をとるように、TypeScriptにおける型付けはアノテーションという考え方に深く根差しているようです。

▼TypeScriptに特徴的なアノテーション

・as
asserts「表明する」の意。TypeScriptコンパイラーが推論した型情報を上書きする

・satisfies
「満足する」の意。のちに続く型を直前の値がたしかに満たすことを検査する

・extends
ジェネリクス型を具体的な型に絞り込む（クラス継承にも同じキーワードが使われる）

・infer
型変数の位置にあたる値の型を推論する

Section 02-07

ドキュメンテーションとしての型

TypeScriptの型システムは、ドキュメンテーションという面においても効果的な方法を提供しています。

このセクションのポイント

1. 外部とのデータのやりとりではインターフェースの型定義が役立つ
2. 型を使ってデータを定義する方法は、コードコメントで説明するよりも保守性において優れている
3. 型情報のおかげでIDEによるサジェストや入力補完などの開発支援機能が実現される

情報を整理・体系化しつつ記録していくことはドキュメンテーション（documentation）と呼ばれますが、TypeScriptの型はこの点についても効果的な方法を提供します。型がないJavaScriptやその他の動的なスクリプト言語では、関数に命名規則を持たせることによって引数や返り値がどんな値になるかを開発者が予測できるようにしてきました。また、一般にはコードコメントを使って開発者は補足的な情報を記載してきました。いまやTypeScriptでは型システムという、より堅牢かつ実際的な仕組みによってこれらのうち多くの役割が担われています。

JavaScriptの開発現場でもっともありがちな課題のひとつが、Web APIなど実行環境の外部とのデータのやりとりにおいて、それらの構造やプロパティの名前が正しいことをいかにして担保するかということでした。既存のソースコードを読み解き、実際にやりとりされているデータの中身を確認するなどして、値を持ったプロパティを確実に参照する必要があったのです。TypeScriptではデータの構造を定義する方法として先述のインターフェースが提供されており、文字どおり外部環境とのインターフェースとして機能します。さらにAPIの定義ファイルなどから、そのような定義済みインターフェースを機械的に生成するといった試みも行われています。

コードコメントの代わりに型アノテーションという組み込みの機能を使うというのも、保守性の観点から優れている点です。JavaScriptではそれまでにも、コードコメントとして引数や返り値の性質を記述するJSDocというマークアップ言語がありました。この方法の難点は、変化しつづける実装とコードコメントに書かれてある内容との乖離を防ぐ試みが、基本的に開発者の努力に委ねられているというところです。こうした記述内容をドメイン固有言語（Domain Specific Language: DSL）とみなして静的に解析する試みも行われてはいますが、そうではなく実装において型が変わればその注釈も修正する必要が生じるというTypeScriptの仕組みは、開発プロセスにおいて実に合理的です。

最後に、エディターによる開発者支援の恩恵についてはいくら強調してもしすぎることがありません。実際の値がなくてもオブジェクトに型情報があれば、プロパティを参照する際には候補の一覧がサジェストされ、タブキーを押すと入力補完がなされます。変数にマウスカーソルを重ねれば(ホバーすると言います)、その型がわかることはもちろん、関数についても引数や返り値の情報が提示され、型が一致しないときには静的解析によりエラーを出してくれます。このように、命名規則やコードコメントといった従来的なドキュメンテーションとは異なるかたちで、プログラマーにとってフレンドリーで自己説明的なソースコードをTypeScriptは提供します。

▼JSDocによるドキュメンテーションの例

```
/**
 * Represents a book.
 * @constructor
 * @param {string} title - The title of the book.
 * @param {string} author - The author of the book.
 */
function Book(title, author) {
}
```

Section
02-08 第2章のまとめ

プログラミング言語における型の扱い方には、静的型付けと動的型付けの大きく2つがあります。動的な型付き言語にはスクリプト言語としての柔軟性がある一方で、静的な型付き言語は静的な型検査によってエラーやバグを事前に抑止できる利点があるのでした。TypeScriptは段階的な型付けを可能とする漸進的型付けというアプローチを言語として採用しています。これにより動的な型付き言語であるJavaScriptに静的な型付き言語としての利点を取り込むことに成功しました。

TypeScriptは型推論の機構を備えていて、型アノテーションがなくても文脈からある程度まで型を推測してくれます。逆に、型をあらかじめ定義しておくことで開発者による実装上の誤りを減らすこともできます。こうした型の理論は数学の一分野としての性質を持っており、TypeScriptの型もまた集合論に照らして考えると理解しやすいです。ユニオン型やインターセクション型を利用することで、さまざまな型を合成した独自の型を表現できます。

メモリの特性を第一に考える機械のための型と、カテゴリーごとに特性を持たされた人間のための型が別物であることは知っておくべきです。もし手続き型の静的な型付き言語に慣れきっているなら、ある種のアンラーニングが求められるかもしれません。後者に属するTypeScriptの型へのアプローチは後ろから型を注釈するというアノテーションに最もよく表れています。推論能力そのものも年々向上しており、必要な機会は今後も減っていくでしょう。

TypeScriptはそのコード自体が優れたドキュメンテーションとしての性質も持っています。エディターによる開発者支援のおかげで、ソースコードを読み書きすることがそのまま実装の理解につながるでしょう。このようにTypeScriptの型システムは、ソースコードへの柔軟な適用とエディターにおける効果的な利用を可能とする画期的なものです。より厳密な型システムを持つ関数型言語を学ぶ際にもこの知識はきっと役に立ちますが、そうでない言語では物足りなく感じるようになるかもしれません。

Part 01 TypeScriptの世界観

TypeScriptの文法

TypeScriptはJavaScriptの文法を拡張したスーパーセットであり、型やそのアノテーションの仕方もJavaScriptのデータ型や構文に根差しています。両者に共通する基本的な文法事項について紹介しつつ、TypeScript独自の構文や型の絞り込みといったテクニックについても解説します。最後には型を汎用的に扱うことのできるジェネリクスについても確認します。

Contents

Section 03-01

データとデータ型

TypeScriptの型はJavaScriptのデータ型に対応しており、単純な値から複雑なデータ型まで表現することができます。

このセクションのポイント

1 不変のデータ型はプリミティブと呼ばれ、TypeScriptでも同じ名前の型が対応する
2 複雑なデータ構造の表現にはオブジェクトが使われる
3 結果をコンソールに出力するには`console.log()`を使う

TypeScriptはJavaScriptとの互換性を保ちつつ、文法を拡張して作られたスーパーセットであり、その基礎にはJavaScriptの機能や特色があります。まずは両者に共有する文法知識からはじめ、要所要所でTypeScriptの持つ機能や特長についても理解していきましょう。

JavaScriptの言語仕様は膨大かつ多岐にわたるため、本書では実践内容との関連において基礎的な文法事項のみ採りあげます。各機能について詳しく知るにはMDN Web Docsがリファレンスとして使えますが、体系的に学ぶにはその下に挙げる2サイトも参照するとよいでしょう。

MDN Web Docs
https://developer.mozilla.org/ja/docs/Web

JavaScript Primer - 迷わないための入門書
https://jsprimer.net/

現代の JavaScript チュートリアル
https://ja.javascript.info/

JavaScriptでは値(value)そのものを取り扱う不変のデータ型が定められており、これらの値はプリミティブ(primitive)と呼ばれます。プリミティブ値には`"hello"`や`"こんにちは"`といった文字列(string)や、`2`や`1.08`といった数値(number)、`true`と`false`だけの論理値(boolean)、そして値が存在しないことを示す`undefined`および`null`などが含まれます*1。

- string
- number

*1 bigintおよびsymbolは、それぞれ処理の最適化やライブラリの開発などにおいて用いられることがありますが、一般的な開発シーンでは用いられることがめったにないため、説明を割愛しました。

- bigint
- boolean
- undefined
- symbol
- null

これらプリミティブのデータ型は、TypeScriptにおける型の名前にそのまま対応づけられています。すなわち、文字列には `string` という名前の型が、`null`という値には `null` という型が対応します。

実際には、より複雑なデータ構造を表現したり、メソッドをはじめとするさまざまな機能を可能とするために、JavaScriptでは多くの値がオブジェクト(object)の形をとります*2。日付を表すDateオブジェクトといった狭い意味でのオブジェクト(Object)のほかに、配列や関数、クラスなどもこれに含まれます。オブジェクトはコンストラクター(constructor)や特定の構文を用いて生成することができ、基本的に値の変更が可能です。

TypeScriptではこうしたプリミティブ以外の値の型を、文字列型を構成要素とする配列の型は `string[]` 、ageという数値型のプロパティを持つオブジェクトの型は `{ age: number }` といった具合に、型やその構成要素を組み合わせることで多彩に表現できます。

なお、値を単に記述したり、式(expression)が評価されるだけでは意味のあるスクリプトになりません。結果を標準出力にログとして出力するには `console.log()` などの組み込み関数を用います。

```
01:  console.log("Hello world!");
```

また、本章ではこのようにコード例を用いた解説も行います。実際に手元でコードを書いて試したい場合は、型の静的解析および実行(run)の結果を確認するのに、TypeScript公式が公開しているTS Playgroundという環境を利用するとよいでしょう*3。

TypeScript: TS Playground
https://www.typescriptlang.org/play/

*2 プリミティブな値も、プロパティでアクセスしたときには対応するラッパーオブジェクトにランタイムが自動的にラップ(wrap)します。これが文字列や数値にも.toString()などのメソッドを適用できる理由です。

*3 本章のコード例に関しては、バージョン5.6.3で動作を確認しました。それ以後のバージョンに関しては、解説において期待している挙動から変更されている可能性があります。

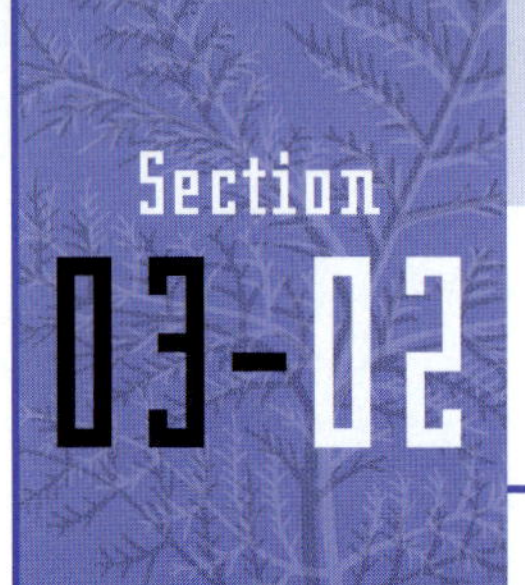

Section 03-02 宣言と型アノテーション

TypeScriptでは変数や関数の引数が型を持ち、宣言の際に型アノテーションで型を明示することができます。

このセクションのポイント

1. 値に名前をつけるにはletやconstキーワードによる変数の宣言と代入を行う
2. TypeScriptでは変数の型が初期値や型アノテーションによって定まる
3. 関数の宣言はfunctionキーワードで行い、引数や返り値について型アノテーションできる

値はそのまま操作することもできますが、多くの場合は変数 (variable) を介して扱います。値に名前をつけるには、`let` や `const` キーワードによる変数の宣言 (declaration) と同時に、代入演算子 `=` を使って初期値を変数に代入 (assign) します*1。

```
01: let word = "hello";
02: const digit = 1;
```

`let` キーワードで宣言された変数には値を再代入 (reassign) できるのに対し、`const` キーワードで宣言された変数に値を再代入しようとするとエラーになります*2。この意味で、`const` 宣言された変数は定数 (constant) と表現されることがあります*3。

```
01: let word = "hello";
02: word = "こんにちは";
03: // => Ok
04:
05: const digit = 2;
06: digit = 3;
07: // => Cannot assign to 'immutable' because it is a constant.(2588)
```

*1 letおよびconstによる宣言が登場するまでの変数宣言にvarがありますが、TypeScriptおよび現代の (modern) JavaScriptにおいて期待されるふるまいとは異なっており、処理の最適化などの限られた場合を除いて使われないため、紹介を割愛しました。

*2 TypeScriptでは実行時にランタイムエラーとなる前に、静的解析の時点でエラーとなります。

*3 実際には、const宣言された定数の初期値がオブジェクトである場合、そのプロパティを追加・更新・削除することができるため、JavaScriptおよびTypeScriptにおいて定数であることは値が不変であることを必ずしも意味しません。他方で、定数という言葉は不変であることが期待される変数についてもそう呼ばれることがあり、TypeScriptにはこれを保証する言語機能としてconstアサーション as const が存在します。用語によるこうした混乱を避けるために、本書では定数という表現を基本的に用いず、const宣言されたものを含めて変数と表現することにします。

JavaScriptにおいては変数そのものは型を持たず、どのような値でも代入することができます。したがって文字列で初期化した変数に、数値やオブジェクトを再代入することが可能です。これに対し、TypeScriptでは変数が型を持ち、初期化に使った値をもとに文脈的型付け(contextual typing)がなされます。先の例では、変数 `word` は文字列 `"hello"` が属するstring型に決定され、これにstring型以外の値、たとえばnumber型の `5` を代入しようとするとエラーになります。

```
01: let word = "hello";
02: word = "こんにちは";
03: // => Ok
04:
05: word = 5;
06: // => Type 'number' is not assignable to type 'string'.(2322)
```

変数の型は型アノテーションを使って明示的に指定することもでき、その場合は変数名の後にコロンで区切った型を記述します。ある型で型アノテーションされた変数に、それ以外の型の値を代入しようとするとエラーになります。

```
01: let word: string = 2;
02: // => Type 'number' is not assignable to type 'string'.(2322)
```

変数にはプリミティブ値だけでなく、配列やオブジェクト、さらには関数式まで代入することができます。このような場合に型アノテーションを記述しておくと、意図しない値の代入を防げて便利です。

```
01: // (string|number)[] 型と文脈的に型付けされる
02: const wordList1 = ["hello", "こんにちは", 7];
03:
04: // number型の値が要素にあるとエラー
05: const wordList2: string[] = ["hi", "やあ", 7];
06: Type 'number' is not assignable to type 'string'.(2322)
```

`function` キーワードを使うと関数(function)を宣言することができます。関数名のあとには `()` 内に0個以上の引数(parameter)の名前が入り、`{}` の中で記述される関数本体のうちreturn文で指定された式が返り値(return value)になります。

```
01: // 常に1を返す関数
02: function one() {
03:   return 1;
04: }
```

引数はふつう型アノテーションで型を明示し、呼び出し時に渡す値の型を限定します*4。一方、返り値については関数本体での処理をもとに型が推論されるため、変数の場合と同じく必須ではありません。

```
01: // 返り値は number型と推論される
02: function addOne(n: number) {
03:   return n + 1;
04: }
05:
06: // 返り値は string型とあえて明示
07: function concatOne(n: string): string {
08:   return n + "One";
09: }
```

関数は文として宣言するだけでなく、式として変数に代入することもできます。たとえば先ほどの関数宣言 addOne は次のような変数としても定義できます。

```
const addOne = function (n: number) {
  return n + 1;
}
```

関数式にはさらに function キーワードを使わない簡潔な代替構文があり、=> というトークンの見た目からアロー関数式などと呼ばれています。アロー関数を使えば、上記の例はさらに次のように短く書き換えられます。

```
const addOne1 = (n: number) => {
  return n + 1;
}

// 関数本体が単文の場合、{} および return をさらに省略できる
const addOne2 = (n: number) => n + 1;
```

関数を変数の値として代入したり、他の関数の引数として渡したりできる性質を指して、第一級関数（first-class function）と呼ばれることがあります。これは関数もまたそれ自身として型を持つことを意味しており、TypeScriptの場合は何らかの値を返すとき () => number、副作用のみで値を返さないときは () => void のような型になります。

*4 ここでの引数を仮引数、呼び出し時に渡す値のことを実引数（argument）と呼び分けることもできますが、運用上それほど重要ではないので脚注での紹介にとどめます。

Section 03-03

式とリテラル

JavaScriptでは演算子を用いて値を操作する式を記述しますが、値そのものもリテラルと呼ばれる文字列で記述できます。

このセクションのポイント

1 JavaScriptで値を操作するには演算子を用いて式を記述する
2 一部のデータ型やデータ構造の値はリテラルによって記述できる
3 オブジェクトリテラルはTypeScriptにおける型アノテーションとは別物

TypeScriptおよびJavaScriptで値を加工するには、演算子（operator）を用いて式を記述します。減算 - や乗算 * などの算術演算子や、論理和 && や論理積 || といった論理演算子のように、2つのオペランド（operand）を作用させる二項演算子が典型的ですが、一項や三項の演算子もあります。これらを組み合わせて記述された式がランタイムにおいて評価（evaluate）されると、演算（operation）の結果として値が得られます*1。TypeScriptではこうしたランタイムでの演算を待たずに、文字列で数値を割るといったデータ型レベルの不正な操作を、コンパイルまたは静的解析によって実行前に防げることが利点のひとつです。

```
01: console.log("1 + 2 = ", 1 + 2);
02: // => 3
03:
04: console.log("3 / 2 = ", 3 / 2);
05: // => 1.5
06:
07: console.log("true && false = ", true && false);
08: // => true && false = false
09:
10: console.log("true || false = ", true || false);
11: // => true || false = true
```

一部のデータ型やデータ構造については、値を文字列で直接記述する構文が定められており、リテラル（literal）と呼ばれます。たとえば文字列は引用符 "" または '' で囲むことで、文字列として処理系に解釈されます。同様に、配列（array）はカンマ , 区切りの要素を角括弧 [] でくくることで表現します。オブジェクトはプロパティ名とそれに関連づけられた値との組をひとつの要素として、そのリストを

*1 値に対する演算（operation）の種類や方法を記述するために定義された記号が演算子であるわけですが、開発者の立場からするとコードの記述を通じて値に操作（operation）を加えるために演算子を使っていることになります。MDN Web Docsでは文脈によって演算や操作といった異なる訳語が使い分けられていますが、本質的には同一の操作を行っていることが本来の用語から理解できます。

波括弧 {} でくくることで記述できます*2。

```
01: console.log("abc");
02: // => "abc"
03:
04: console.log([1, 2, 3]);
05: // => [1, 2, 3]
06:
07: console.log({ one: 1, two: 2, three: 3 });
08: // => { one: 1, two: 2, three: 3 }
```

オブジェクトリテラルはTypeScriptにおける型アノテーションと構文がやや似ているため、もう少し詳しく説明します。両者はともにプロパティ名のあとにコロンを置きますが、それに続くのがプロパティの値であるか、あるいはプロパティに関連づけられるべき値の型であるかが異なります。また、要素の区切り方もカンマ , とセミコロン ; とで違っているので、次のコードにおける例をよく見比べてみてください。

```
01: // 値としてのオブジェクト
02: const mail1 = {
03:   name: "通常はがき",
04:   price: 85,
05: };
06:
07: // 型エイリアスを使ったオブジェクトの型定義
08: type MailType = {
09:   name: string;
10:   price: number;
11: };
12:
13: // 型アノテーションされた変数を宣言してオブジェクトを代入
14: const mail2: MailType = {
15:   name: "定形郵便物",
16:   price: 110,
17: };
```

なお、オブジェクトの各プロパティの値には変数を指定することができますが、その変数名がプロパティ名と一致する場合には、コロン以下を省略して次のように記述することが可能です。

```
01: const status = 200;
02: const message = "Ok";
```

*2 このような観点から、JavaScriptのオブジェクトは連想配列(associative array)とも呼ばれることがあります。

```
03:
04: // status と message という2つのプロパティをもつオブジェクト
05: const response = { status, message };
```

もうひとつオブジェクトリテラルのまぎらわしい点として、関数宣言やブロック文などでも使われる波括弧 {} を共有していることが挙げられそうです。特に、ここまで特に説明なく使ってきたセミコロン ; が、波括弧のあとについたりつかなかったりするのが気になったかもしれません。セミコロンは一部の文 (statement) の末尾に置かれることになっており、本書でもその文法にしたがっていますが、ほとんどの場合においてはなくても完全に動作します*3。また、本書でのちに導入する環境設定ではセミコロンが明示的に補われるため、開発を通じて両者の違いがわかるようになればそれで十分でしょう。

*3 セミコロン自動挿入 (automatic semicolon insertion: ASI) と呼ばれるJavaScriptエンジンの機構によるものです。

Section 03-04 制御フローと反復処理

分岐や繰り返しなどのより複雑な処理は制御フローと呼ばれ、ブロックの中にそれぞれの場合の処理を記述します。

このセクションのポイント

1. if...else文では条件の真偽に応じてそれぞれのブロックの処理が実行される
2. try...catch文ではtryブロックでエラーが発生するとcatchブロックに処理が移行する
3. for文でループが書けるが、TypeScriptでは `.map()` や `.forEach()` などでの反復処理が好まれる

分岐や繰り返しなどのより複雑な処理は制御フロー（control flow）と呼ばれ、その多くが文によって記述されます。制御フロー文においては、波括弧 {} で区切られた領域であるブロック（block）が大きな役割を果たします。ブロックは複数の文をグループ化するとともに、そこで宣言された変数や関数を参照できる範囲をその中に限定するスコープ（scope）を持っています*1。波括弧 {} で囲まれた領域は慣例的に字下げ（indentation）を行いますが、このおかげで制御フローの持つ構造とそれぞれのスコープが視認しやすくなります。

典型的な制御フローが条件文（conditional statements）です。`if`文では丸括弧 () の中の条件（condition）が真と評価される場合に、ブロックの中の処理が実行されます。

```
01: if (0.3 > 2 / 7) {
02:   // 0.3 が 2/7 よりも大きければ実行される
03:   console.log("condition is true");
04: }
```

これに `else` 節を続けることで（あるいは`if`文のかわりに`if...else`文を用いることで）偽と評価される場合の処理を追加できます。または `else if` 節を続けることで、複数の条件を一度に判定することもできます。

```
01: if (0.3 === 2 / 7) {
02:   // 0.3 が 2/7 に等しければ実行される
03:   console.log("if節の条件式は真");
04: } else if (0.3 > 2 / 7) {
05:   // 0.3 が 2/7 よりも大きければ実行される
06:   console.log("if式の条件式は偽、else if節の条件式は真");
07: } else {
08:   // 上記のいずれでもなければ実行される
```

*1 ECMAScript 2015以前のJavaScriptでは必ずしもそうではありませんでした。

```
09:   console.log("if式、else if節いずれの条件式も偽");
10: }
```

try...catch 文を使ったエラー処理（error handling）も、条件文の仕組みと似ています。undefined へのプロパティアクセス（参照）を行ったり、あるいはWeb APIからエラーレスポンスが返却されたりすると、プログラム実行中に例外（exception）と呼ばれるエラーが発生します*2。try ブロックの中でエラーが発生し、そして捕捉（catch）されると、処理はそこで中断されて catch ブロックに移行します。捕捉されたエラーは catch キーワードのあとに丸括弧 () で指定した変数名で参照できます。

```
01: try {
02:   const readUndefined = undefined.value;
03:   // エラーが発生すると、以降の処理は実行されない
04:   console.log("結果: ", readUndefined);
05: } catch (error) {
06:   // 例外が発生すると、このブロック内の処理が実行される
07:   console.error("エラー: ", error);
08:   // => "エラー: ", Cannot read properties of undefined (reading 'value')
09: }
```

ループ（loop）もまた複数の文を実行するためにブロックを利用します。ループにはいくつかの種類や方法がありますが、ここではループカウンターを取る典型的な for 文の例文のみ紹介します。

```
01: for (let n = 0; n < 10; n++) {
02:   // n の値が 0 から 9 になるまで計 10 回実行される
03:   console.log(`1かける${n}は${n}`);
04: }
```

操作する対象が配列やオブジェクトの要素である場合、TypeScriptではむしろ .map() や .forEach() などのメソッドを用いて反復処理（iteration）することの方が多いです。配列のそれぞれの要素に対して実行するコールバック関数の引数が文脈的型付けによって型推論されるとともに、インデックスによるアクセスよりも安全に要素を扱えることがその要因でしょう。

```
01: // number[]型の変数
02: const numbers = [2, 3, 5];
03:
04: // コールバック関数 (n) => {} の引数 n は number型と推論される
```

*2 Javaなどの静的型付け言語では、実行時に発生する予期せぬエラーである例外と、それ以外の対処可能なエラーとを区別します。他方で、動的型付けのスクリプト言語であるJavaScriptとそれを起源とするTypeScriptでは、これらの語を必ずしも使い分けていないようです。

```
05: const numbersPlusTwo = numbers.map((n) => {
06:   return n + 2;
07: });
08:
09: console.log(numbersPlusTwo);
10: // => [4, 5, 7];
```

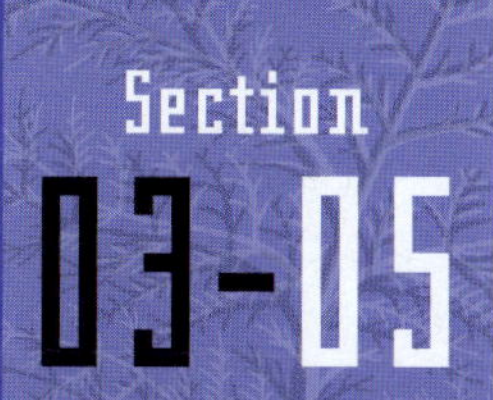

Section 03-05 undefinedとオプショナル

JavaScriptで存在しないプロパティにアクセスするとundefinedという値になりますが、現在このような値はオプショナルという概念で扱いやすくなりました。

このセクションのポイント

1. オブジェクトのプロパティにはチェーン演算子 . で次々とアクセスすることができる
2. .? でチェーンするとundefinedやnullといった値にアクセスしても参照エラーにならない
3. TypeScriptではオプショナルプロパティやオプショナル引数が利用できる

オブジェクトのプロパティにはチェーン演算子 . を使ってアクセスでき、その値を取得したり、関数であれば呼び出したりできます。オブジェクトが入れ子構造(nested)になっている場合、プロパティに次々とアクセスできるので、このことを指してチェーンする(chaining)と呼びます。特に、チェーンが関数呼び出しの連続で構成されているものはメソッドチェーニング(method chaining)と呼ばれます。他方で、配列では角括弧 [] とインデックス(index)を用いて要素を取り出すことができます。

```
01: const greeting = "Hello World!";
02:
03: // Stringインスタンスオブジェクトの length プロパティにアクセス
04: const countOfCharacters = greeting.length; // 12
05:
06: // メソッドチェーニング
07: const greetingStrong = greeting.toUpperCase().replace(" ", ":"); // "HELLO:WORLD!"
```

JavaScriptでは存在しないプロパティにもアクセスできてしまい、その場合にはundefined という値が返ってきます。undefined は呼び出した関数が明示的に値を返さなかった場合(あるいは明示的に undefined を返す場合)や、初期化されていない変数を参照した場合にも現れます。

```
01: const hydrogen = {
02:   protons: 1,
03: };
04:
05: const numberOfNeutrons = hydrogen.neutrons;
06: // Property 'neutrons' does not exist on type '{ protons: number; }'.
```

値が存在しないことを示す undefined、およびそのことを意図的に示したものである null に対し、それがオブジェクトだと想定してチェーンしてしまうと、ランタイムでの評価時に参照エラーとなってしまいます。undefined や null はほかにも開発者にとって時に予期せぬ挙動をするので、JavaScriptではこれらの値を含むエラーを慎重にハンドルする（handling）必要がありました。

```
01: const atomicMass = hydrogen.protons + hydrogen.neutrons;
02:
03: const numberIsNan = atomicMass.isNaN();
04: // => Cannot read properties of undefined (reading 'isNaN')
```

しかし、プロパティアクセスごとに値が存在するかどうか判定するコードを書くのは手間がかかるため、JavaScriptでも新たにオプショナルチェーン演算子 ?. が導入されました。アクセスしたプロパティの値が undefined または null だと評価がそこで打ち切られ、式全体の結果として undefined が返されます*1。

```
01: const hydrogen = {
02:   protons: 1,
03: };
04:
05: const maybeNumberOfNeutrons = hydrogen?.neutrons;
06: // => undefined
```

実のところ、? というシンボルの使用はTypeScriptが先で、JavaScriptでの採用はその概念が逆輸入されたものです。TypeScriptのオブジェクトの型定義ではプロパティ名のあとに ? をつけることで、そのプロパティがオプショナル（optional）、すなわち必ずしも存在しないことを型として示すことができます。

```
01: type Citizen = {
02:   name: string;
03:   age: number;
04:   gender?: "female" | "male";
05: };
```

同様の定義を、関数の引数に対する型アノテーションでも行うことができます。引数が渡されない、あるいは undefined や null になる場合があることを示すオプショナル引数（optional parameter）では、引数の名前のあとに ? をつけます。

*1 短絡評価（short-circuit evaluation）と呼ばれる処理に相当します。

```
01: function printGender(gender?: "female" | "male") {
02:   switch (gender) {
03:     case "female":
04:       return "女性";
05:     case "male":
06:       return "男性";
07:     default:
08:       return "その他";
09:   }
10: }
```

コラム

オブジェクト指向プログラミング

オブジェクト指向プログラミング（object oriented-programming: OOP）はプログラミングにおけるパラダイムのひとつで、オブジェクト（object）と呼ばれる単位を組み合わせてプログラムを構成していくやり方です。オブジェクトの定義にはいくつかの立場がありますが、現在では変数（プロパティ propertyやフィールドfieldなどと呼ばれることもある）や関数（メソッドmethodと呼ばれることが多い）を備え、それ自体を操作の対象（object）にできるデータ構造とされるのが一般的です。カプセル化（encapsulation）、継承（inheritance）、ポリモーフィズム（polymorphism）および抽象化（abstraction）といった基本的な特徴を備えていて、実世界の概念を表現する方法として優れていると考えられたことから、JavaやC++をはじめ多くのプログラミング言語の機能として取り入れられました。数学的な概念を表現するのに適した関数型プログラミング（functional programming）とは、対照的なパラダイムとしてしばしば比較されることがあります。

オブジェクト指向プログラミングにおけるオブジェクトをどう定義するかについては、クラスベース（class-based）とプロトタイプベース（prototype-based）という大きく2つの考え方があります。JavaやRubyに代表されるオブジェクト指向型のプログラミング言語では、あらかじめ定義されたクラス（class）をもとに、インスタンス（instance）として生成されたオブジェクトを操作することになります。当初プロトタイプベースで開発されたJavaScriptはその限りではありませんが、メソッドやプロパティを介してオブジェクトを操作するというオブジェクト指向のアプローチが強く反映されています。もっとも、これらに限らずプログラミング言語の多くはマルチパラダイム（multi-paradigm）であり、JavaScriptおよびTypeScriptでもさまざまなプログラミングパラダイムを可能とする機能がサポートされています。

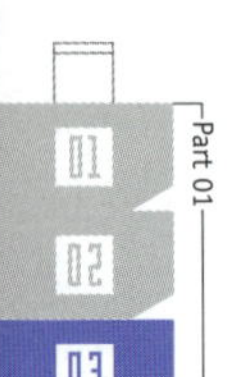

Section 03-06

リテラル型と型の絞り込み

ユニオン型を使うと値に複数の選択肢を持たせることができ、あとで条件文を使ってひとつの型に絞り込むことができます。

このセクションのポイント

1. constアサーションを使うと型拡張が抑制されてリテラル型になる
2. ユニオン型は変数やパラメーターが値に取りうる選択肢として機能する
3. 型が不明な値は型ガードによって型の絞り込みができる

変数を宣言するさい、"hello" という文字列を初期値として代入すれば、変数はstring型として文脈的に型付けされるのでした。この型推論は多くの場面において妥当ですが、"hello" という文字列を定数のように扱いたい場合、このような型拡張（type widening）はむしろ余計かもしれません。

```
01: // "hello" という定数として扱いたいのに、string型と文脈的に型付けされる
02: const greetingInEnglish = "hello";
```

文字列のようなプリミティブ値の後ろに as const をつけてconstアサーションをほどこすと、代入時の型拡張が抑制され、それ自身に等しい値だけを取ることのできるリテラル型（literal type）が付与されます。

```
01: // string型としてではなく、"hello" というリテラル型として型付けされる
02: const greetingInEnglish = "hello" as const;
```

なお、constアサーションをほどこす対象がプリミティブ値ではなくオブジェクトの場合、その値はすべてのプロパティが読み取り専用になり、それらに関連づけられた値を取得してもリテラル型が維持されます。

```
01: const talkInEnglish = {
02:   greeting: "hello",
03:   opener: "how are you",
04: } as const;
05: // 次のような型情報が付与されている
06: // const talkInEnglish: {
07: //   readonly greeting: "hello";
08: //   readonly opener: "how are you";
09: // }
```

リテラル型はユニオン型と併用することで、変数や引数が値として取りうる選択肢を型としてアノテーションすることができます。

```
01: let greeting: "hello" | "こんにちは" = "hello";
02:
03: greeting = "こんにちは";
04: // Ok
05:
06: greeting = "hola";
07: // Type '"hola"' is not assignable to type '"hello" | "こんにちは".(2322)
```

このように型アノテーションされた選択肢は、関数の引数などで取るべき値が事前にわかっている場合などに、パターンごとに処理を分岐したいときに便利です。

```
01: type Greeting = "hello" | "こんにちは" | "你好";
02:
03: function startConversation(greeting: Greeting) {
04:   console.log(greeting);
05:
06:   if (greeting === "こんにちは") {
07:     console.log("お元気ですか");
08:   } else if (greeting === "你好") {
09:     console.log("吃饭了吗");
10:   } else {
11:     console.log("how are you");
12:   }
13: }
```

より一般に型の絞り込み（type narrowing）を行うためのテクニックとしては、条件文のブロックスコープ内で変数が特定の型かどうかをチェックできれば、その中では型が保証されるという型ガード（type guard）がよく知られています[*1]。

```
01: function printAll(messages: string | string[] | null) {
02:   if (typeof messages === "string") {
03:     // messages は string型
04:     console.log(messages);
05:   } else if (Array.isArray(messages)) {
06:     // messages は string[] 型
07:     for (const message of messages) {
08:       console.log(message);
09:     }
10:   } else {
11:     // messages は null
```

*1 型ガードの条件式には typeof 演算子でプリミティブ型と等価性を判定するもの、Array.isArray() などの組み込みメソッドを使って真偽を判定するもの、また in 演算子でオブジェクトのもつプロパティの存在を確認するものなどがあります。

```
12:     console.log("no messages");
13:   }
14: }
```

型エイリアスやインターフェースを使って独自の型を定義している場合、ユニオン型で選択肢として示したそれぞれの型について、リテラル型で表現されたプロパティをもとに処理を分岐するのに役立つでしょう。

```
01: type Success = {
02:   status: "success";
03:   count: number;
04: }
05:
06: type Failure = {
07:   status: "failure";
08:   message: string;
09: }
10:
11: function printMessage(result: Success | Failure) {
12:   switch (result.status) {
13:     case "failure":
14:       // result は Failure 型
15:       console.log("Error!");
16:       console.log("Message: ", result.message);
17:       break;
18:     case "success":
19:       // result は Success 型
20:       console.log("Success!");
21:       console.log("Count: ", result.count);
22:       break;
23:   }
24: }
```

このような処理を繰り返し行うために、型ガード関数(type guard function)を定義することもできます。演算子 `is` を使った特殊な型アノテーションを関数の返り値にほどこすことで、条件式で呼び出したときに型ガードが有効になります。

```
01: type Spicy = {
02:   name: string;
03:   level: number;
04: }
05:
06: type Mild = {
07:   name: string;
```

```
08: }
09:
10: function isSpicy(curry: Spicy | Mild): curry is Spicy {
11:   return "level" in curry;
12: }
13:
14: const keemaCurry = {
15:   name: "キーマカレー",
16:   level: 5,
17: } satisfies Spicy;
18:
19: if (isSpicy(keemaCurry)) {
20:   // keemaCurry は Spicy型
21:   if (keemaCurry.level > 3) {
22:     console.log(`${keemaCurry.name}カラいよ。だいじょうぶ?`);
23:   }
24: }
```

curry is Spicy という型アノテーションは、true か false かで真偽が判定される一種の命題として読めます。この命題が真 true であった場合、curry が Spicy という型であることを保証できるのです*2。

しかし、サードパーティーAPIともデータをやりとりするTypeScriptでは、変数や引数の値としてどのようなデータがやってくるか、事前にわからない場合はたしかに存在します。そうした場合に、型検査を行わない any 型のままそれらを扱うかわりに、unknown 型としてアノテーションすることができます。

```
01: function logResponse(response: unknown) {
02:   if (response === null) {
03:     console.log("null");
04:   } else if (typeof response === "object") {
05:     // ログを表として出力
06:     console.table(response);
07:   } else {
08:     // 通常のログを出力
09:     console.log(response);
10:   }
11: }
```

unknown 型は、いわば明示的に型の絞り込みを行うことを開発者に強いる型です。暗黙的な any 型を減らすことは、型の面での安全性を高めるための取り組みと言えます。

*2 TypeScript 5.5からは、typeof 演算子と厳密等号演算子 === を使ったプリミティブ型の判定については、型述語のアノテーションが不要になりました。TypeScriptの処理系そのものの型推論性能が向上するにつれて、開発者が明示的な型アノテーションをしないといけない場面はしだいに減っていくように思われます。

Promiseとジェネリクス

JavaScriptでは非同期処理がPromiseオブジェクトとして扱われますが、TypeScriptでは型情報がジェネリクスを使ったPromise型となります。

このセクションのポイント

1 非同期関数の呼び出しにはawaitキーワードを、定義にはasyncキーワードを前につける
2 TypeScriptでは非同期処理はPromise型として表現される
3 ジェネリクスでは型定義に使われる型を引数として後から渡すことができる

Web APIへのHTTPリクエストによるレスポンスの取得、そして結果のデコードやパースなど、JavaScriptではしばしば時間がかかる（と想定されている）処理を行う関数やメソッドがあります。こうした関数は現代のJavaScriptでは非同期関数（async function）として実装されており、結果を得るには await キーワードを前につけて呼び出す必要があります*1。

```
01: // fetch() は非同期関数
02: const response = await fetch("https://www.w3.org/");
03:
04: // text() も非同期メソッド
05: const html = await response.text();
```

非同期関数の呼び出しを伴う関数を宣言する際には、async キーワードを前につけることで新たな非同期関数を定義できます。その関数の返り値の型は、たとえば結果の方がstring型であれば、Promise<string> というふうに文脈的に型付けされます。

```
01: // fetchResponseText() の返り値は Promise<string> 型
02: async function fetchResponseText(url: string) {
03:   const response = await fetch(url);
04:   const html = await response.text();
05:
06:   // html は string型
07:   return html;
08: }
09:
10: // await をつけて関数を呼び出した結果は string型
```

*1 本書の執筆時点で、TS Playgroundではこのスクリプトを実行するTop-level awaitにデフォルト設定で対応しておらず、即時実行関数式（immediately invoked function expression）としてラップする必要がありますが、そのコードについては紹介を割愛します。

```
11: const html = fetchResponseText("https://www.w3.org/");
```

この Promise<string> についてさらに掘り下げてみましょう。

Promise というのは、未来のある時点で値を提供することを約束する Promise という組み込みオブジェクトに対応する型です。同期処理 (synchronous process) を基本的に想定しているJavaScriptにおいて、時間のかかる処理を非同期的に実行し、その状態や結果を参照するために、ECMAScript 2015から Promise オブジェクトが導入されました。実際にはこうした非同期処理も、同期処理と同じように取り扱えた方が簡潔に書けることから、のちのECMAScript 2017で先述のような async/await 糖衣構文が導入されたのですが、実態としては Promise を返すのです。

それでは Promise に続く <string> は何を表しているのでしょうか。

TypeScriptはジェネリクス (generics) と呼ばれる機能をサポートしており*2、型の定義に含まれる一部の型をパラメーターあるいは引数として仮置きしておき、それが使われる場面にあわせて実際の型を当てはめることができます。このような引数は型引数 (type parameter) と呼ばれ、ジェネリック型 (generic type) のあとに山括弧のように見える不等号の対 <> を用いて <string> のように渡すことができます。 先の例の場合、非同期関数が結果としてstring型を返すことが推論できるので、型引数も自動的に適用され、Promise<string> 型として返り値が型推論されたのでした。

ジェネリック型を使った関数や型エイリアスの定義も、これと同様に <> と適当な型変数を使って行えます*3。

```
01: // 関数宣言では、指定した型引数を引数の型アノテーションに使える
02: function createSome<T>(value: T) {
03:   return { value };
04: }
05:
06: const some1 = createSome<string>("値その1");
07:
08: // 型引数 T は引数から推論されるので、明示的に渡さなくてもよい
09: const some2 = createSome("値その2");
```

*2 ジェネリクスやそれと同等の機能は、プログラミング言語や訳出のちがいによって、ジェネリクス (generics)、総称型 (generic type)、ジェネリック型などさまざまな訳語が存在します。本書では、言語としてサポートされている機能をジェネリクス、実際に利用される型をジェネリック型と表現しました。

*3 型変数の名前には何を使ってもよいのですが、慣習的に T (Type の略) や K (Key の略)、U (T の次のアルファベット、あるいは Unknown の略) が使われることが多いです。

また、extends キーワードを型引数のあとに続けると、型引数が取りうる型を制約することができます[*4]。

```
01: // 型エイリアスでは、指定した型引数を型の定義に使える
02: type Triplet<T extends number | string> = [T, T, T];
03:
04: type TripleDigits = Triplet<number>;
05: type TripleChars = Triplet<string>;
06: // Ok
07:
08: type TripletBools = Triplet<boolean>;
09: // Type 'boolean' does not satisfy the constraint 'string | number'.(2344)
```

ジェネリクスは値のメタ情報である型をさらにメタ的に扱う概念のため、型の操作に慣れていない間は理解するのが難しいと思います。しかし Promise を含め多くの汎用的な組み込みオブジェクトやメソッドがジェネリクスに対応しているので、それらを利用しているうちにしだいに何をやっているのかがわかるようになるでしょう。

*4 extends キーワードはクラスの継承（extension）にも使われますが、本書ではTypeScriptによるオブジェクト指向プログラミングについて取り扱わなかったため、この用法についても説明を割愛します。

Section 03-08

第3章のまとめ

TypeScriptはJavaScriptの言語仕様のうえに成り立っており、データの表現もそれにのっとったものになっています。JavaScriptで定められているプリミティブにはそれぞれに対応する型がTypeScriptに存在し、より複雑なデータ構造は型を組み合わせて表現します。また、JavaScriptにおける変数は型にかかわらず値を代入できるのに対し、TypeScriptでは変数そのものも型を持ちます。変数や関数における返り値の型は文脈的にも型付けされますが、型アノテーションによって明示的に型を指定することもできるのでした。

JavaScriptでは、演算子を用いて操作を記述した式が実行時に評価されます。一部のデータ型についてはリテラルが用意されており、文字列などのプリミティブ値のほかに配列やオブジェクトを簡潔に記述することができます。より複雑な処理は制御フローとして記述され、複数の文をまとめるためにブロックが用いられます。これには条件文のほか、エラー処理やループなどが含まれるのでした。

JavaScriptにおいて存在しない値は `undefined` となり、プロパティを参照しようとしたりするとエラーになるのでした。TypeScriptではこのような値をオプショナルな型として表現でき、参照エラーを事前に回避できるようになります。変数や引数の型はユニオン型で一種の選択肢としてアノテーションすることもでき、その場合は操作に際して型の絞り込みが必要になることもあります。

最後に、JavaScriptでは非同期処理が `Promise` というオブジェクトで表現されることも見ました。`Promise` のような汎用的なオブジェクトはTypeScriptではジェネリック型として表現され、型引数をとることで具体的な型として実現されます。TypeScriptにはほかにも発展的な機能がたくさんあり、本章でそのすべてを採りあげることはできません。日本語でTypeScriptについて網羅的に解説した文献を、以下に2つ紹介します。

TypeScript入門『サバイバルTypeScript』
https://typescriptbook.jp/

TypeScript Deep Dive 日本語版
https://typescript-jp.gitbook.io/deep-dive

Part 02 BunでCLIツール開発

開発環境をととのえる

本書で使用する動作OSおよびコマンドシェルについて簡単に確認したあと、コードエディターとしてVisual Studio Code（VS Code）を導入します。いくつかの拡張機能をインストールしてから、作成したプロジェクトを置くための作業用ディレクトリを準備します。

紹介する開発環境

- ターミナル
- Visual Studio Code
- Visual Studio Code 拡張機能

Contents

Section

04-01

動作OSとコマンドシェルについて

TypeScriptのプログラムはは、OSを問わず開発できます。

このセクションのポイント

1 OSによって開発体験はほとんど変わらない
2 本書で％はターミナルへの入力を表す
3 環境によっては＄や＞といった表示になる

動作OSについて

開発に入るまえに、TypeScriptプログラミングをするうえで最低限必要な開発環境を揃えておきたいと思います。まずは使用するOS（オペレーティングシステム）の確認ですが、基本的にどのOSでも開発そのものは可能です。筆者はソースコードの検証やスクリーンショットの撮影にmacOSを使用しますが、Windowsでも開発体験としては変わらない想定です。ChromeOSや、Linuxその他のUNIX系OSについては動作やツールを検証していないので、ご自身で調べながらツールを導入する必要があるかもしれません。

コマンドシェルについて

ターミナルの見え方の違いについては言及しておきます。コマンドプロンプトを表し、本書でもターミナルへの入力であることを示す％という表示は、zshというmacOSで標準となっているコマンドシェルによるものです。数世代前のmacOSやLinuxでは、代わりにbashなどの＄というコマンドプロンプトになります。WindowsではPowerShellというコマンドシェルが標準なので、＞となるでしょう。

Section 04-02

コードエディターを導入する

コードエディターには統合開発環境であるVisual Studio Code (VS Code) を使用します。

このセクションのポイント

1 VS Codeはターミナルやデバッガーなどの各種ツールを兼ね備えた統合開発環境
2 VS Codeではターミナルを画面内に表示することができる

本書ではコードエディターとして、2018年以来もっとも人気のあるVisual Studio Code(以下VS Code) を使用します。正確にはターミナルやデバッガーなどの各種ツールを兼ね備えた統合開発環境(integrated development environment: IDE)ですが、これらは単にエディターと呼ばれることも多いです。VS Codeの公式サイトから適当なOSのパッケージ(または実行ファイル) をダウンロードし、手順にしたがってインストールしてください。通常はプロジェクトごとにウィンドウを立ち上げて使用します。

VS Codeの公式サイト
https://code.visualstudio.com/download

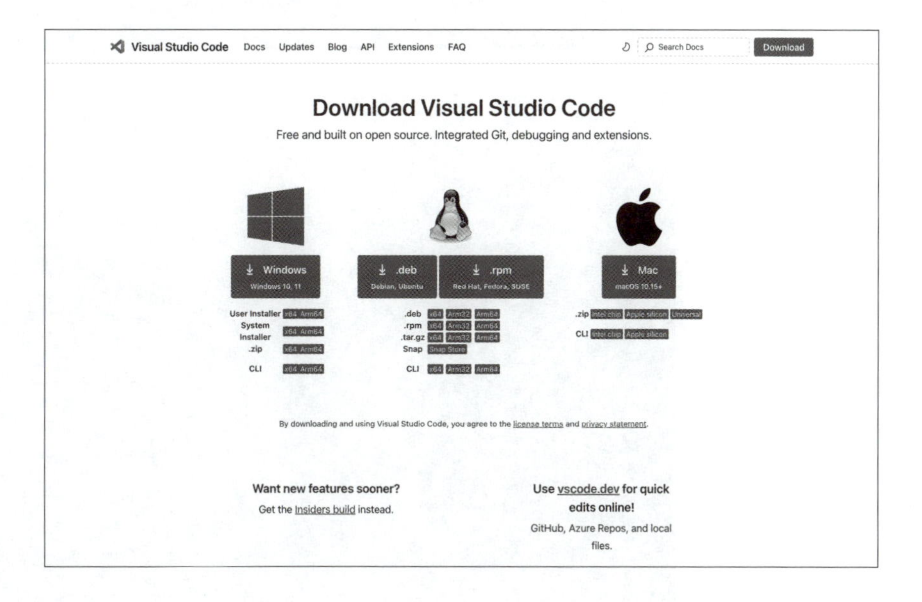

本書ではVS Codeのターミナルを利用するので、その開き方も紹介しておきます。開いているプロジェクトがカレントディレクトリに自動的に設定されるので、プログラムを書きながらコードを実行するのに便利です。メニューバーの「Terminal」から「New Terminal」を選択（またはそこに記載のショートカットを入力）するか、左下の「No Problems」と出ている領域をクリックして開いたペインの「OUTPUT」タブを選択するとターミナルが表示されます。左側の「OUTPUT」は出番がないので、クリックして格納しておきましょう。

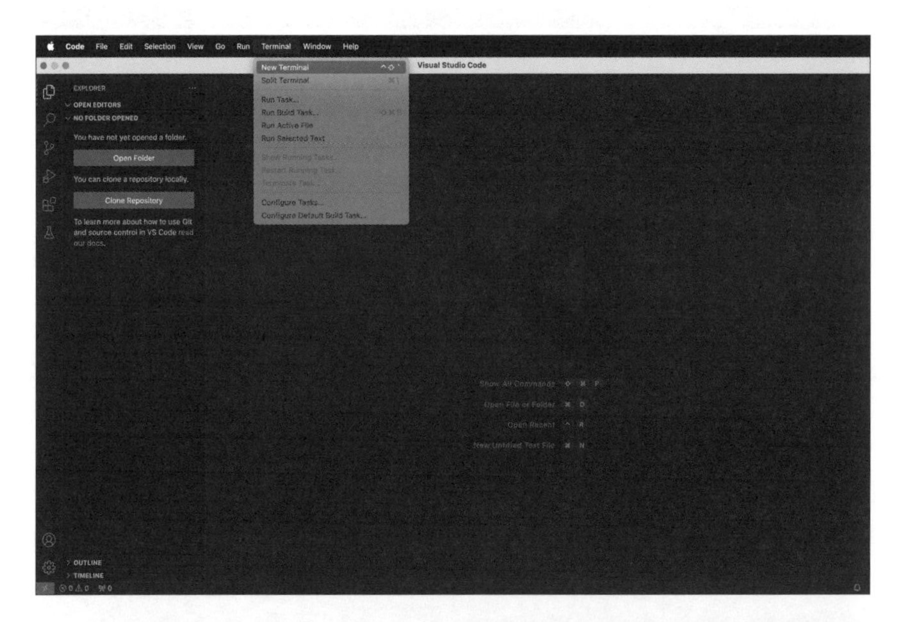

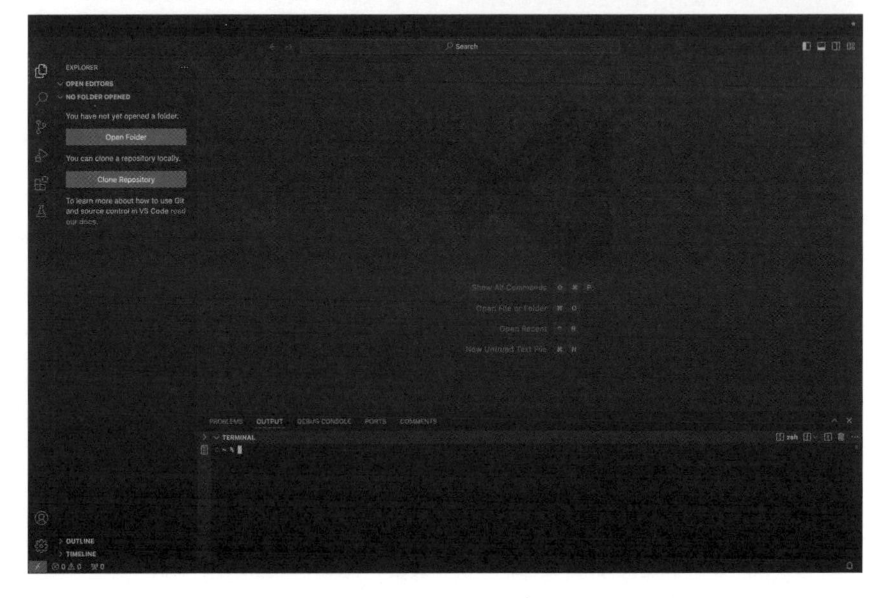

Section 04-03

VS Code拡張機能をインストールする

VS Codeに拡張機能を導入することで、コード解析・整形などのより開発支援が得られます。

このセクションのポイント

1 拡張機能を導入することで開発体験が向上する
2 自動フォーマット機能を有効にすると、ファイル保存時にコードが自動で整形される

VS CodeはTypeScriptのための開発環境を標準でサポートしていますが、その他の機能については拡張機能（extension）をインストールすることで拡張ができます。以下の拡張機能はそれぞれコードの静的解析・整形・入力補完を助けるもので、本書の演習はこれらを導入したうえでの開発体験を前提としています。

- ESLint
- Prettier
- IntelliCode

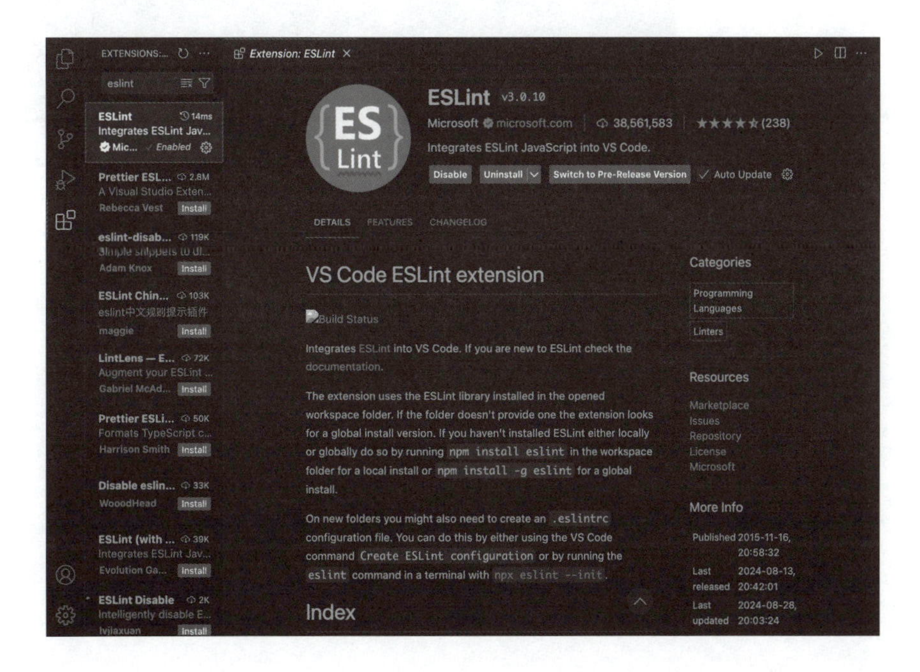

ESLintおよびPrettierのVS Code拡張機能は、ファイル保存時の自動フォーマットに対応しています。開発者ごとの記述のブレを吸収してくれるため、本書で示すコードと読者が書くコードとを一致させるうえでも非常に便利です。この設定を有効にするには、画面左下の歯車アイコンから設定ページを開き、「Editor: Format On Save」という設定を探し出して、チェックボックスをオンにします。すると、以後はファイルを保存するたびごとに、コードが自動でルールにしたがって整形・修正されるようになります。

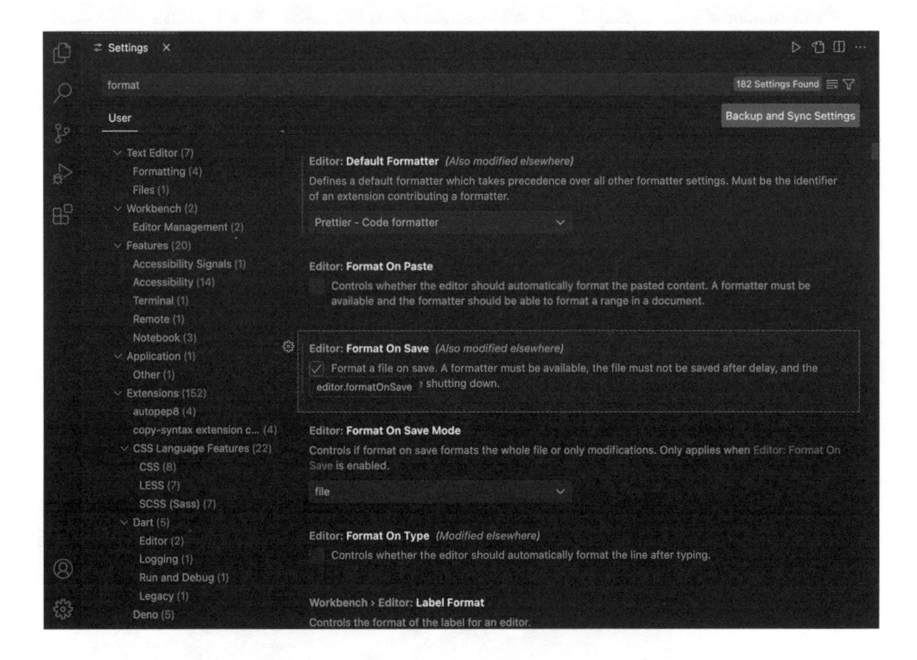

以下の拡張機能は必ず導入すべきとまでは言えませんが、ユーザーインターフェースの可読性や視認性を向上するうえでおすすめできるものです。最後の日本語化パックについては、筆者は利用していませんが、英語表示に不慣れな方はインストールするとよいでしょう。

- indent-rainbow
- Material Icon Theme
- Japanese Language Pack for Visual Studio Code

Section 04-04

作業用ディレクトリについて

作業用ディレクトリを作っておくと、プロジェクトの管理に便利です。

このセクションのポイント

1. 作業用ディレクトリをホームディレクトリの下に作っておく
2. 名前はworkplaceなどわかりやすいものにする

今後プロジェクトを作成して作業する場所として、作業用ディレクトリがなければ作っておきましょう。ホームディレクトリの中に作っておくと、ターミナルを開いた際に移動しやすくて便利です。macOSなら/home/{ユーザー名}、WindowsならC:¥Users¥{ユーザー名}に相当し（{ユーザー名}はユーザーを表す文字列に置き換わる）、ターミナルでは ~/ とも表記されます。作業用ディレクトリの名前はなんでもよいですが、筆者はworkspaceという名前にしてあります*1。

```
~ % mkdir workspace
~ % cd workspace
~/workspace %
```

*1 なお、以後本書ではターミナルにおけるカレントディレクトリ（% より前の部分）の表示を基本的に省略します。

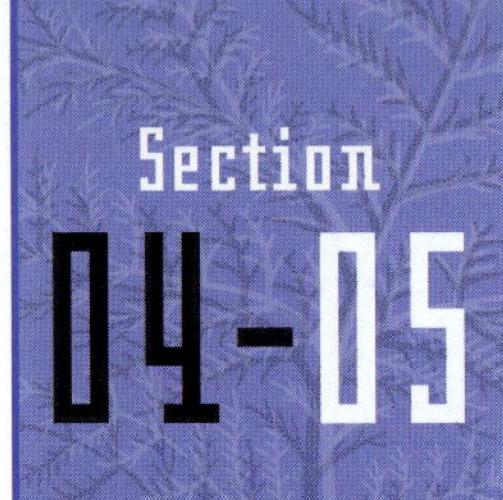

第4章のまとめ

この短い章では、TypeScriptプログラミングをするうえで最低限必要と思われる開発環境を整備しました。使用するOSはなんでもよいですが、コマンドシェルの見え方など細かい点が異なります。ESLintおよびPrettierの拡張機能をインストールし、設定で自動フォーマットをオンにすることで、コードを保存する際に自動的に整形・修正されます。コードエディターにはVS Codeを使用しますが、便利な拡張機能がたくさんあるので、ご自身でも調べて試してみてください。

Part 02 BunでCLIツール開発

コマンドラインで動くメモツールを作る

コマンドラインで動くメモツールをBunを使って開発します。テキストファイルに読み込みや書き出しなどの操作を行い、任意のメモを記録できるようにします。型アノテーションを使って型エラーの解決を簡単にしたり、コマンドライン引数によって処理ごとに条件分岐します。関数の切り出しやテスト、VS Codeの開発支援機能についても見ます。

Contents

Section 05-01

Bunをインストールする

Bunは機能性と高速性を兼ねそなえた新しいJavaScriptランタイムで、TypeScriptも追加設定なしで動作します。

このセクションのポイント

1 Bunはバンドラーやパッケージ管理システム、テストランナーなどを備えたツールキット
2 ターミナルでコマンドを実行してインストールし、パスを通す必要がある

ここからはBunを使ってTypeScriptプログラムの開発を行います。Bunは新しく登場したJavaScriptランタイムの一つであり、バンドラーやパッケージ管理システム、テストランナーなどを兼ね備えたツールキットを名乗っています。名前のBunはその中のバンドラー（bundler）から取られているとともに、中華まん（chinese steamed bun）[*1]を連想させるイメージ戦略のひとつにもなっています。2021年の公開以来、他のランタイムよりも高速に動作することを売りに、精力的に開発が続けられています。

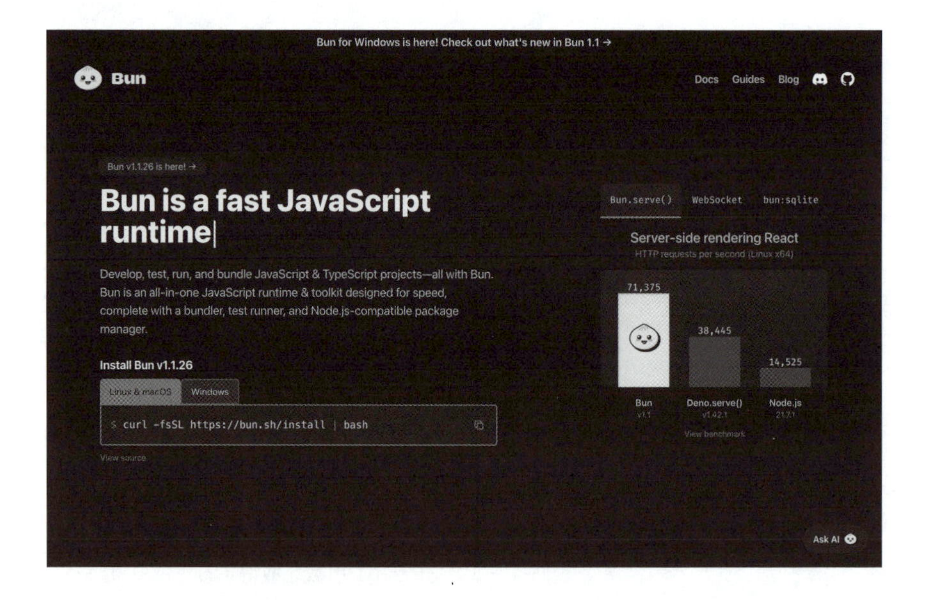

まずはBunをインストールしましょう。Bunの公式サイトにアクセスし、トップページにあるコマンドを適当なターミナルで実行してインストールしてください。

*1 中国語の包子（baozi、パオズ）にだいたい相当します。

Bunの公式サイト
https://bun.sh/

```
% curl -fsSL https://bun.sh/install | bash
```

macOSやLinuxではこのとき bun コマンドを呼び出すためのパスが自動的に通されてすぐ呼び出せるようになる場合と、そうでない場合があるようです。後者の場合は、結果の指示にしたがってシェルスクリプトの設定ファイルである.zshrcに行を追加するか、以下のコマンドでBunのパスを通してください。

```
% echo -e export # bun >> ~/.zshrc
% echo -e export BUN_INSTALL="\$HOME/.bun" >> ~/.zshrc
% echo -e export PATH=\$BUN_INSTALL/bin:\$PATH >> ~/.zshrc
% source ~/.zshrc
%
```

Section 05-02 プロジェクトを準備する

BunではTypeScriptファイルだけあればプログラムを実行することができますが、普通は基本的なファイルを一緒に含むプロジェクトとして作成します。

このセクションのポイント

1 bun init コマンドでプロジェクトを初期化する
2 console.log() 関数で標準出力にログを出力する

これから開発するプロジェクトのためにディレクトリを用意し、基本となるファイルを展開したいと思います。

ターミナルで作業用ディレクトリに移動し、kanbunというディレクトリを作成します[*1]。

```
~ % cd workspace
workspace % mkdir kanbun
workspace %
```

この時点で左側のペインから「Open Folder」をクリックし、プロジェクト用ディレクトリ（kanbunディレクトリ）を開いておくことにしましょう。

プロジェクトを初期化するには bun init コマンドを実行します。いくつか質問を聞かれますが、いずれも初期値のまま確定させていくと、新たに生成されたファイルの種類やコマンドの実行方法が表示されます。

```
% bun init
bun init helps you get started with a minimal project and tries to guess sensible
defaults. Press ^C anytime to quit

package name (kanbun):
entry point (index.ts):

Done! A package.json file was saved in the current directory.
 + index.ts
 + .gitignore
 + tsconfig.json (for editor auto-complete)
 + README.md

To get started, run:
```

*1 kanban（カンバン）とbun（/バン/と発音）をかけました。

```
bun run index.ts
```

このうちindex.tsがサンプルとなるスクリプトの書かれたファイルで、tsという拡張子はTypeScriptで書かれていることを示します。左側のペインからファイルを開いてみると、中身は次のようになっています。

▼index.ts

```
01:  console.log("Hello via Bun!");
```

これは "Hello via Bun!" という文字列を引数として console.log() という関数に渡す、ひとつの文（sentence）だけのスクリプトです。console.log() はブラウザーでは開発者用のWebコンソールに出力しますが、BunやNode.jsなどのランタイムでは標準出力として出力します。

Bunでindex.tsというファイルを実行（run）するには次のようにコマンドを入力します。

```
% bun run index.ts
```

すると console.log() の引数に指定した "Hello via Bun!" がターミナル上に出力されるはずです。

```
% bun run index.ts
Hello via Bun!
%
```

Section 05-03

テキストファイルに書き出す

Bunなどのランタイムはファイル入出力を備えていて、ファイルにテキストなどの情報を書き出すことができます。

このセクションのポイント

1. Bun.write() でファイルにテキストが書き込まれる
2. new Date() で現在時刻のDateオブジェクトを生成できる
3. TypeScriptでは仮引数で期待される型に実引数の値の型を合わせないといけない

最初のプログラムとして、まずはファイルを操作してみましょう。具体的にはテキストファイルを生成したり、読み込んだりします。

先ほど確認したindex.tsを次のように書き換えます。

▼index.ts

```
01: Bun.write("output.txt", "Hello via Bun!");
```

ランタイムではふつうファイルを操作する組み込みAPIが提供されていて、ファイル入出力(file I/O)と呼ばれます。Bunでは、ファイルを書き出す操作は Bun.write() などの関数で行えます。

変更したファイルを保存したうえで、プログラムを実行してみましょう。

```
% bun run index.ts
%
```

今度はなにもコンソールに出力されませんでした。しかしエディターの左側ペインにあるディレクトリ構造を見てみると、output.txtというテキストファイルが新たに作成されているのがわかります。クリックして開いてみましょう。

▼output.txt

```
01: Hello via Bun!
```

先ほどコンソールで見たのと同じ文字列がテキストファイルに出力されていました。

しかし、以後は何度実行しても同じ結果になるので、更新されているのかいないのか、よくわかりません。今度は時間をファイルに書き込むようにしてみましょう。index.tsを次のように書き換えます。

▼index.ts

```
01: const now = new Date();
02:
03: Bun.write("output.txt", now);
04:
```

上記のコードは、JavaScriptとしては正しいコードです。(気になる方は、ファイル名をindex.jsに変更して違いを確かめてみてください。)

しかしエディターを見ると、引数として渡されている変数 `now` の下に赤い波線が出ています。どういうことでしょうか。

第1行では変数 `now` をconstで宣言していますが、そこに代入される値、すなわち `new Date()` を評価した結果得られるDateオブジェクトはDate型です。エディター上で `now` の上にカーソルをホバーすると、`const now: Date` と表示されます。これに対して、第2行での `Bun.write()` の2番目の引数は、string型やその他いくつかの型の値が来ることを期待しています。そこにいずれの型でもない `now` がやってきたので、静的解析の結果としてエラーを出しているのです。

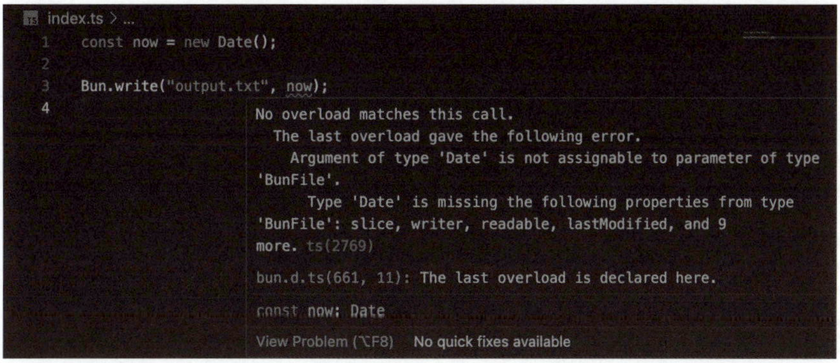

```
index.ts > ...
1  const now = new Date();
2
3  Bun.write("output.txt", now);
4
   No overload matches this call.
     The last overload gave the following error.
       Argument of type 'Date' is not assignable to parameter of type
   'BunFile'.
         Type 'Date' is missing the following properties from type
   'BunFile': slice, writer, readable, lastModified, and 9
   more. ts(2769)
   bun.d.ts(661, 11): The last overload is declared here.
   const now: Date
   View Problem (⌥F8)   No quick fixes available
```

JavaScriptでは、こうした場合に暗黙的な型変換が行われます。変数 `now` は `Date` オブジェクトで、これは `toString()` というstring型に変換するインスタンスメソッドを持っているので、動作エンジンがデータ型の違いを解釈し、自動的に文字列に変換して処理を続けるのです。しかしTypeScriptはその可能性をなるべく排除しようとします。

TypeScriptでは、型と型とが一致するよう開発者が明示的に値を変換してやる必要があります。`Date` の `toString()` メソッドを使って適当な文字列に変換すると、赤い波線は消えます。

▼index.ts

```
01: const now = new Date();
02:
03: Bun.write("output.txt", now.toString());
04:
```

このように型を一致させることは、最初はとても面倒なものに思えるかもしれません。しかしコードが複雑になればなるほど、TypeScriptの型安全性がいかに心強いかを感じられるようになるでしょう。

プログラムを再度実行してみると、今度はそのたびごとにテキストファイルの中身が最新の日時に変わります。この Bun.write() は、ファイルにテキストを追加するのではなく上書きしてしまうようです。

Section 05-04 テキストファイルを読み込む

テキストファイルは読み込むこともできますが、Bunではそのための関数が非同期関数として提供されています。

このセクションのポイント

1. Bun.file() でファイルに相当するオブジェクトを生成する
2. text() メソッドでファイルのテキストを読み出せる
3. text() メソッドは非同期関数であり、呼び出しには await キーワードが必要

テキストファイルを自分で見に行かなくてもいいよう、ファイルを読み込んでコンソールに出力するようにしましょう。

先ほどまで書いたコードの上に、次のコードを追加します。

▼index.ts

```
01: const file = Bun.file("output.txt");
02: const source = await file.text();
03: console.log(source);
04:
05: // ...
```

第1行で変数 file を宣言し、Bun.file() という関数を使って生成した File オブジェクトを格納します。
第2行でこの file が持つ text() メソッドを使い、その結果を変数 source に代入しています。

ここでファイルの中のテキストを得るために await というキーワードを使っていることに注目してください。

file.text() は非同期関数として実装されており、その結果はstring型ではなく Promise<string> という型になります。console.log() はその性質上どのような型の引数でも取ることができる（つまり引数の型がany型である）のですが、ここで出力したいのはstring型の文字列であって、Promiseオブジェクトではありません。

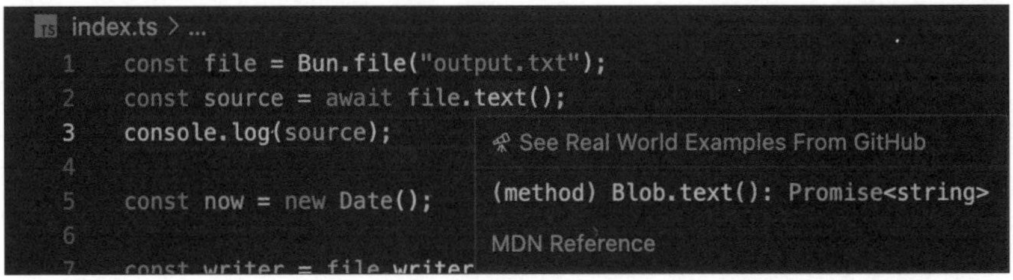

```
index.ts > ...
1  const file = Bun.file("output.txt");
2  const source = await file.text();
3  console.log(source);
4
5  const now = new Date();
6
7  const writer = file.writer
```

```
See Real World Examples From GitHub
(method) Blob.text(): Promise<string>
MDN Reference
```

このPromiseオブジェクトを解決（resolve）し、結果を得るもっとも簡単な方法がawaitを使うことです。これにより変数 `text` の型は、`Promise<string>` ではなくstring型になっていることが確認できます[*1]。

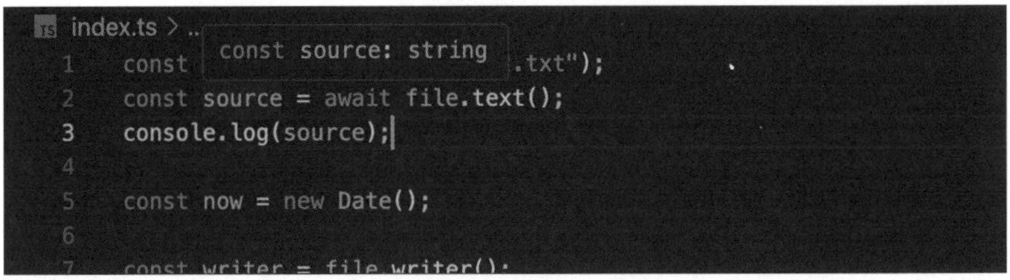

```
index.ts > ..
1  const          .txt");
2  const source = await file.text();
3  console.log(source);
4
5  const now = new Date();
6
7  const writer = file.writer();
```

```
const source: string
```

スクリプトを実行すると、テキストファイルファイルの中身がコンソールに表示されます。しかし日時の取得と書き出し処理がそのあと行われるので、ファイルには新しい日時が書き込まれているでしょう。

*1　本書では、then によるPromiseの解決については採りあげませんでした。

Section 05-05

テキストファイルを編集する

Bunでは単純なファイル読み書き処理に加えて、ライターやリーダーなどの仕組みも用意されています。

このセクションのポイント

1 file.writer() で書き込みに便利なオブジェクトを生成
2 end() メソッドで書き込みを完了
3 \n という文字列で改行を表現

このままファイル書き出しに Bun.write() を使ってもよいのですが、のちの実装を見やすくするためにコードを書き換えたいと思います。

file は text() のほかに、テキストの書き込みに便利な writer() というメソッドも持っています。これは FileSink という型のオブジェクトを返し、それへの操作を通してファイルに結果を反映することができます。書き込みは write() で行い、最後に end() で終了します。

```
const writer = file.writer();
writer.write(now.toString());
writer.end();
```

今回はファイルをまるごと上書きするのではなく、日時の行を追加していきたいと思います。Bun.write("output.txt", now.toString()); となっている7行目以下を書き換え、全体のコードが次の通りになるようにしてください

▼index.ts

```
01: const file = Bun.file("output.txt");
02: const source = await file.text();
03: console.log(source);
04:
05: const now = new Date();
06:
07: const writer = file.writer();
08: writer.write(source);
09: writer.write("\n");
10: writer.write(now.toString());
11: writer.end();
12:
```

もとのテキストと新たに生成した日時を書き込む行との間に、\n という文字列を書き込む行が挟まっています。これは改行を表す制御文字で、目に見えない改行の代わりに使われるものです。

最後に、途中の console.log() を削除するかわりに結果を出力する処理を末尾に追加して、// で始まるコードコメントを追加したのが次ページのコードです。

▼index.ts

```
01: // output.txtをファイルとして取得し、テキストを読み出す
02: const file = Bun.file("output.txt");
03: const source = await file.text();
04:
05: // 現在の日時を取得する
06: const now = new Date();
07:
08: // ファイルに元のテキストと改行、日時を書き込む
09: const writer = file.writer();
10: writer.write(source);
11: writer.write("\n");
12: writer.write(now.toString());
13: writer.end();
14:
15: // ファイルから再びテキストを読み出す
16: const result = await file.text();
17: console.log(result);
18:
```

この10行分の処理で、ファイルに時刻を記録するプログラムが作成できました。

```
% bun run index.ts
Fri Aug 30 2024 22:58:14 GMT+0900 (Japan Standard Time)
Fri Aug 30 2024 22:58:38 GMT+0900 (Japan Standard Time)
Fri Aug 30 2024 22:58:40 GMT+0900 (Japan Standard Time)
%
```

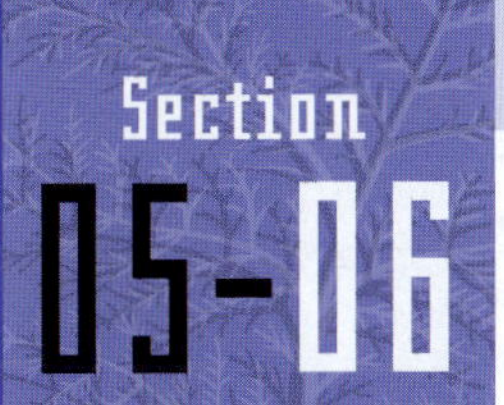

Section 05-06 コマンドライン引数を取得する

CLIツールでは付加的な情報をサブコマンドやコマンド引数として渡すことがありますが、Bunではこれらをコマンドライン引数として参照することができます。

このセクションのポイント

1. bun run index.ts のあとに続けて文字列を渡すことができる
2. Bun.argv というプロパティからコマンドライン引数が参照できる

いま作ったプログラムは、なにかログを残すのには使えそうですが、とても実用的なメモツールとは言えません。せめて任意の文字列を記録できるようにしたいものです。

▼output.txt

```
Bunをインストール
プロジェクトを作成
ファイル書き出し
ファイル読み込み
```

Bunでは他のランタイムと同じように、スクリプトの実行時にコマンドライン引数を参照することができます。最後の console.log() の中身を書き換え、Bun.argv を出力するようにして、スクリプトを実行してみましょう。

▼index.ts

```
16: // ...
17: console.log(Bun.argv);
18:
```

```
% bun run index.ts
[ "/Users/nishiyama/.bun/bin/bun", "/Users/nishiyama/workspace/kanbun/index.ts" ]
%
```

文字列が2つ入った配列が出力されました。Bun.argv の型は string[] で、これと一致しています。

これらは順に、コマンド bun の実態であるBunのバイナリ実行ファイル(binary executable file)と、実行しているファイルindex.ts、それぞれのパスを表しているようです。

それではコマンドのあとに文字列を追加して実行するとどうなるでしょうか。

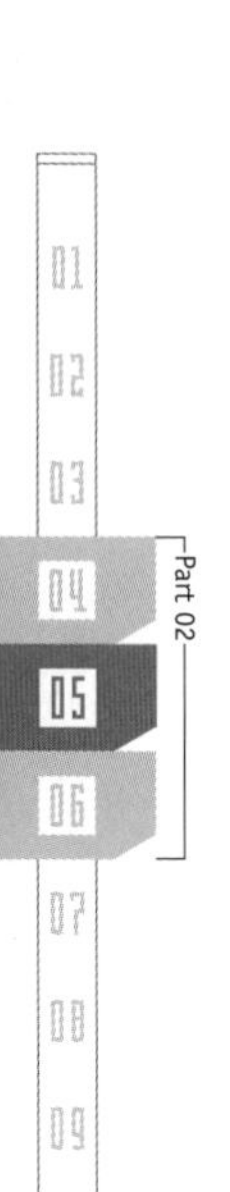


```
% bun run index.ts hello
[ "/Users/nishiyama/.bun/bin/bun", "/Users/nishiyama/workspace/kanbun/index.ts",
"hello" ]
%
```

今度は配列にもうひとつ文字列が加わっています。

このことから、コマンドの後ろに文字列を足すと、Bun.argv の第３番目以降の要素として値が取得できることがわかりました。

Section
05-07 型エラーを解決する

値を期待している型にundefinedが渡されようとするとTypeScriptでは型エラーが発生し、型に合った値を代入するよう開発者に求めます。

このセクションのポイント

1. 配列はpop()メソッドで最後の要素を破壊的に取り出せる
2. 型アノテーションにより変数の型を定義できる
3. Null合体演算子 ?? でundefinedだった場合の値を指定できる

コマンドライン引数が3個まで来るものと想定して、配列の最後の要素を取り出そうと思います。これにはいくつかの方法がありますが、今回は配列の最後の要素を破壊的に取り出す pop() メソッドを使います。

日時を格納していた変数 now の代わりに、メモの文字列が来ることを想定した変数 memo を宣言し、Bun.argv.pop() の結果を代入します。

▼index.ts

```
02: // ...
03: const source = await file.text();
04:
05: // コマンドライン引数の最後の文字列を取得する
06: const memo = Bun.argv.pop();
07:
    // ...
17:   console.log(result);
18:
```

ここで困ったことが起こります。第12行目で使われていた now を memo に置き換えると、変数が存在するにもかかわらずエラーになります。その内容は、undefined 型かもしれない memo を writer.write() の引数に取ることはできないというものです。

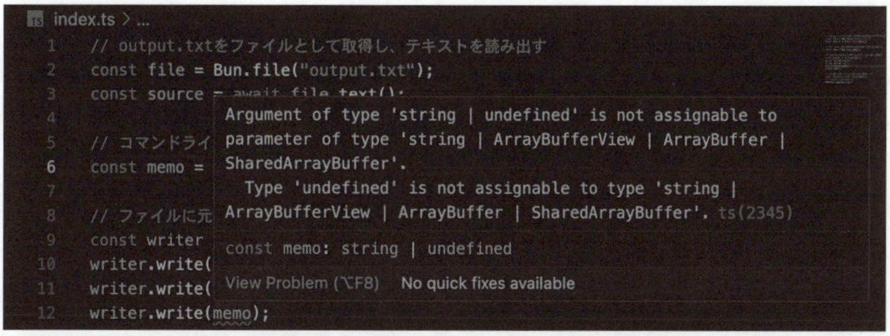

```
index.ts > ...
1   // output.txtをファイルとして取得し、テキストを読み出す
2   const file = Bun.file("output.txt");
3   const source = await file.text();
4
5   // コマンドライ
6   const memo =
7
8   // ファイルに元
9   const writer
10  writer.write(
11  writer.write(
12  writer.write(memo);

Argument of type 'string | undefined' is not assignable to
parameter of type 'string | ArrayBufferView | ArrayBuffer |
SharedArrayBuffer'.
  Type 'undefined' is not assignable to type 'string |
ArrayBufferView | ArrayBuffer | SharedArrayBuffer'. ts(2345)
const memo: string | undefined
View Problem (⌥F8)  No quick fixes available
```

変数 memo にカーソルをホバーすると、たしかに型は string | undefined となっています。配列のメソッド pop() は要素があるときにはその型の値を返しますが、要素がひとつもないときには undefined を返すからです。

まずは変数 memo が文字列であることを型ではっきりさせましょう。こうしたときに型アノテーションが使えます。

▼index.ts

```
05: // コマンドライン引数の最後の文字列を取得する
06: const memo: string = Bun.argv.pop();
```

こうすると、エラーの位置が第6行の memo に移ります。

```
index.ts > ...
1   // out  Type 'string | undefined' is not assignable to type 'string'.
2   const     Type 'undefined' is not assignable to type 'string'. ts(2322)
3   const
4           const memo: string
5   // コマ  View Problem (⌥F8)   No quick fixes available
6   const memo: string = Bun.argv.pop();
```

配列の要素の数までは型もコンパイラーも知ることができない以上、評価の結果が undefined になりうる場合は開発者が明示的にstring型の値を与えなければなりません。こうしたときにはNull合体演算子 ?? を使って次のように書くことができます。

▼index.ts

```
05: // コマンドライン引数の最後の文字列を取得する
06: const memo: string = Bun.argv.pop() ?? "";
```

Bun.argv.pop() の結果が undefined になるときは "" つまり空文字を代入し、そうでなければ Bun.argv.pop() の結果を代入する、という処理として解釈できます。先ほど見たとおり Bun.argv は実行時にかならず2個以上の要素をもつため、実際にここで空文字が代入されることはないでしょう。

ここまででコードは次のようになっているはずです。

▼index.ts

```
01: // output.txtをファイルとして取得し、テキストを読み出す
02: const file = Bun.file("output.txt");
03: const source = await file.text();
04:
05: // コマンドライン引数の最後の文字列を取得する
06: const memo: string = Bun.argv.pop() ?? "";
```

```
07:
08: // ファイルに元のテキストと改行、日時を書き込む
09: const writer = file.writer();
10: writer.write(source);
11: writer.write("\n");
12: writer.write(memo);
13: writer.end();
14:
15: // ファイルから再びテキストを読み出す
16: const result = await file.text();
17: console.log(result);
18:
```

以上のスクリプトで第3番目のコマンドライン引数を持つコマンドを実行してみましょう。先ほどまでで追加した時刻の下に、今度は新たに入力した文字列が追加されているはずです。

```
% bun run index.ts hello
[...]
hello
% bun run index.ts こんにちは
[...]
hello
こんにちは
%
```

Section

05-08 制御構文を使って条件分岐する

コマンドライン引数の数により処理を分岐させるには、その値を条件として制御構文を記述します。

このセクションのポイント

1. if 文および else if 節で条件が真だった場合の処理を分岐
2. else 節に条件が偽だった場合の処理を記述
3. throw で開発者向けに例外を発生

テキストファイルにメモを追加できるようにはなったものの、コマンドライン引数の数についてきちんとした場合分けができていません。メモとなるコマンドライン引数がない場合、または複数ある場合についても対応したいと思います。

まず、当初から想定しているコマンドライン引数が3個の場合は、配列のインスタンスプロパティ length とif文を使った制御構文として以下のように書き直すことができます。

▼index.ts

```
04: // ...
05: if (Bun.argv.length === 3) {
06:   // コマンドライン引数の最後の文字列を取得する
07:   const memo: string = Bun.argv.pop() ?? "";
08:   // ...

18:   console.log(result);
19: }
20:
```

これで他の場合にはメモの追加や一覧の表示といった処理が行われなくなりました。

しかしユーザーからすると、単にメモの一覧を表示したい場合もあるはずです。この一覧表示は追加するべきメモがないとき、つまり bun run index.ts という実行コマンドの場合に割り当てるのが適当でしょう。

先ほどのif文にelse if節を追加して、この場合の処理を追加します。

▼index.ts

```
04: // ...
05: if (Bun.argv.length === 3) {
06:   // コマンドライン引数の最後の文字列を取得する
07:   const memo: string = Bun.argv.pop() ?? "";
      // ...
18:   console.log(result);
19: } else if (Bun.argv.length === 2) {
20:   console.log(source);
21: }
22:
```

これで単に bun run index.ts を実行すれば、これまで追加したメモの一覧がコンソールに出力されます。

```
% bun run index.ts
[...]
hello
こんにちは
%
```

今度は余分な引数が与えられる場合を考えます。この場合はメモを追加せず、ユーザーにメモは1つしか扱えないことを知らせることにします。

先のelse if節にさらにelse節を追加し、最終的に以下のようなコードにします。

▼index.ts

```
01: // output.txtをファイルとして取得し、テキストを読み出す
02: const file = Bun.file("output.txt");
03: const source = await file.text();
04:
05: if (Bun.argv.length === 3) {
06:   // コマンドライン引数の最後の文字列を取得する
07:   const memo: string = Bun.argv.pop() ?? "";
08:
09:   // ファイルに元のテキストと改行、日時を書き込む
10:   const writer = file.writer();
11:   writer.write(source);
12:   writer.write("\n");
13:   writer.write(memo);
14:   writer.end();
15:
16:   // ファイルから再びテキストを読み出す
```

```
17:   const result = await file.text();
18:   console.log(result);
19: } else if (Bun.argv.length === 2) {
20:   console.log(source);
21: } else {
22:   throw new Error("追加のコマンドライン引数は1つまでです。");
23: }
24:
```

これでスクリプトを実行する際に余分な文字列を与えると、スクリプトは開発者向けのエラーを出力するようになります。

```
% bun run index.ts こんにちは
17 |   const result = await file.text();
18 |   console.log(result);
19 | } else if (Bun.argv.length === 2) {
20 |   console.log(source);
21 | } else {
22 |   throw new Error("追加のコマンドライン引数は1つまでです");
             ^
error: 追加のコマンドライン引数は1つまでです
      at /Users/nishiyama/workspace/kanbun/index.ts:22:9

Bun v1.1.15 (macOS arm64)
%
```

Section

05-09 関数を作成してエクスポート・インポートする

関数を定義すると再利用性が高まることに加え、関心ごとのモジュールに処理を分離することができます。

このセクションのポイント

1. function キーワードで関数を宣言
2. 関数の引数や返り値も型アノテーションできる
3. export キーワードでエクスポートした関数は import 文でモジュールからインポートできる

ここまでで最低限機能するメモツールが作れました。とはいえもう少しメモらしい見た目をさせたいものです。

▼output.txt

```
- 線形代数学
- 心理学概論
- プログラミング演習
```

各行のメモの先頭に - をつけた文字列を生成するといった付加的な操作や、コードの行数が長くなる複雑な処理を実装するときは、それだけの仕事をする関数を新たに定義し、そこから呼び出せるようにすると便利です。

具体的には、変数 memo のような文字列を変換して項目を表す文字列にする、次の formatToItem() のような関数を作るとよさそうです。

▼index.ts

```
06:  // コマンドライン引数の最後の文字列を取得する
07:  const memo: string = Bun.argv.pop() ?? "";
08:  const item: string = formatToItem(memo);
09:
10:  // ファイルに元のテキストと改行、日時を書き込む
11:  const writer = file.writer();
12:  writer.write(source);
13:  writer.write("\n");
14:  writer.write(item);
15:  writer.end();
16:
```

関数はstring型の引数を取り、string型の値を返すということになります。

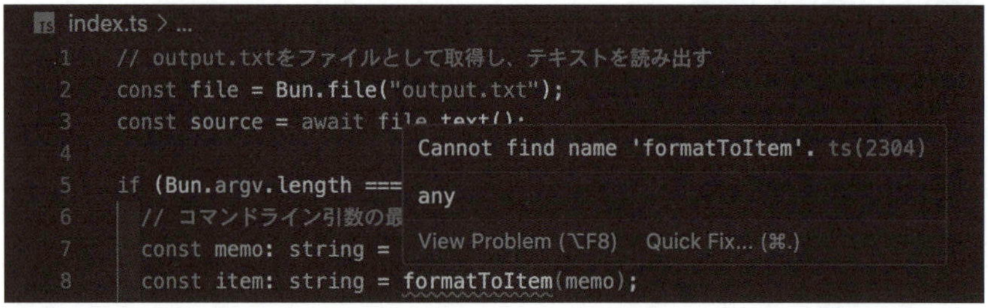

```
index.ts > ...
1   // output.txtをファイルとして取得し、テキストを読み出す
2   const file = Bun.file("output.txt");
3   const source = await file.text();
4                          Cannot find name 'formatToItem'. ts(2304)
5   if (Bun.argv.length === any
6     // コマンドライン引数の最
7     const memo: string =   View Problem (⌥F8)   Quick Fix... (⌘.)
8     const item: string = formatToItem(memo);
```

関数がまだ存在しなくてエラーになっているため、ソースコードの一番下にこの関数を作ってみましょう。関数の基本的な書き方に加え、引数と返り値の型がわかっているので、関数宣言に型アノテーションを加えた次のような雛形を書くことができます。

▼index.ts

```
26: function formatToItem(memo: string): string {
27:
28: }
29:
```

```
22   } else {    A function whose declared type is neither 'undefined', 'void', nor
23     throw new Error(":  'any' must return a value. ts(2355)
24   }
25               View Problem (⌥F8)   No quick fixes available
26   function formatToItem(memo: string): string {
27
28   }
```

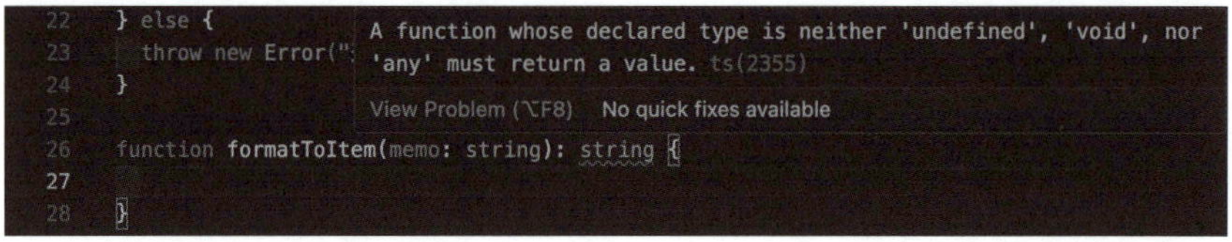

この時点では返り値の型アノテーションにおいて、string型の値を返していないとエラーが出ます。ひとまず型検査を通すために、変数 memo をそのまま返すようにしておきましょう。

▼index.ts

```
26: function formatToItem(memo: string): string {
27:   return memo;
28: }
29:
```

こうすると、引数と返り値が期待する型と一致します。

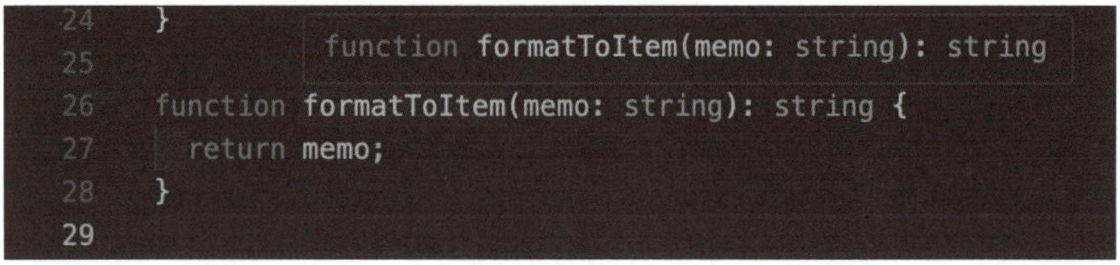

```
24   }
25          function formatToItem(memo: string): string
26   function formatToItem(memo: string): string {
27     return memo;
28   }
29
```

さらに、この関数を別のTypeScriptファイルに切り出したいと思います。エディターの左側ペインのkanbunディレクトリタブから「New File...」を選択して新規ファイルを作成し、名前をformat.tsにします。

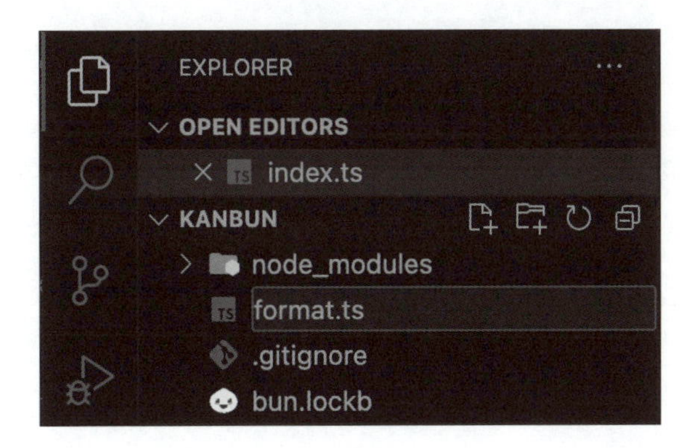

そこに先ほど作った関数を移動させましょう。切り取りはmacOSでcommand + X（WindowsではCtrl + X）、貼り付けはcommand + V（Ctrl + V）です。

▼format.ts

```
01: function formatToItem(memo: string): string {
02:   return memo;
03: }
04:
```

このままだとindex.tsから利用することができません。エディター上でもどこからも使われていないというポップアップが確認できます。

関数などをファイルの外側でも使えるようにするには、外部にエクスポート（export）する必要があります。具体的には `export` というキーワードを先頭につけて関数を宣言します。

▼format.ts

```
01: export function formatToItem(memo: string): string {
02:   return memo;
03: }
04:
```

これにより関数が別のモジュールからインポート（import）できるようになりました。index.tsに戻って、formatToItem() の呼び出し箇所を確認してみてください。

関数 formatToItem() の定義は先ほど移動させた際にこのファイルからはなくなっており、かつformat.tsからもインポートされていないので、呼び出し箇所は赤の波線でエラー表示になっていると思います。

エラーを解消するためには formatToItem() をインポートするimport文を書けばよいのですが、VS Codeではもっと簡単な方法が使えます。formatToItem の文字を、後ろから削除して打ち直すなどして書き換えてください。するとVS Codeは近い名前のモジュールがプロジェクト内に存在することを検知し、モジュールのインポートをツールチップで提案してくれます。

```
index.ts 1 ●   format.ts
index.ts > item
1   // output.txtをファイルとして取得し、テキストを読み出す
2   const file = Bun.file("output.txt");
3   const source = await file.text();
4
5   if (Bun.argv.length === 3) {
6     // コマンドライン引数の最後の文字列を取得する
7     const memo: string = Bun.argv.pop() ?? "";
8     const item: string = formatToItem(memo);
9                 formatToItem                          ./fo...
10    // ファイルに元のテキストと改行、日時を書き込む
```

この時点でtabキー（WindowsではTabキー）を入力するか、またはツールチップをクリックすると、ファイルの一番上の行にimport文が自動的に追加されます。

▼index.ts

```
01: import { formatToItem } from "./format";
02:
03: // ...
```

こうして、フォーマットのための関数をファイルの外部から呼び出すことができました。

さて、メモは結局のところ期待したとおりに記録できるようになったのでしょうか？

```
% bun run index.ts 線形代数学
[...]
線形代数学
%
```

関数は作成したものの、- を行頭につける処理はまだ実装できていないのでした!

Section

05-10 関数のテストを作成・実行する

関数のふるまいを確かめるにはテストを書いて実行しますが、Bunにはそのためのテストランナーも同梱されています。

このセクションのポイント

1. test() と expect() を組み合わせてBunのテストを記述
2. `` で囲まれたテンプレートリテラルではプレースホルダーとして式を埋め込める
3. bun test で記述済みテストを実行

関数が期待どおりにふるまうことを確かめることはテスト（test）と呼ばれます。Bunではテストの実行ツールであるテストランナー（test runner）が標準で組み込まれていて、テスト用ファイルを用意することで簡単にテストが実行できます。

公式サイトにあるテスト用ファイルのサンプルコードは次のようになっています。

テスト用ファイルのサンプルコード - Bun公式サイト
https://bun.sh/docs/cli/test

```
01: import { expect, test } from "bun:test";
02:
03: test("2 + 2", () => {
04:   expect(2 + 2).toBe(4);
05: });
06:
```

まず、bun:test というモジュールから expect と test という2つの関数をインポートしています。

expect() の丸括弧の中で評価された値が、toBe() の引数と一致することをテストしているようです。test() の第1引数は、テスト対象を説明するものと考えてよいでしょう。

これを参考に formatToItem() のテストを記述した新しいファイルformat.test.tsを作成したいと思います。
例として メモ という文字列を与えた結果が - メモ となることをテストできるとよいでしょう。

Section

05-10 関数のテストを作成・実行する

関数のふるまいを確かめるにはテストを書いて実行しますが、Bunにはそのためのテストランナーも同梱されています。

このセクションのポイント

1 test() と expect() を組み合わせてBunのテストを記述
2 `` で囲まれたテンプレートリテラルではプレースホルダーとして式を埋め込める
3 bun test で記述済みテストを実行

関数が期待どおりにふるまうことを確かめることはテスト（test）と呼ばれます。Bunではテストの実行ツールであるテストランナー（test runner）が標準で組み込まれていて、テスト用ファイルを用意することで簡単にテストが実行できます。

公式サイトにあるテスト用ファイルのサンプルコードは次のようになっています。

テスト用ファイルのサンプルコード - Bun公式サイト
https://bun.sh/docs/cli/test

```
01: import { expect, test } from "bun:test";
02:
03: test("2 + 2", () => {
04:   expect(2 + 2).toBe(4);
05: });
06:
```

まず、bun:test というモジュールから expect と test という2つの関数をインポートしています。

expect() の丸括弧の中で評価された値が、toBe() の引数と一致することをテストしているようです。test() の第1引数は、テスト対象を説明するものと考えてよいでしょう。

これを参考に formatToItem() のテストを記述した新しいファイルformat.test.tsを作成したいと思います。
例として メモ という文字列を与えた結果が - メモ となることをテストできるとよいでしょう。

```
% bun run index.ts 線形代数学
[...]
線形代数学
%
```

関数は作成したものの、- を行頭につける処理はまだ実装できていないのでした！

▼format.test.ts

```
01: import { expect, test } from "bun:test";
02: import { formatToItem } from "./format";
03:
04: test("formatToItem", () => {
05:   expect(formatToItem("メモ")).toBe("- メモ");
06: });
07:
```

expect() の引数には formatToItem() が メモ を変換した結果を渡し、toBe() の中には - メモ という文字列を入れました。

ファイルを指定してテストを実行するには次のコマンドを実行します。

```
% bun test format.test.ts
```

するとコンソールには次のように出力されました。

```
% bun test format.test.ts
bun test v1.1.15 (b23ba1fe)

format.test.ts:
1 | import { expect, test } from "bun:test";
2 | import { formatToItem } from "./format";
3 |
4 | test("formatToItem", () => {
5 |   expect(formatToItem("メモ")).toBe("- メモ");
                                 ^
error: expect(received).toBe(expected)

Expected: "- メモ"
Received: "メモ"

      at /Users/nishiyama/workspace/kanbun/format.test.ts:5:29
✗ formatToItem [4.66ms]

 0 pass
 1 fail
 1 expect() calls
Ran 1 tests across 1 files. [90.00ms]
%
```

Expected: とあるのが期待される値で、Received: が実際に得られた値です。結果は 1 fail、0 pass となっています。現状の formatToItem は引数 memo をそのまま返しているだけなので、期待値とは一致しないことがテストによっても確認されました。

それでは関数が正しいふるまいをするようにコードを修正したいと思います。最初の行には /** と */ で囲んだコードコメントを追加しました。

▼format.ts

```
01: /** 文字列の先頭に `- ` をつけて返す */
02: function formatToItem(memo: string): string {
03:   return `- ${memo}`;
04: }
05:
```

今度は返却される値が - ${memo} となっています。

3行目のバッククォートで囲まれた部分はテンプレートリテラル（template literal）と呼ばれ、変数をプレースホルダー（placeholder）としてテキストを埋め込めたり、改行をそのまま扱えたりします。今回はmemoの値を-という文字列の後に埋め込んでいます。

それでは再度テストを実行してみましょう。

```
% bun test format.test.ts
bun test v1.1.15 (b23ba1fe)

format.test.ts:
✓ formatToItem [0.43ms]

 1 pass
 0 fail
 1 expect() calls
Ran 1 tests across 1 files. [15.00ms]
%
```

今度は 1 pass、0 fail となっていて、テストが通過したことがわかります。

今回、期待される結果でテストを書いて、そのあとテストが通るように実装を修正しました。このようなアプローチはテスト駆動開発（test-driven development）と呼ばれ、いくつかの基本的なコンセプトとともにひとつの開発手法を構成しています。

さて、スクリプトを再び実行すると、今度こそメモらしい結果を出力するようになりました。

```
% bun run index.ts 線形代数学
[...]
- 線形代数学
%
```

Section 05-11 第5章のまとめ

この章ではコマンドラインで動作するメモツールを作成しました。まずはBunをインストールし、プロジェクトを準備するところから始めました。

Bunを使ってファイル操作を行い、テキストを書き出したり読み込んだりしました。それから任意の文字列をコマンドライン引数として取得できるようにし、日時の代わりにメモを記録できるようにしました。

型アノテーションで変数の型を指定し、型エラーになったら代わりの値を代入して解決しました。コマンドライン引数の数によって条件分岐し、メモの一覧を表示できるようにもしました。

関数は別のファイルでエクスポートし、モジュールの中の関数としてインポートすることができました。関数のテストを作成して実行し、テストが通るように実装を修正すると、スクリプトも期待どおりに動作しました。

プログラム開発のプロセスを通して、VS Codeの便利な開発支援機能についても見てきました。型の静的解析やモジュールからの関数サジェストは、TypeScriptのすぐれた開発者体験を構成する要素です。

Part 02 BunでCLIツール開発

データベースを備えたTodoツールを作る

前の章で作成したメモツールを拡張し、データを書き換え可能なTodoツールを作ります。データベースとしてSQLiteを利用し、テーブルの設計や基本的なデータ操作について学びます。各操作に対応する処理を関数として記述し、プログラムに実装します。それに応じて関数を書き換えたり、コンソールへの出力を改善する方法も見ます。

紹介する開発環境

- SQLite

Contents

本章で作るTodoツールについて

タスクが状態を持つTodoツールを作るには、テキストファイルよりも柔軟なデータベースを使うことになるでしょう。

このセクションのポイント

1 Todoや完了済みTodoなどの状態を表現したい
2 複雑な処理をテキストベースで実現するのは難しい
3 データベースを使えば、抽象的で構造化された形式のデータを扱える

この章では、前の章で作ったメモツールを書き換え、より高機能なTodoリストを作ります。メモツールでは、メモという単一の種類の項目を扱うことしかできませんでした。今回のプログラムでは、メモとは別にTodoという種類の項目を追加できるようにします。そしてTodoという言葉から想像できるように、この項目は完了済みのTodoに変換できるものとします。

どのような体験になるかイメージしやすいように、はじめにプログラムを繰り返し実行する様子を示してみます。

```
% bun run index.ts memo 9時起床
- 9時起床
% bun run index.ts todo ゴミ出し
- 9時起床
o ゴミ出し
% bun run index.ts todo メールチェック
- 9時起床
o ゴミ出し
o メールチェック
% bun run index.ts done ゴミ出し
- 9時起床
x ゴミ出し
o メールチェック
```

メモであることを示していた - というシンボルのほかに、o と x という種類のシンボルが増えました。これらはそれぞれ未完了のTodoと完了済みのTodoに対応し、メモと同様に項目の頭につけられるようです。そしてこれらの項目を作成するのに、memo と todo 、そして done というコマンドライン引数が、その内容を表す文字列との間に1つ増えています。

いまのテキストファイル読み書きの仕組みをそのまま使うとしたら、どのような実装になるでしょうか。新しくTodoを追加するのは、メモと同様のやり方でできそうです。ではそのTodoを完了済みに変換するにはいったいどうすればよいのでしょうか。おそらくテキストの中から内容が一致する行を検索して、それが未完了のTodoのシンボルを持っていれば完了済みのシンボルに置き換える、といった文字列操作をしないといけなさそうです。

こうした実装はプレーンテキストをそのまま扱うことでも可能ですが、パターンが増えるにしたがって文字列の解析が複雑になる傾向があります[*1]。また、実装をあとから足すのが難しくなる点でもテキストファイルは適していません。実際、このTodoツールでは上記の操作に加えてアーカイブ（完了済みTodoの削除）という操作にも対応したいと考えています。こうした機能を実装するには、より抽象的で構造化されたデータとしてこれらの項目を扱える、洗練されたデータベースが求められます。

*1　究極的には、プログラミング言語をイチから作るような労力を強いられるでしょう。EmacsのOrg Modeは、単純なテキストファイルを高度に構造化されたドキュメントとして扱えるまでに精緻化することに成功したひとつの例と言えます。

Section 06-02

データベースとSQLiteについて

データベースにはいくつかの選択肢があり、それによって操作方法やデータの形式が違ってきます。

このセクションのポイント

1. データベースはリレーショナルデータベースとそれ以外のデータベースとに大別される
2. SQLでリレーショナルデータベースに問い合わせるクエリを記述
3. SQLiteはサーバーを必要とせず軽量なリレーショナルデータベース

今回開発するプログラムではデータベース（database）を利用します。データベースとは、データが体系的に整理され、保存や取得などの管理がしやすくなったデータの集合体です。アプリケーションはさまざまな形式のデータを扱いますが、データベースはそれらの情報を管理するうえで重要な役割を果たします。前の章ではテキストファイルをデータ置き場として使いましたが、文字列以外のデータや複雑なデータを扱おうとするととたんに無理が生じるため、より専門的なデータベースが必要となります。

データベースは、リレーショナルデータベースとそれ以外のデータベースという大きく2つのグループに分けられます。リレーショナルデータベース（relational database: RDB）は、事前に定義された表形式の構造にデータを割り当てていくデータベースです。テーブル（table）における行（row）が一つひとつの記録（record）に、列（column）がそれぞれのデータの属性（attribute）に対応します。リレーショナルモデルという数学モデルに基づいて、整合性のある論理的な情報としてデータを表現することができます。

リレーショナルデータベースに問い合わせ（query）をしてさまざまな操作を実行できるデータベース言語がSQL（Structured Query Language）です。ふつうMySQLやPostgreSQLなどのリレーショナルデータベース管理システム（relational database management system: RDBMS）とセットで使われます。一方、リレーショナルデータベース以外のデータベースはしばしばまとめてNoSQLと呼ばれます[*1]。リレーショナルデータベースと比較して、NoSQLは非構造化データや半構造化データの取り扱いを得意とすると言われています。

今回はSQLiteと呼ばれるリレーショナルデータベースを使用します。一般的に、リレーショナルデータベース管理システムはデータベースサーバー上で動作し、Webサーバーとは異なるプロセスを要します、しかしSQLiteはライブラリであり、アプ

＊1　Not only SQLの略と説明されますが、むしろ後から頭字語としての意味をもたせられたバクロニム（backronym）と考えられます。

リケーションに組み込んで使用されるため、そうしたサーバープロセスを必要としません。SQLiteはPHPやPythonなどいくつかのプログラミング言語処理系で標準サポートされており、最近ではNode.jsもv22.5.0からサポートするようになりました。

Section 06-03

データを定義し、テーブルを設計する

リレーショナルデータベースにおいてデータはテーブルの中で表現されるため、それらデータに共通する属性を抽出することが求められます。

このセクションのポイント

1. テーブルの構造は事前に定義される必要がある
2. データはレコードという形態でテーブルに記録される
3. フィールドの値は列ごとにデータ型が定められている

データベースにデータを格納する際、その対象となる基本単位はテーブル(table)です。テーブルの構造は事前に定義されており、データはその中で表現されます。データはテーブルの構造をみたす必要がありますが、まずは今回取り扱うデータについて、それらすべてに共通する属性(attribute)を抽出してみましょう。

```
- 8時起床
o ゴミ捨て
x メールチェック
```

これらの例から、項目(Item)の内容(content)を表すテキストと、- や o などのシンボルで表される項目の種類が、すべての項目に共通する属性として抽出できそうです。

- 項目（Item）
  - 項目の種類（kind）
  - 項目の内容（content）

これらの属性を持つデータはテーブルに行単位で記録され、その一つひとつがレコード(record)と呼ばれます。レコードはテーブルにおける行の構成単位であるという性質上、特殊な制約(constraint)をもった属性を備えていることがあります。そのうち最も重要なものが主キー(primary key: PK)と呼ばれる属性で、テーブルの中から行を一意に特定するために使われます。したがって主キーはほかのレコードと重複しないユニーク(unique)な値でなければならず、また空の値を持つことが許されません(not null)。

- 項目（Item）
  - ID（id / 主キー、ユニーク）
  - 項目の種類（kind）
  - 項目の内容（content）

データの属性について着目したとき、テーブルはおのおのの属性を定義する列(column)によって構成されている、という見かたもできます。列はそれ自体を示す名前を持つとともに、そこに入るフィールド(field)の値を指定するデータ型が決められています。データ型はデータベースの種類によって異なりますが、SQLiteでは文字列を表すtext型や、整数を表すinteger型、また時刻を表すtimestamp型などが用意されています。今回の項目(item)という名前のデータの場合、項目の内容や種類はtext型、主キーとなるIDはinteger型として定義するのが適切でしょう。

Item			
integer	id	PK	ID
timestamp	created_at		作成日
text	kind		項目の種類
text	content		項目の内容

いま、テーブルの構造を図示するにあたって、作成日という列を付け加えてあります。これはレコードを取得したりアプリケーション上で表示したりする際に、データが属性として持っておくと役に立つものです。通常は主キーと同様、データの作成時にフィールドが自動的に埋められるようにします。このようにして定義されたitemテーブルにおいて、それぞれの項目は以下のように記録されるでしょう。

id	created_at	kind	content
1	2024-09-03 08:05:00	memo	9時起床
2	2024-09-03 08:15:00	task	ゴミ出し
3	2024-09-03 09:00:00	memo	メールチェック

Section 06-04 CRUD操作について

データベースの操作には4つの基本的な操作があり、頭文字をとってCRUDと呼ばれます。

このセクションのポイント

1. Createは新しいレコードをデータベースに追加する操作
2. Readはデータベースから複数件の情報を取得する操作
3. UpdateとDeleteはそれぞれレコードを更新・削除する操作

データベースを利用するアプリケーションの基本的な機能を設計するにあたっては、CRUDというよく知られた考え方があります。CRUDとは、登録(create)、参照(read)、更新(update)、削除(delete)というデータベース操作の頭文字を取ったものです*1。これら4種類の操作に対応していれば、データベースにあるデータを過不足なく処理することができます。データベースに限らず、アプリケーションのユーザーインターフェースをデザインするうえでも参考になる考え方です。

登録(create)は、新しいレコードをデータベースに追加(insert)する操作です。SQLiteでは `INSERT` という操作に対応します。特定のテーブルに対し、フィールドに値を与える列の名前と、その値を引数に取ります。例として、itemテーブルに対してcontent列とkind列の値を埋めたレコードを登録するSQL文は次のように書けます。

```
INSERT INTO items (content, kind) VALUES ('8時起床', 'memo');
```

参照(read)は、データベースから情報を取得する操作です。`SELECT` という操作に対応し、テーブルから複数件のレコードをまとめて取ってきます。レコードは特定の条件に合うものに絞ったり、またデータを取得する列を指定したりすることもできます。SQL文はそれぞれ次のようになります。

```
SELECT * FROM items;
SELECT * FROM items WHERE kind = "done";
```

更新(update)は、既存のレコードの情報を変更する操作です。条件が一致するレコードに対し、指定したフィールドを与えられた値で更新します。削除(delete)はデータベースからレコードを削除する操作です。SQLiteではそれぞれ `UPDATE`、

*1 保守的な訳語としては、createには作成や生成、readには読み取りや読み出しといった語が当てられます。「作成」はテーブルの作成(create)と紛らわしいこと、「生成」は近年になって生成AI(generative AI)の文脈で使われる機会が多いこと、そして「読み取り」や「読み出し」はここだけ訓読みになっていて用語としての統一性に欠けることから、本書では訳語をあて直しました。

DELETE という操作に対応します。

```
UPDATE items SET kind = "done" WHERE content = "ゴミ出し";
```

```
DELETE FROM tasks WHERE id = 1;
```

Section

06-05 データベースに接続し、テーブルを作成する

Bun で SQLite を操作するには、まずデータベースに接続し、テーブルがなければ新たに作成します。

このセクションのポイント

1. new Database() で SQLite データベースに接続
2. SQL クエリを発行して各列の名前やデータ型、制約を指定したテーブルを作成
3. 接続を開いたデータベースは最後に閉じられる必要がある

ここまでに解説したデータベースの知識を踏まえ、Todoツールの実装に入ります。ツールの挙動について確認しておくと、次のようなコマンドを実行したならば、メモに相当する項目がデータベースに追加されてほしいのでした。

```
% bun run index.ts memo 8時起床
```

まず、以下のコードを記述したindex.tsを準備します。前の章で書いたコードがあれば、テキストファイル関連のコードを削除し、参照する変数のなくなった console.log() をコメントアウトするかたちになります。

▼index.ts

```
01: if (Bun.argv.length === 4) {
02:   // コマンドライン引数の最後の文字列を取得する
03:   const memo: string = Bun.argv.pop() ?? "";
04:
05:   // console.log(result);
06: } else if (Bun.argv.length === 2) {
07:   // console.log(source);
08: } else {
09:   throw new Error("コマンドライン引数の数が多すぎます");
10: }
11:
```

今回はコマンドライン引数をひとつ余分に取るようにしたのでした。そこで条件分岐のための判定に使用している数値を4に増やし、さらに新たな引数も取得したいと思います。

pop() は配列の後ろから要素を取り出していくので、2度目に実行した返り値が memo や done などのコマンドを表す文字列になります。

変数 memo の名前を content に変更し、その下で command という変数を宣言して、この値を代入します。

▼index.ts

```
01: if (Bun.argv.length === 4) {
02:   // コマンドライン引数の最後2つの文字列を取得する
03:   const content: string = Bun.argv.pop() ?? "";
04:   const command: string = Bun.argv.pop() ?? "";
05:
06:   // ...
```

プログラムの中でデータベースを扱うために最初にすることは、データベースがなければ作成し、それに接続することです。Bunでは以下のコードでデータベースオブジェクトを生成し、データベースに接続された状態にします。なお、接続は最後にクローズされる必要があります。

▼index.ts

```
01: import { Database } from "bun:sqlite";
02:
03: const db = new Database("sqlite.db");
04:
05: // ...
06:
07: db.close();
08:
```

bun run index.ts を実行すると、sqlite.dbというファイルが生成されます。これが今回操作するSQLiteデータベースの実態で、以後はこの中のデータベースを対象に操作を行います。

データを格納するためのテーブルが必要です。テーブルは初回のみ存在しないので、itemというテーブルがなければ作成するという処理にします。テーブルを作成する際、先ほど設計したような列を持つように、列名とデータ型をセットで記述します。それに続く PRIMARY KEY 、NOT NULL といった文字列は、それぞれ主キー、NULL不可という制約を指定するキーワードです*1。

▼index.ts

```
04: // ...
05:
06: const queryString = `CREATE TABLE IF NOT EXISTS item (
07:   id INTEGER PRIMARY KEY,
08:   content TEXT NOT NULL,
```

*1 SQLクエリを読みやすく整形するために、テンプレートリテラルで改行を使用しています。クエリの解釈そのものには影響しません。

```
09:   kind TEXT NOT NULL
10: )`;
11: const query = db.prepare(queryString);
12: query.run();
13:
14: // ...
```

テーブル初期化処理はこのままindex.tsに置いてもよいのですが、ここにはコマンドライン まわりの処理を集約したいので、db.tsというモジュールを作成し、initializeItemTable をインポートして呼び出すようにします。

▼db.ts

```
01: import { Database } from "bun:sqlite";
02:
03: export function initializeItemTable(db: Database):{
04:   const queryString = `CREATE TABLE IF NOT EXISTS item (
05:     id INTEGER PRIMARY KEY,
06:     content TEXT NOT NULL,
07:     kind TEXT NOT NULL
08:   )`;
09:   const query = db.prepare(queryString);
10:   query.run();
11: }
12:
```

▼index.ts

```
01: import { Database } from "bun:sqlite";
02: import { initializeItemTable } from "./db";
03:
04: const db = new Database("sqlite.db");
05:
06: initializeItemTable(db);
07:
08: if (Bun.argv.length === 4) {
09:   // …
```

Section 06-06 Create：データを登録する

データや命令に応じて異なる処理を行いたい場合、処理を工夫すると簡潔に書けることがあります。

このセクションのポイント

1. switch 文でパターンごとに分岐した処理を記述できる
2. BunのSQLiteドライバーでは、変数にあたる箇所を？と置ける
3. 型エイリアスとユニオン型の組み合わせで、取りうる値を限定できる

項目を登録する関数の実装に移る前に、関数をスクリプト実行時に呼び出せるよう、コマンドに応じて処理を分岐しておきます。ここではif...else文ではなくswitch文を使って条件分岐を実現したいと思います。変数の決められたパターンごとに処理を実行したい場合、switch文を使うと簡潔に書けることが多いです。ただしTypeScriptのswitch文そのものは条件分岐ではなく、続けて次のcase節の処理を実行しようとするため、処理を中断するにはbreak文によって抜け出す必要があることに注意してください。

▼index.ts

```
06:  // …
07:
08: if (Bun.argv.length === 4) {
09:   // コマンドライン引数の最後2つの文字列を取得する
10:   const content: string = Bun.argv.pop() ?? "";
11:   const command: string = Bun.argv.pop() ?? "";
12:
13:   switch (command) {
14:     case "memo":
15:       // TODO: メモを追加する処理を書く
16:       break;
17:     case "todo":
18:       // TODO: タスクを追加する処理を書く
19:       break;
20:     case "done":
21:       // TODO: タスクを完了にする処理を書く
22:       break;
23:     default:
24:       throw new Error("不正なコマンドです");
25:   }
26: } else if (Bun.argv.length === 2) {
```

```
27:   // …
```

それではメモを登録する関数を実装しましょう。SQLiteでitemテーブルにcontent、kindという2つのフィールドを指定して、それぞれ 8時起床、memo という文字列が入るデータを登録するクエリ文は、INSERT INTO item (content, kind) VALUES ("8時起床", "memo") といったものになります。BunのSQLiteドライバーでは、変数にあたる箇所を ? としておき、クエリを実行(run)するときに相当する値を順に渡すことで、動的なクエリを実行することができます。db はindex.tsのコードの中で定義されており、db.tsのコードから見るとスコープ外であるため、関数には引数として渡す必要がある点に注意してください。

▼db.ts

```
11: // ...
12:
13: export function createMemo(db: Database, content: string) {
14:   const queryString = `INSERT INTO item (content, kind) VALUES (?, ?)`;
15:   const query = db.query(queryString);
16:   query.run(content, "memo");
17: }
18:
```

この関数をdbモジュールから参照するようにして、コマンドが memo のときに呼び出すようにindex.tsを書き換えます。

▼index.ts

```
01:    import { Database } from "bun:sqlite";
02:    import { createMemo, initializeItemTable } from "./db";
03:

       // ...
12:
13:      switch (command) {
14:        case "memo":
15:          createMemo(db, content);
16:          break;
17:        // ...
```

コマンドを実行して、エラーが出なければひとまず成功です[*1]。

```
% bun run index.ts memo 8時起床
```

続いて未完了のTodoのための処理も実装しましょう。ここで立ち止まって考えて

＊1　データがどのように格納されているか見てみたい方は、データベースを閲覧・編集できるアプリケーションを使ってみてください。SQLiteのデータベースを確認できるソフトとしては、DB Browser for SQLiteなどが存在します。

みると、この処理は先ほど書いたメモを登録するための処理と、kind に入れるべき値を除いて同等だということに気づきます。

```
export function createTodo(db: Database, content: string) {
  const queryString = `INSERT INTO item (content, kind) VALUES (?, ?)`;
  const query = db.query(queryString);
  query.run(content, "todo");
}
```

このような場合は、動的に変化する箇所を引数に取るようにして、先ほど書いた関数を次のように書き換えるとよさそうです。

▼db.ts

```
11: // ...
12:
13: export function createItem(db: Database, content: string, kind: string) {
14:   const queryString = `INSERT INTO item (content, kind) VALUES (?, ?)`;
15:   const query = db.query(queryString);
16:   query.run(content, kind);
17: }
18:
```

そうすると、index.tsも次のように書き換えられることになります。

▼index.ts

```
01: import { Database } from "bun:sqlite";
02: import { createItem, initializeItemTable } from "./db";
03:
    // ...
12:
13:   switch (command) {
14:     case "memo":
15:       createItem(db, content, "memo");
16:       break;
17:     case "todo":
18:      createItem(db, content, "todo");
19:       break;
20:     case "done":
21:       // TODO: タスクを完了にする処理を書く
22:       break;
23:     default:
24:       throw new Error("不正なコマンドです");
25:   }
26: } else if (Bun.argv.length === 2) {
```

```
27:   // ...
```

ところで、新たな引数は kind: string のように型を定義しました。しかし実際には上に見えるとおり、ここには memo 、todo、そして done の3種類の文字列しか来ない想定です。こうした場合に、リテラル型 "memo"、"todo" および "done" のユニオン型とすることで、取りうる値を限定することができます。db.ts をさらに以下のように書き換えてみてください。

▼db.ts

```
11: // ...
12:
13: type Kind = "memo" | "todo" | "done";
14:
15: export function createItem(db: Database, content: string, kind: Kind) {
16:   // ...
```

型エイリアス Type を定義することで、kind はこれら3種類の文字列しか取りえないことを型によって保証することができます。最後にスクリプトを実行して、タスクを追加しておきましょう。

```
% bun run index.ts hello ゴミ出し
%
```

コラム

using

using はバージョン5.2から導入されたTypeScriptの比較的新しい機能です。開いたデータベースを閉じる処理のように、なにかを処理するコードを書いたあと、その後始末をする必要のある場面が存在します。using キーワードで宣言された変数は、値を代入する関数やコンストラクターがそれに対応している場合、変数がスコープを抜ける際にそのような後始末の処理を自動的に実行します。たとえばBunでデータベースを生成する処理は次のように書くことができます。

```
import { Database } from "bun:sqlite";
import { initializeItemTable } from "./db";

using db = new Database("sqlite.db");

initializeItemTable(db);
```

実装としては new Database() コンストラクターで生成される Database オブジェクトには Symbol.dispose というメソッドが含まれており、その処理が実行されます。しかし本書の執筆時点では利用例がそれほど見られないうえ、シンボルなどの発展的な機能にかかわる内容のため、実装コードにおける採用を見送りました。

Read：データの一覧を取得する

取得するデータオブジェクトの中身がわかっていれば、インターフェースを定義して型を適用することができます。

このセクションのポイント

1. インターフェースを定義することで取得したデータオブジェクトの型を表現できる
2. 外部からやってくる値に型をつけるのにasによる型アサーションが使われる
3. 配列を順に処理するにはforEach()メソッドを使う

項目を登録する処理が実装できたので、今度は登録された項目を取得する処理を実装します。SQLiteでitemテーブルからすべてのレコードを取得するクエリは `SELECT * FROM item` となるので、そのような関数 `getItems()` は次のように実装できます。

▼db.ts
```
19: // ...
20:
21: export function getItems(db: Database) {
22:   const queryString = `SELECT * FROM item`;
23:   using query = db.query(queryString);
24:   return query.all();
25: }
26:
```

index.tsにおけるコマンドライン引数がない場合の条件分岐で、この関数を使うようにしましょう。

▼index.ts
```
01: import { Database } from "bun:sqlite";
02: import { createItem, getItems, initializeItemTable } from "./db";
03:
04: // ...
```

▼index.ts
```
25:   // ...
26: } else if (Bun.argv.length === 2) {
27:   const items = getItems(db);
28:   console.log(items);
29:  // ...
```

コマンドを実行し、取得した項目にあたるデータをコンソールに表示してみます。

```
% bun run index.ts
[
  {
    id: 1,
    content: "8時起床",
    kind: "memo",
  },
  {
    id: 2,
    content: "ゴミ出し",
    kind: "todo",
  }
]
%
```

先ほど登録した 8時起床 というメモは、1 という id、8時起床 という内容、そして memo という種類を持つオブジェクトとして表現され、それが配列の中に入っています。もしこのメモを1行に整形したうえでターミナル上に表示したければ、kind: "memo" にあたるシンボル - をcontent の値である 8時起床 に文字列結合して、配列から取り出したうえでコンソールに出力すればよいでしょう。

このような処理を容易にするために、TypeScriptではインターフェースを型として用いることができます。外部からやってくるオブジェクトと、TypeScriptにおける型とをつなぐ、まさしくインターフェースとしてふるまうのです。先ほどSQLiteから取得した結果は、number型の id、文字列型の content および Kind 型をもつ kind のオブジェクトとみなせます。このようなオブジェクトを、インターフェースとしては次のように表現することができます[*1]。

▼db.ts

```
19: // ...
20:
21: interface Item {
22:   id: number;
23:   content: string;
24:   kind: Kind;
25: }
26:
27: // ...
```

＊1 今回のような用途においては、型エイリアスでも同じ機能を果たします。

このインターフェースを先ほどの関数 getItems の返り値として型アノテーションしたいのですが、SQLiteから取得してくる値をTypeScriptは知らない（agnostic）ため、query.all() の型は unknown[] となっていることから型エラーが生じてしまいます。

```
28  }
29      Type 'unknown[]' is not assignable to type 'Item[]'.
30  ex    Type 'unknown' is not assignable to type 'Item'. ts(2322)
31
32      View Problem (⌥F8)   Quick Fix... (⌘.)
33    return query.all()
34  }
35
```

このような状況の解決方法にはいくつかありますが、開発者が返り値の型を知っている場合に限って型アサーション（type assertion）を使ってよいことが知られているので、今回は item[] であると型アサーションすることにします[*2]。

▼db.ts

```
25: // ...
26:
27: export function getItems(db: Database): Item[] {
28:   const queryString = `SELECT * FROM item`;
29:   const query = db.query(queryString);
30:   return query.all() as Item[];
31: }
32:
```

関数 getItems() の返り値について型をアノテーションしたことで、項目をコンソールに出力する処理が書きやすくなります。配列の要素を順に処理するメソッド forEach を使って、メモの内容をコンソールに出力する処理は次のように書けるでしょう。

▼index.ts

```
25:   // ...
26: } else if (Bun.argv.length === 2) {
27:   const items = getItems(db);
28:   items.forEach((item) => {
29:     console.log(item.content);
30:   });
31: } else {
32:   // ...
```

*2　その他の解決方法としては、query.all() の結果となる配列の要素に id、content、kind すべてのプロパティが指定された型で含まれていることを typeof 演算子や in 演算子を使って確認することなどが考えられます。

ここで、これまでに定義した Item および Kind という型を、いったんitem.d.tsというファイルに移してそこでエクスポートするようにします。.d.ts というファイル拡張子は、TypeScriptの型だけが置かれているモジュールであることを示します。

▼types.d.ts

```
01: export type Kind = "memo" | "todo" | "done";
02:
03: export interface Item {
04:   id: number;
05:   content: string;
06:   kind: Kind;
07: }
08:
```

▼db.ts

```
01: import { Database } from "bun:sqlite";
02: import type { Kind, Item } from "./type";
03:
04: export function initializeItemTable(db: Database): Database {
05:   const queryString = `CREATE TABLE IF NOT EXISTS item (
06:     id INTEGER PRIMARY KEY,
07:     content TEXT NOT NULL,
08:     kind TEXT NOT NULL
09:   )`;
10:   const query = db.prepare(queryString);
11:   query.run();
12: }
13:
14: export function createItem(db: Database, content: string, kind: Kind) {
15:   const queryString = `INSERT INTO item (content, kind) VALUES (?, ?)`;
16    const query = db.query(queryString);
17:   query.run(content, kind);
18: }
19:
20: export function getItems(db: Database): Item[] {
21:   const queryString = `SELECT * FROM item`;
22:   const query = db.query(queryString);
23:   return query.all() as Item[];
24: }
25:
```

Section

06-08 関数を修正して再利用する

一度作成した関数を実装に応じて書き換える際にも、事前に作成しておいた型情報が役立ちます。

このセクションのポイント

1 引数にはオブジェクトを取ることもできる
2 文字列がリテラル型ではなく文字列型として推論されないようconstアサーションを使う
3 オブジェクトが型を満たすことを保証するにはsatisfies キーワードを使う

index.tsでは現在、項目のうち内容の部分のみがコンソールに出力されるようになっています。ところで前の章では、この先頭に - をつけるよう加工し、メモであることを表すようにした関数をすでに作成しました。

▼format.ts

```
01: /** 文字列の先頭に `- ` をつけて返す */
02: export function formatToItem(memo: string): string {
03:   return `- ${memo}`;
04: }
05:
```

Todoや完了済みTodoの場合でもこの関数を使えるようにするには、- の部分を項目の種類によって置き換えられるとよさそうです。そこでまずは、項目の種類 kind によって適当なシンボルを返す関数 symbolizeKind を実装します。

▼format.ts

```
01: import type { Kind } from "./types";
02:
03: export function symbolizeKind(kind: Kind): string {
04:   switch (kind) {
05:     case "memo":
06:       return "-";
07:     case "todo":
08:       return "o";
09:     case "done":
10:       return "x";
11:   }
12: }
13:
```

ここでもswitch文を使って、kind の値によって対応するシンボルを返却するようにしました。今回はKind型が引数に来ることがわかっているため、default文がなくても返り値のstring型での型アノテーションによって型エラーになることはありません。

これを使って先の formatToItem() を次のように書き直すことができます。

▼format.ts

```
12: // ...
13:
14: /** 項目の内容の先頭に、項目の種類に相当するシンボルをつけて返す */
15: export function formatToItem(content: string, kind: Kind): string {
16:   const symbol = symbolizeKind(kind);
17:   return `${symbol} ${content}`;
18: }
19:
```

さらに踏み込んで、引数に Item 型の値をそのまま取るようにすれば、関数を呼び出すときに引数を与える順番を気にする必要がなくなるでしょう。

▼format.ts

```
01: import type { Item, Kind } from "./types";
02:
    // ...
13:
14: /** 項目の内容の先頭に、項目の種類に相当するシンボルをつけて返す */
15: export function formatToItem(item: Item): string {
16:   const symbol = symbolizeKind(item.kind);
17:   return `${symbol} ${item.content}`;
18: }
19:
```

こうすれば、index.tsの処理を書き直して、メモやTodoをコンソールに出力することができるようになります。

▼index.ts

```
25:   // console.log(result);
26: } else if (Bun.argv.length === 2) {
27:   const items = getItems(db);
28:   items.forEach((item) => {
29:     console.log(formatToItem(item));
30:   });
31: // ...
```

```
% bun run index.ts
- 8時起床
o ゴミ出し
%
```

ところでVS Codeの左側ペインのファイル一覧を見ると、前の章で書いたformat.test.tsが赤くエラー表示になっているはずです。引数の種類が変わったので、静的解析の結果として型エラーが発生しているのです。こちらもファイルを開き、以下のようにダミーの `itemMemo` および `itemTodo` オブジェクトを追加するとともにテストも修正・追加してみましょう。

▼format.test.ts

```
01: import { expect, test } from "bun:test";
02: import { formatToItem } from "./format";
03:
04: const itemMemo = {
05:   id: 1,
06:   content: "メモ",
07:   kind: "memo",
08: };
09:
10: const itemTodo = {
11:   id: 1,
12:   content: "Todo",
13:   kind: "todo",
14: };
15:
16: test("formatToItem", () => {
17:   expect(formatToItem(itemMemo)).toBe("- メモ");
18:   expect(formatToItem(itemTodo)).toBe("o Todo");
19: });
20:
```

しかし、今回もエラーは直っていません。型エラーとなっている引数の箇所を確認すると、`itemMemo` および `itemTodo` の `kind` がstring型になっています。オブジェクトのプロパティの値は可変であるため、我々が想定しているような `Kind` 型としては推論されないということです。

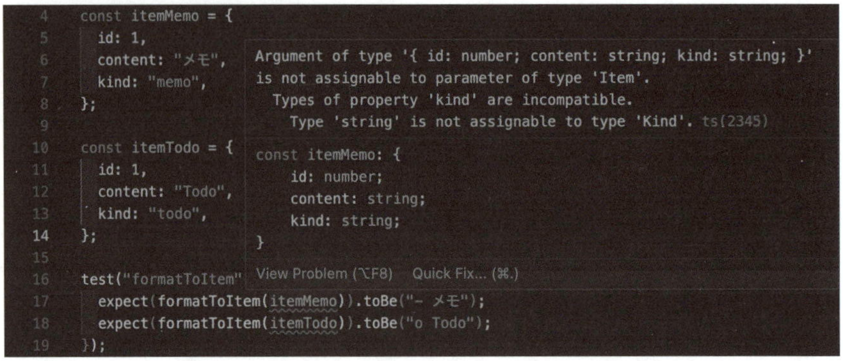

```
4   const itemMemo = {
5     id: 1,
6     content: "メモ",
7     kind: "memo",
8   };
9
10  const itemTodo = {
11    id: 1,
12    content: "Todo",
13    kind: "todo",
14  };
15
16  test("formatToItem"
17    expect(formatToItem(itemMemo)).toBe("- メモ");
18    expect(formatToItem(itemTodo)).toBe("o Todo");
19  });

Argument of type '{ id: number; content: string; kind: string; }'
is not assignable to parameter of type 'Item'.
  Types of property 'kind' are incompatible.
    Type 'string' is not assignable to type 'Kind'. ts(2345)
const itemMemo: {
    id: number;
    content: string;
    kind: string;
}
View Problem (⌥F8)   Quick Fix... (⌘.)
```

これを解消する方法にもいくつかあるのですが、今回はconstアサーションを使うことにします。

▼format.test.ts

```
04: const itemMemo = {
05:   id: 1,
06:   content: "メモ",
07:   kind: "memo",
08: } as const;
09:
```

これにより `itemMemo` の各プロパティが `readonly`、すなわち読み取り専用プロパティであり、ここから先は変更されないことが型によって保証されます。型エラーもそれにより解消します*1。

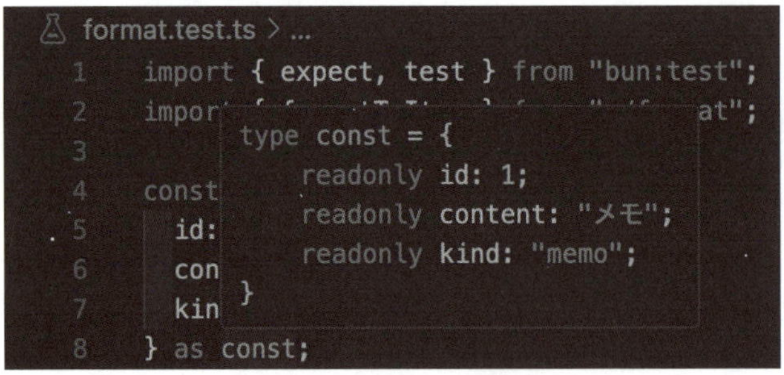

```
format.test.ts > ...
1   import { expect, test } from "bun:test";
2   impor                              at";
3
4   const
5     id:
6     con
7     kin
8   } as const;

type const = {
    readonly id: 1;
    readonly content: "メモ";
    readonly kind: "memo";
}
```

また別の方法としては、satisfies演算子を使うことも可能です。こちらは直前のオブジェクトが `satisfies` キーワードに続く型を満たす（satisfy）ことを型として保証する、という意味になります。

▼format.test.ts

```
01: import { expect, test } from "bun:test";
02: import { formatToItem } from "./format";
```

*1 Object型の静的メソッドであるObject.freeze()を使うことでもほぼ同じ結果になります。

```
03: import type { Item } from "./types";
```

▼format.test.ts

```
09: // ...
10:
11: const itemTodo = {
12:   id: 1,
13:   content: "Todo",
14:   kind: "todo",
15: } satisfies Item;
16:
17: // ...
```

これによってもkindの型はKind型のひとつ（ここではtodo）に定まり、型エラーが解消される結果になります。

```
 5  const itemM... {
 6    id:        const itemTodo: {
 7    cont           id: number;
 8    kind           content: string;
 9  } as c           kind: "todo";
10               }
11  const itemTodo = {
12    id: 1,
13    content: "Todo",
14    kind: "todo",
15  } satisfies Item;
```

最後にテストを実行し、それ自体もパスすることを確かめておきましょう。

```
% bun test format.test.ts
bun test v1.1.15 (b23ba1fe)

format.test.ts:
✓ formatToItem

 1 pass
 0 fail
 2 expect() calls
Ran 1 tests across 1 files. [10.00ms]
%
```

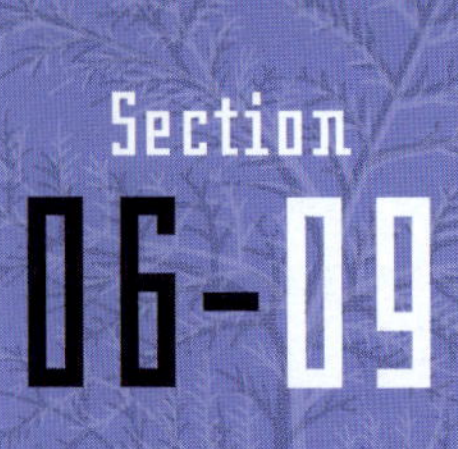

Section 06-09

Update：項目を更新する

データを更新するには、そのレコードを一意に特定するIDと、更新したいフィールドとその値のペアが必要です。

このセクションのポイント

1. SQL文は句を足すことで複雑なクエリを表現できる
2. レコードはIDを指定してフィールドの値を渡すことで更新

項目を一覧表示する処理ができたので、今度は未完了のTodoを完了済みTodoに更新する関数を実装していきます。更新の対象となるTodoは、項目の内容が完全に一致するものとします。更新内容は、`todo` となっているはずの `kind` の値を `done` に変更するというものになるでしょう。BunのSQLiteドライバーで実行できる引数つきのクエリは `UPDATE item SET kind = "done" WHERE content = ?` となるので、更新のための関数 `updateTodoToDone` は以下のように書けます。

▼db.ts

```
24: // ...
25:
26: export function updateTodoToDone(db: Database, content: string) {
27:   const queryString = `UPDATE item SET kind = "done" WHERE content = ?`;
28:   const query = db.query(queryString);
29:   query.run(content);
30: }
31:
```

鋭い読者は、これだとメモも完了済みTodoにできてしまうことに気づかれたでしょう。もしTodo以外に更新処理を実行したくないならば、事前に対象となる項目を取得してバリデーション（validation）することも考えられます。参照でクエリに使ったSELECT文は、WHERE句を足して `SELECT * FROM item WHERE content = "ゴミ出し"` とすることでフィールドの内容からレコードを絞り込むことができます。結果は配列として返ってくるので、今回は最後の1つを `pop()` メソッドで取り出します。

▼db.ts

```
26: // ...
27:   const targetQueryString = `SELECT * FROM item WHERE content = ?`;
28:   const targetQuery = db.query(targetQueryString);
```

```
29:   const targetList = targetQuery.all(content) as Item[];
30:   const target = targetList.pop();
31:   // ...
```

操作対象とする結果が undefined、つまり存在しなかった場合と、項目の種類が memo だった場合それぞれについて、次のような条件分岐を挟むことができそうです。新たに得られた対象項目のIDを当初のUPDATE文が使うように書き換えると、以下のような実装になるでしょう。

▼db.ts

```
24: // ...
25:
26: export function updateTodoToDone(db: Database, content: string) {
27:   const targetQueryString = `SELECT * FROM item WHERE content = ?`;
28:   const targetQuery = db.query(targetQueryString);
29:   const targetList = targetQuery.all(content) as Item[];
30:   const target = targetList.pop();
31:
32:   if (target === undefined) {
33:     throw new Error("対象の項目が見つかりませんでした");
34:   } else if (target.kind === "memo") {
35:     throw new Error("メモは完了にできません");
36:   }
37:
38:   const queryString = `UPDATE item SET kind = "done" WHERE id = ?`;
39:   const query = db.query(queryString);
40:   query.run(target.id);
41: }
42:
```

index.tsにも完了処理の場合の関数呼び出しを追加しておきましょう。

▼index.ts

```
01: import { Database } from "bun:sqlite";
02: import {
03:   createItem,
04:   getItems,
05:   initializeItemTable,
06:   updateTodoToDone,
07: } from "./db";
08: // ...
```

▼index.ts

```
22:         // ...
23:       case "todo":
24:         createItem(db, content, "todo");
25:         break;
26:       case "done":
27:         updateTodoToDone(db, content);
28:         break;
29:       // ...
```

ターミナルからの操作で、Todoが完了済みに更新されることを確認してみてください。

```
% bun run index.ts
- 8時起床
o ゴミ出し
% bun run index.ts done ゴミ出し
% bun run index.ts
- 8時起床
x ゴミ出し
%
```

コラム

ORMとバリデーションライブラリ

JavaScriptやTypeScriptの処理系にとってデータベース管理システムは「外部」であり、そこで扱われるデータ構造も操作のしかたも異なります。リレーショナルデータベースで表現されるデータを、オブジェクト指向プログラミングにおけるオブジェクトに置き直す仕組みはORM（object-relational mapping）と呼ばれます。これを実現するライブラリを用いることで、SQLのクエリ文をコード中で記述することなく、メソッドチェーニングなどを用いてデータの取得や操作が行えます。JavaScriptではPrismaやDrizzle ORMなどが知られており、前者に関してはドキュメント指向データベースに対するODM（object-document mapping）にも対応しています。

TypeScriptにおいては、登録したり取得したりするデータが適切に型付けされることも重視されます。入力フォームなどを介して外部からやってくるデータを検証することはバリデーション（validation）と呼ばれてきました。そのなかでもZodというライブラリは宣言済みのスキーマ（schema）に基づいて、バリデーションと同時に型を付与することができます。こうしたバリデーションライブラリやORMは使いこなせると便利な一方で、TypeScriptという世界の上に構築される複雑性がやや増すため、本書では基本的に利用しない方針としました。

Section 06-10 Delete：項目を削除する

データはデータベースから削除することもできますが、単に取得させたくないだけならその限りではありません。

このセクションのポイント

1. テーブルからレコードを削除することは物理削除と呼ばれる
2. レコードに削除フラグを立てることで論理削除も実現できる
3. テーブルに列を追加するために新たなテーブルとして作り直す

CRUDの４番目の操作にあたる、項目を削除する処理を実装します。UPDATE文の代わりにDELETE文を使用し、FROM句でテーブルを指定しています。

▼db.ts

```
41: // ...
42:
43: export function deleteItem(db: Database, content: string) {
44:   const queryString = `DELETE FROM item WHERE content = ?`;
45:   const query = db.query(queryString);
46:   query.run(content);
47: }
48:
```

コマンドには drop という名前をつけ、index.tsにあるコマンドのための条件分岐に相当する処理を追加しましょう。

▼index.ts

```
01: // ...
02: import {
03:   createItem,
04:   deleteItem,
05:   getItems,
06:   initializeItemTable,
07:   updateTodoToDone,
08: } from "./db";
09: // ...
```

▼index.ts

```
29:     case "drop":
30:       deleteItem(db, content);
31:       break;
```

```
32:     default:
33:       // ...
```

コマンドを実行して削除が確かに行われることを確認します。

```
% bun run index.ts
- 8時起床
x ゴミ出し
% bun run index.ts drop 8時起床
% bun run index.ts
x ゴミ出し
%
```

DELETE文でレコードを削除し、データを削除する操作は物理削除(physical delete)とも呼ばれます。データベースの記憶領域からデータを消去し、物理的に復元不能にしてしまうためです。これに対して、単に「削除済み」であることを表すフラグとなるフィールドを付与することによって、参照時にこれらのレコードを削除されたものとみなすやり方は論理削除(logical delete)またはソフトデリート(soft delete)と呼ばれます。今回はこれに近い考え方を採用して、メモや完了済みTodoをターミナル上からアーカイブできるようにしましょう。

BOOLEAN型のarchivedという列をテーブルに付与するために、テーブルの初期化処理を書き換えます。kindの後にカンマをつけて、archived列にあたるコードを追加してください。

▼db.ts

```
01: import { Database } from "bun:sqlite";
02: import { Kind, Item } from "./types";
03:
04: export function initializeItemTable(db: Database): Database {
05:   const queryString = `CREATE TABLE IF NOT EXISTS item (
06:     id INTEGER PRIMARY KEY,
07:     content TEXT NOT NULL,
08:     kind TEXT NOT NULL,
09:     archived BOOLEAN DEFAULT FALSE
10:   )`;
11:   const query = db.prepare(queryString);
12:   query.run();
13: }
14:
15: // ...
```

このCREATE文はテーブルが存在しなければ作成するという内容になっているので、いまあるデータベースファイルsqlite.dbはいったん手動で削除します。そのうえで適当なコマンドを実行するとデータベースファイルが再び生成されます。

```
% bun run index.ts memo 8時起床
%
```

項目を構成するフィールドが変わったので、項目のためのインターフェースも修正する必要があります。types.d.tsにあるインターフェース `Item` にboolean型の `archived` を追加すると、この型を使っているformat.test.tsも静的解析の結果として型エラーになるので、そちらも修正してください。

▼types.d.ts

```
01: export type Kind = "memo" | "todo" | "done";
02:
03: export interface Item {
04:   id: number;
05:   content: string;
06:   kind: Kind;
07:   archived: boolean;
08: }
09:
```

▼format.test.ts

```
03: // ...
04:
05: const itemMemo = {
06:   id: 1,
07:   content: "メモ",
08:   kind: "memo",
09:   archived: false,
10: } as const;
11:
12: const itemTodo = {
13:   id: 1,
14:   content: "Todo",
15:   kind: "todo",
16:   archived: false,
17: } as const;
18:
```

アーカイブのための関数を次のように実装します。項目の種類がメモと完了済みTodoであることは、WHERE句とOR演算子を使って `WHERE kind = "memo" OR kind = "done"` と記述しました。

▼db.ts

```
48: // ...
49:
50: export function archiveItems(db: Database) {
51:   const queryString = `UPDATE item SET archived = TRUE WHERE kind = "memo" OR kind
= "done"`;
52:   const query = db.query(queryString);
53:   query.run();
54: }
55:
```

これを trim というコマンド名でindex.tsの条件分岐に追加するのですが、今回はコマンドライン引数の数に関するif...else文の分岐を増やすことで対応しましょう。

▼index.ts

```
35:   // ...
36: } else if (Bun.argv.length === 3) {
37:   const command: string = Bun.argv.pop() ?? "";
38:
39:   switch (command) {
40:     case "trim":
41:       archiveItems(db);
42:       break;
43:     default:
44:       throw new Error("不正なコマンドです");
45:   }
46: } else if (Bun.argv.length === 2) {
47:   // ...
```

trimコマンドの動作確認に向けて、一連のコマンドを実行しておきましょう。

```
% bun run index.ts todo ゴミ出し
% bun run index.ts done ゴミ出し
% bun run index.ts trim
%
```

Section
06-11 コンソールへの出力を改善する

エラーは開発者のためのものであり、ユーザーには適切なメッセージを表示するようハンドリングされるべきです。

このセクションのポイント

1. コンソール出力によりユーザーに処理の結果を伝える
2. 早期リターンを使うことで処理の中断を表現できる
3. try ... catch 文を使ってエラーハンドリングを実装

archive列とそのための更新処理は追加したものの、コンソールへの出力処理はまだ修正していないので、一覧を出力するとアーカイブされた項目が表示されてしまいます。また、変更処理の結果を確認するたびに一覧出力コマンドを入力するのも不便で、いずれの処理の後でも項目一覧を表示したくなります。そこでコンソール出力のための処理を関数として切り出すとともに、作成や更新などの完了時にも結果を出力するようにしたいと思います。その際に関数の実装も修正し、アーカイブされた項目は表示されないように変更します。

まず、コンソール出力のための処理を次のような関数として切り出します。今回はindex.tsファイル内で定義したので、export宣言は不要です*1。

▼index.ts

```
09: // ...
10: import { formatToItem } from "./format";
11:
12: // ...

56: // ...
57:
58: function printItems(db: Database) {
59:   const items = getItems(db);
60:   items.forEach((item) => {
61:     console.log(formatToItem(item));
62:   });
63: }
64:
```

これらを条件分岐の各場合について呼び出すようにしましょう。

*1 この関数のためのテストは紹介を割愛しましたが、テストで利用する場合にはエクスポートが必要になります。

▼index.ts

```
14: // ...
15:
16: if (Bun.argv.length === 4) {
17:   // コマンドライン引数の最後2つの文字列を取得する
18:   const content: string = Bun.argv.pop() ?? "";
19:   const command: string = Bun.argv.pop() ?? "";
20:
21:   switch (command) {
        // ...
36:   }
37:
38:   printItems(db);
39: } else if (Bun.argv.length === 3) {
40:   const command: string = Bun.argv.pop() ?? "";
41:
42:   switch (command) {
        // ...
48:   }
49:
50:   printItems(db);
51: } else if (Bun.argv.length === 2) {
52:   printItems(db);
53: } else {
54:   throw new Error("コマンドライン引数が多すぎます");
55: }
56:
57: // ...
```

これにより、追加のコマンドがある場合でも結果が出力されるようになります。

```
% bun run index.ts todo メールチェック
- 8時起床
x ゴミ出し
o メールチェック
%
```

しかしアーカイブしたはずの項目も表示されたままなので、先ほど実装したprintItems()に修正を加えます。item.archivedの値を条件とするif...else節として書いてもよいのですが、今回は早期リターン（early return）と呼ばれるテクニックを用いたいと思います。

TypeScriptおよびJavaScriptでは、if文を含むブロック内でreturn文を宣言すると、処理を中断してブロックの外に抜けるという動作をします。このふるまいを活用することで、if...else節の繰り返しを減らすことができます。

▼index.ts

```
57: // ...
58:
59: export function printItems(db: Database) {
60:   const items = getItems(db);
61:   items.forEach((item) => {
62:     if (item.archived) {
63:       return;
64:     }
65:     console.log(formatToItem(item));
66:   });
67: }
68:
```

これでアーカイブされた項目は一覧に表示されなくなりました。その他のコマンドの場合でも同様にふるまっています。

```
% bun run index.ts
o メールチェック
% bun run index.ts todo 第6章のまとめ
o メールチェック
o 第6章のまとめ
%
```

最後に、コンソール表示のちょっとした改善を行います。コマンドの各場合の条件分岐やデータベース操作などの処理でエラーを発生させたとき、コンソールにはコードの該当する部分が表示されていました。これは開発する際にはデバッグの参考になって便利でしたが、ふつうに使うユーザーにはあまり見せたくない気がします。こうした場合に、条件分岐の末端からエラーが伝播（propagate）されてくる可能性のある箇所をtryブロックでくくることで、以下のようにエラーハンドリングを実装することができます。

▼index.ts

```
14: // ...
15:
16: try {
17:   if (Bun.argv.length === 4) {
   // ...
54:   } else {
55:     throw new Error("追加のコマンドライン引数は2つにしてください");
```

```
56:   }
57: } catch (error) {
58:   if (error instanceof Error) {
59:     console.error(error.message);
60:   }
61: }
62:
```

ここでcatchブロックの `error` は `unknown` と型推論されてしまうので、`error instanceof Error` という条件のifブロックで囲む型ガードによって、エラーの実態である `message` を取り出せるようにしています。また、`console.error()` という標準エラー出力のための組み込み関数を使うことで、エラーの場合には赤色でメッセージが出力されるようになりました。

```
% bun run index.ts trim 第6章のまとめ
不正なコマンドです
%
```

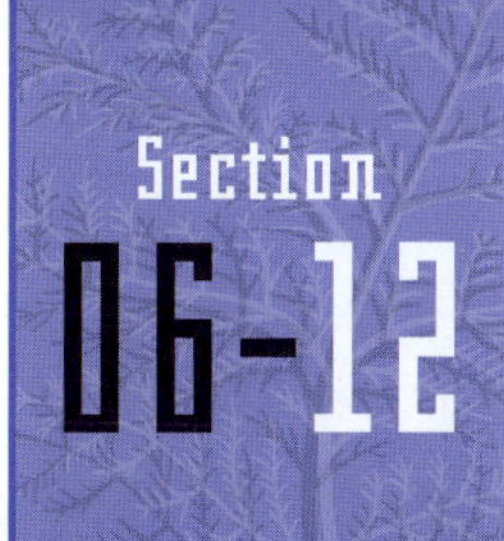

Section 06-12 第6章のまとめ

本章では、コマンドラインから操作するTodoツールを開発しました。データベースにはリレーショナルデータベースの一種であるSQLiteを採用しました。これらのデータベースではテーブルの構造が事前に定義されている必要があるため、今回取り扱うデータを抽象化して属性やそのデータ型を特定しました。そして項目データを格納するitemというテーブルを作成しました。

データベース操作においては、CRUDと呼ばれる4種類の基本操作がありました。項目の作成に際しては、型エイリアスを定義して項目の種類を限定しました。またレコードを参照する際には、返却される値をもとにインターフェースを定義して型アサーションで適用しました。これにより、外部からやってくる値をTypeScriptの型の枠組みで扱えるようになりました。

CRUDの残りの操作は更新と削除で、更新はレコードの中の一部を変更するもの、削除はレコードをまるごと消去するものでした。このような削除は物理削除とも呼ばれ、そうでない論理削除は実際には更新処理として実装することができました。テーブルに列を追加したためにインターフェースを修正すると、静的解析の結果として型エラーとなり他のコードも修正する必要があることに気づけました。最後にコンソール出力を改善し、処理全体のエラーハンドリングも追加しました。

今回開発したTodoツールはTypeScriptプログラミングについて解説するうえで必要最小限の機能を備えたものでした。日付の表示や順番の制御など、より多くの機能を搭載したいと思った方もいるでしょうし、グラフィカルユーザーインターフェースを備えたフロントエンドアプリとして開発したいと感じた方もいるでしょう。Todoツール、ないしTodoアプリはプログラミングのための基本的な題材であると同時に、それ自体がタスク管理や情報整理などの領域にかかわる奥深いテーマです。本章への取り組みを終えたあとぜひ新たなコマンドを実装してみたり、表示を工夫してみたりしてください。

DenoでWebサービス開発

この章からはランタイムにDenoを使ってWebサーバーを開発します。サーバーにおけるHTTPの位置づけを理解し、HTMLドキュメントがどのようにしてレスポンスされるかを学びます。Denoプロジェクトを作成して実際にHTMLを配信してみたあと、ストリーミングレスポンスがどのようなものかも確認します。

紹介する開発環境

- Deno
- Deno Deploy
- Chrome

Contents

Section

07-01

開発環境を準備する

Denoは先行するJavaScriptランタイムであるNode.jsでの反省を踏まえつつ、TypeScriptプログラミングにも適した環境を提供します。

このセクションのポイント

1 DenoはNode.jsの開発者によって、Node.js開発の反省点を踏まえて新たに開発された
2 Deno用にVS Code拡張機能が提供されている

このパートではDenoを使ってTypeScriptプログラムを動作させてみます。DenoはBunよりも早く登場したJavaScriptランタイムで、Node.jsが公開されてから10年の節目となる2018年に、Node.jsの開発者であるライアン・ダールによって発表されました。彼は「Node.jsに関する10の反省点 (10 Things I Regret About Node.js)」と題する発表で、設定ファイルのpackage.jsonによるパッケージ管理を採用したこと、モジュールの読み込みにおいて各種の省略を可能としたことを設計ミスとして挙げ、こうした反省に基づいて新たにDenoを開発したと語っています。TypeScriptの実行環境がビルトインされている点も、TypeScriptプログラミングのための環境構築を容易にしています*1。

Denoをインストールするには、DenoのGetting Startedページにあるコマンドをターミナルで実行してください。

*1 当初はDeno自体がTypeScriptで開発されていましたが、のちにRustによる実装へと方針転換されました。

Denoのgetting Startedページ
https://docs.deno.com/runtime/

```
% curl -fsSL https://deno.land/install.sh | sh
```

deno --version コマンドで、V8エンジンやTypeScriptとともにバージョンが確認できればインストールが成功しています。

```
% deno --version
deno 2.0.0 (stable, release, aarch64-apple-darwin)
v8 12.9.202.13-rusty
typescript 5.6.2
%
```

また、VS CodeにもDenoの拡張機能をインストールしておくとよいでしょう。VS Codeは執筆時点でDenoでの開発に必ずしも最適化されていないため、標準の状態だとエディターによる開発支援を十分に得られない場合があります。VS Code拡張機能はそうした状況を改善するために、DenoのLanguage Server Protocolクライアントを提供しています。拡張機能の検索結果から最新のものをインストールしてください。

Deno - Visual Studio Marketplace
https://marketplace.visualstudio.com/items?itemName=denoland.vscode-deno

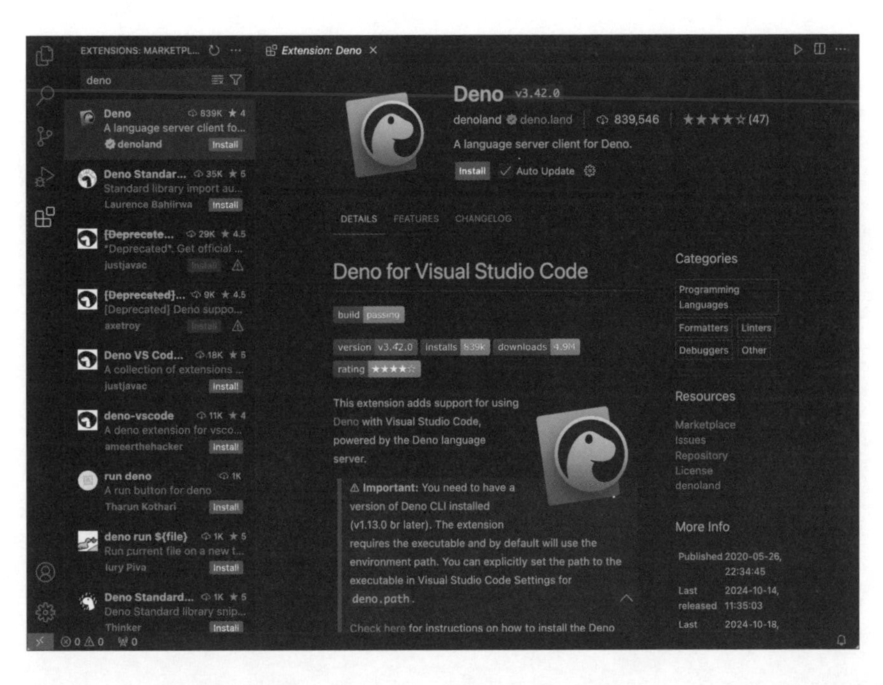

Section 07-02

GitHubアカウントを作成する

GitHubは開発者のためのプラットフォームであり、開発ツールのユーザー認証にもよく用いられています。

このセクションのポイント

1 GitHubはソースコードを管理・共有できるプラットフォーム
2 作成したGitHubアカウントはユーザー認証にも使われる

GitHubのアカウントをまだ持っていなければ作成しておきましょう。GitHubはソースコードやその変更履歴を保存・共有できるプラットフォームです。バージョン管理システムそのものにはGitを使用しており、GitHubを介することでクラウドやチームでの開発が容易になります。本書ではそうした用途については他に譲り、単にサービスのユーザー認証に用います。

GitHub公式サイトのサインアップページにアクセスし、メールアドレスの確認やパスワード、ユーザー名の入力などの指示にしたがって新しいアカウントを作成できます。個人的な用途であれば、基本的に無料で利用することができます。

GitHub公式サイトのサインアップページ
https://github.com/signup

Section 07-03

Deno Deployで プロジェクトを作成する

Denoのプレイグラウンドを利用すると、実際に配信されるWebサーバープログラムをブラウザー上で簡単に作成できます。

このセクションのポイント

1 Deno.serve() でWebサイトを配信する
2 new Response() でHTTPレスポンスを構成する

今回はDenoでWebサーバーを開発するので、Denoが提供するWebサービスの上でプロジェクトを作ってみます。DenoはDeno DeployをはじめとするWebサービスのスムーズなデプロイ体験に力を入れており、ブラウザー上で動作する簡易開発環境で単純なコードを実行・ホスティングできるプレイグラウンドもそのひとつといえます。Deno DeployのログインページからGitHub認証でログインし、「New Playground」ボタンをクリックすると新しいプレイグラウンドが作成されます。画面の左側にはソースコードが、右側にはシンプルなWebブラウザーとその中にWebページが表示されています。

Deno Deployのログインページ
https://dash.deno.com/login

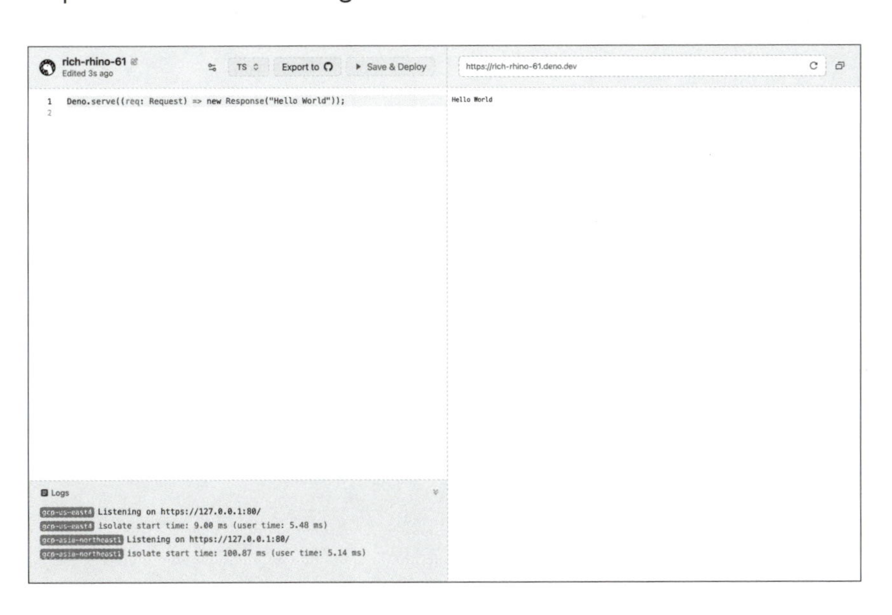

▼main.ts

```
01: Deno.serve((req: Request) => new Response("Hello World"));
02:
```

新規作成したプロジェクトには、Webサーバー用のHello Worldコードが最初から記述されています。new Response() コンストラクターがHTTPレスポンスを構成し、Deno.serve() という関数がWebページをブラウザーに送信しているようです。Node.jsはサーバーサイドプログラミング実行環境として開発が始められた経緯があるので、DenoにもWebサーバーを実装するのに十分な機能が揃っています[*1]。そこでDenoでの開発に入るまえに、次の節でWebサーバーが動作する仕組みについて説明したいと思います。

＊1 Denoもこうした側面についてバッテリー同梱（batteries included）をうたっています。

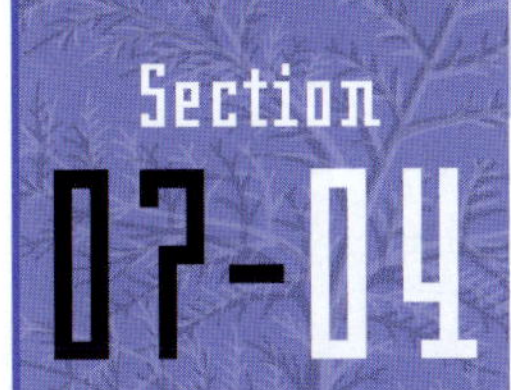

Section 07-04 WebサーバーとHTTPについて

Webサーバーはブラウザーとメッセージをやりとりしてコンテンツを配信しますが、そのメッセージはHTTPというプロトコルにのっとって書かれたものです。

このセクションのポイント

1. Webサーバーとは HTML やファイルを配信するプログラムやコンピューター
2. ブラウザーはHTTPプロトコルでやりとりしたメッセージをもとにページを表示
3. リクエストはメソッドやパスなど、レスポンスはステータス行と本体で構成される

Webサーバー、あるいは単にサーバー(server)とは、HTMLドキュメントや画像などのファイルをインターネットに配信するプログラムのことです。Webサイトを訪問してきたユーザーの要求にしたがって、ページの表示に必要なファイルを受け渡したり、ファイルの提供を拒否したりします。単一のコンピューターにWebサーバー用のソフトウェアをインストールして稼働させるのが典型的で、このようなコンピューターそのものをサーバーと呼ぶこともあります。ただし現在はクラウドサーバーと呼ばれる仮想的なコンピューターをサーバーとして利用できたり、エッジサーバーと呼ばれる複数のサーバーに処理を分散させたりすることが普通に行われています。

ユーザーはURLと呼ばれるインターネットに公開されたWebサイトのアドレス(address、住所)に、Webブラウザーを使ってアクセスします。ブラウザーはHTTPというプロトコル(protocol)にのっとってリクエスト(request)をサーバーに送信し、そのレスポンス(response)として得られたHTMLドキュメントをもとにWebページを表示(render)します。サーバーからいっしょに配信されてくるJavaScriptファイルなどのスクリプトをHTMLに組み込むことで、ブラウザーはページ上で動的なインタラクションを実現することもできます。サービス(service)を受ける側のコンピューターという観点から、ブラウザーはクライアント(client)とも呼ばれることがあります。

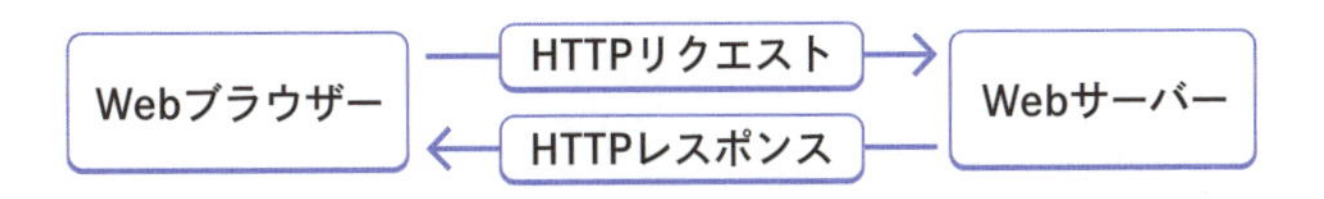

WebブラウザーからWebサーバー(より正確にはHTTPサーバー)にリクエストされるHTTPメッセージは、いくつかの領域からなるテキストメッセージです。そのうち第1行に位置するリクエスト行は、メソッド(method)、パス(path)、プロト

01 02 03 04 05 06 07 08 09 10 11 12 Part 03

コルバージョン(protocol version)の3つの要素で構成されています[*1]。先ほど作成したプレイグラウンドでデプロイされているページの場合、メソッドはGET、パスは/となっているでしょう。プロトコルバージョンにはHTTP/1.1やHTTP/2などがありますが、2024年現在はHTTP/2が一般的となっています。

```
GET / HTTP/1.1
[...]
```

このようなリクエストに対し、サーバーもそれに応じたHTTPメッセージをレスポンスします。その開始行はステータス行と呼ばれ、プロトコルバージョン、ステータスコード(status code)、ステータステキスト(status text)の3つの要素で構成されています。ステータスコードはリクエストの成否とその詳細を表す3桁の数字で、ステータステキストはそれを人間向けに説明した短いフレーズです。レスポンスの結果表示されるのが静的なHTMLドキュメントであれば、レスポンスヘッダーにそのことを示すメディア種別と、末尾には長い本体(body)が続くことになるでしょう。

```
HTTP/1.1 200 OK
[...]
<!DOCTYPE html>
<html>
[...]
</html>
```

*1 HTTP/2ではこのような人間が読める形式のメッセージがフレームに分割されるため、次に示す通りにはなりませんが、基本的な考え方は変わりません。

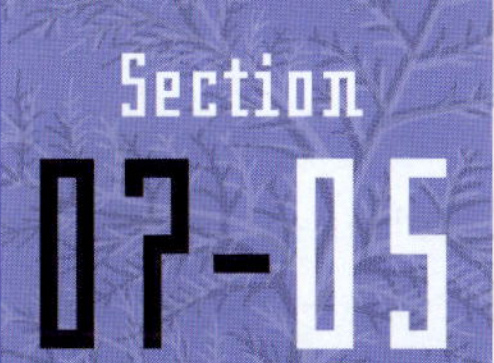

サーバーからHTMLドキュメントをレスポンスする

いわゆるWebページは単なるテキストとして配信されるわけではなく、HTMLでマークアップされたドキュメントとして解釈されます。

このセクションのポイント

1. Webページのレスポンスは開発者ツールから確認できる
2. content-type はメディア種別を指定するヘッダー
3. HTML ドキュメントのメディア種別は text/html

先ほど作成したプレイグラウンドでデプロイされたWebページのレスポンスを確認してみましょう。右側ペインのブラウザーの、上部アドレスバー右側にあるボタン（ホバーすると「Fullscreen」というツールチップが表示される）をクリックすると、デプロイされたページが単独で表示されます。そこでデベロッパーツールを起動するために、メニューバーから「表示」→「開発 / 管理」→「デベロッパー ツール」を選択するか、ショートカットcommand + shift + I（WindowsではCtrl + Shift + I）を入力してください。「Network」タブが選択されている状態で画面を更新すると、アドレスバーのURLと同じ項目が現れるはずです。クリックすると先ほど説明したHTTPプロトコルの各ヘッダーに関する情報を確認することができます。

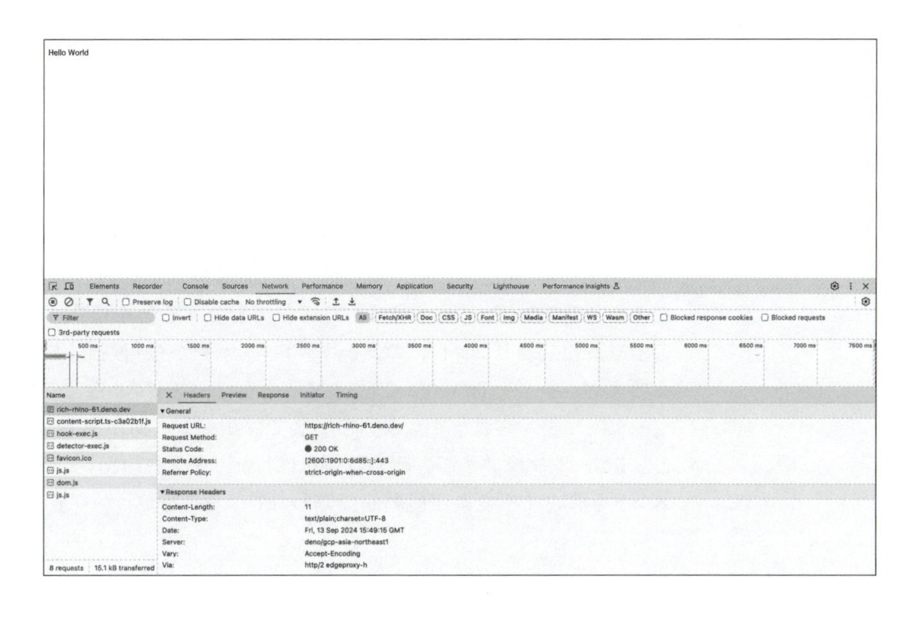

HeadersタブのResponse Headersのうち、メディア種別を指定するContent-Typeというヘッダーを見てみると、`text/plain;charset=UTF-8` となっています。`text/plain` はプレーンテキストであることを表し、セミコロンの後は文字コードがUTF-8となっています。それからResponseタブの中身はレスポンスの本文にあたるのですが、`Hello World` とだけある文字列になっています。つまりこのレスポンスは、我々が期待しているようなHTMLドキュメントではなく、単なる `Hello World` というプレーンテキストだということです。

Webサーバーの実装を変更して、HTMLドキュメントをレスポンスするようにしていきます。プレイグラウンドの画面に戻り、`new Response()` の第2引数としてオブジェクトを追加し、その中に `headers` というプロパティと、`"content-type": "text/html"` というキーと値のペアを持たせます。また、HTMLドキュメントとして解釈されることを確認するために、`"Hello World"` となっている第1引数を `"<h1>Hello World</h1>"` と見出し要素を表すタグでマークアップします。これで「Save & Deploy」ボタンをクリックするか、ショートカットcommand + S(WindowsではCtrl + S)で保存・デプロイすると、レスポンスヘッダーのメディア種別は `text/html` となり、右側ペインのブラウザー内のページでも `Hello World` の文字に見出し要素のスタイルが当たっていることから、レスポンスがHTMLドキュメントとして解釈・表示されるようになったことがわかります。

▼main.ts

```
01: Deno.serve((req: Request) => new Response("<h1>Hello World</h1>", {
02:   headers: {
03:     "content-type": "text/html",
04:   },
05: }));
06:
```

HTMLドキュメントの構造を検証する方法についても確認しておきましょう。デベロッパーツールを「Elements」タブに切り替えると、HTMLソースが構造化されたかたちでプレビューされます。この中で該当する行を選択するか、あるいは要素の上で直接右クリックし、コンテキストメニューから「検証」を選択すると、該当する要素がページ上でハイライトされるとともに、スタイルなどの情報がデベロッパーツール内に表示されます。今回の実装では `Hello World` という文字列がh1タグとしてマークアップされ、その外側にはbodyタグやhtmlタグなど、HTMLドキュメントを構成する要素が自動的に補われていることがわかりました。

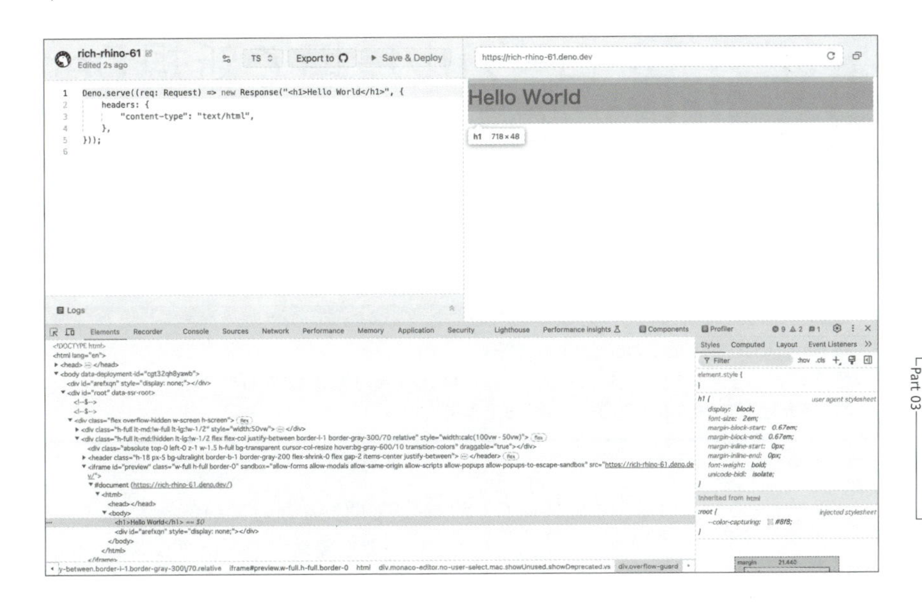

コラム

DOM (document object model)

Webページの構造はHTML(HyperText Markup Language)というマークアップ言語で記述されています。しばしば言われていることですが、HTMLそれ自体はプログラミング言語ではありません。DOM(Document Object Model)はそのHTMLによって記述されたドキュメントの構成要素を、JavaScriptというスクリプト言語がオブジェクトとして取り扱えるようにするモデルでありデータ表現です。本書ではバニラな(vanilla) JavaScriptによるDOMの操作を直接には扱いませんでしたが、DOMライブラリやフロントエンドフレームワークでは内部的にDOMを制御しています。

DOMはツリー(tree)と呼ばれる階層的なデータ構造で表現されています。そこではノード(node)と呼ばれるデータの単位が、親(parent)と子(parent)の関係や、前後(sibling、兄弟姉妹)関係を構成するようにつながれています。ノードは`Node`というオブジェクトとして表現されるので、それらにアクセスして情報を得たり、メソッドを通して変更を加えることができます。またイベントハンドラー(event handler)と呼ばれる関数を登録することで、イベントに応じた処理が実行されるようにすることもできます。

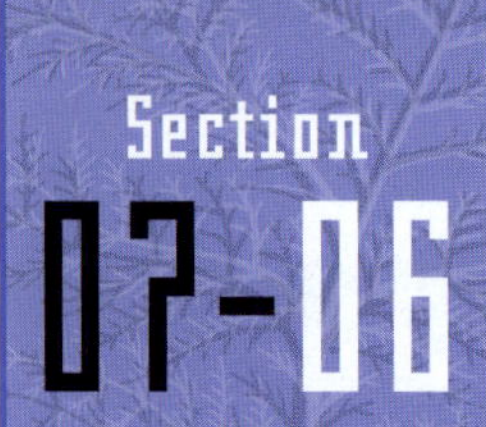

Section 07-06 ローカル環境で新規Denoプロジェクトを作成する

HTMLはTypeScriptコード中に書くよりも、単体のHTMLファイルとして扱った方が便利です。

このセクションのポイント

1. deno init でDenoプロジェクトを新規作成
2. テキストファイルを読み込むにはDeno.readTextFile()を非同期で呼び出す
3. 文字化けを防ぐために文字コードutf-8を指定

このままプレイグラウンドで開発を続けているとファイルが読み込めないなどで不便なので、あらためてローカル環境でDenoプロジェクトを作成したいと思います。適当なターミナルを開き、deno init oden というコマンドを実行します*1。すると oden という名前のディレクトリが作成され、その中にファイルが展開されます。このうちmain.tsというファイルが、これまでソースコードを編集していたモジュールに相当します。

```
deno init oden
✓ Project initialized

Run these commands to get started

  cd oden

  # Run the program
  deno run main.ts

  # Run the program and watch for file changes
  deno task dev

  # Run the tests
  deno test
%
```

新たにVS Codeウィンドウを立ち上げてodenプロジェクトを開き、ファイル一覧の中のmain.tsファイルを開くと、サンプルコードがすでに記述されているかと思います。それを削除して、先ほどまで編集していたプレイグラウンドのソースコードをコピーして貼り付け、保存します*2。

＊1　自動フォーマット（auto format）や手動で deno fmt コマンドを実行することで、コードは一定のルールにしたがって整形されます。したがって本章のコードを手で入力する際、インデントや改行を字面どおりに写す必要はありません。

▼main.ts

```
01: Deno.serve(
02:   (_req: Request) =>
03:     new Response("<h1>Hello World</h1>", {
04:       headers: {
05:         "content-type": "text/html",
06:       },
07:     })
08: );
09:
```

Denoでサーバーを起動するスクリプトを実行する際には、`deno run -RN main.ts` というコマンドを実行します*3。

`http://0.0.0.0:8000/` というURLでWebページが提供されるので*4、その上にカーソルをホバーし、commandキー（WindowsでCtrlキー）を押しながらクリックするとページを表示できます。

```
% deno run -RN main.ts
Listening on http://0.0.0.0:8000/
```

HTMLドキュメントはサーバー用のスクリプトに直接記述せず、単独のHTMLファイルとして記述したものを呼び出すことにします。そこでindex.htmlというファイルを新規作成し、次のようなHTMLコードを記述して保存してください。

▼index.html

```
01: <!DOCTYPE html>
02: <html>
03:   <body>
04:     <h1>My First Heading</h1>
05:     <p>My first paragraph.</p>
06:   </body>
07: </html>
08:
```

このHTMLファイルを読み込むために、`Deno.readTextFile()` という関数をawaitで呼び出して使用します。コードが少し複雑になってきたので、この呼び出し処理とResponseオブジェクトの生成を `handler` というasync関数に切り出し、次のようなコードに書き換えます。

*2 Deno.serve() 第1引数の req が使用されていないために、静的解析の結果として黄色の波線で警告表示が出ます。これは引数名の先頭にアンダーバー _ をつけて _req とすることで、実際には使われない引数であることを明示して回避できます。
*3 -RN はバージョン1.46から可能になったパーミッションフラグの略記で、それぞれ --allow-read、--allow-net に相当します。
*4 ローカルホスト（localhost）と呼ばれます。

▼main.ts

```
01: async function handler() {
02:   const html = await Deno.readTextFile("./index.html");
03:   const response = new Response(html, {
04:     headers: {
05:       "content-type": "text/html",
06:     },
07:   });
08:
09:   return response;
10: }
11:
12: Deno.serve(handler);
13:
```

Command + C（WindowsではCtrl + C）でサーバーを停止して再度起動し、ページを更新すると画面が書き換わるはずです。

My First Heading

My first paragraph.

ここでHTMLファイル中の My first paragraph. を こんにちはDeno などの日本語を含むテキストに書き換えて保存すると、反映されるページでは 縺薙ｓ縺ｫ縺｡縺ｯDeno のように文字化けしてしまいます。これはWebサーバーからのレスポンスで文字コードが適切に指定されていないからです。前の節で確認したように、ヘッダーのメディア種別に utf-8 という文字コードの指定を追加することで文字化けは解消されます*5。

*5　body タグと同じ階層に head タグを追加し、<meta charset="utf-8"> という meta タグとして記述することでも解消できます。

▼main.ts

```
03:  // ...
04:    headers: {
05:      "content-type": "text/html;charset=utf-8",
06:    },
07:  // ...
```

Section 07-07

サーバーからストリーミングレスポンスを返す

ストリーミングなどの発展的なレスポンス形式も、Denoではシンプルに実装することができます。

このセクションのポイント

1. ストリーミングとはリソースをチャンクに分割しながら少しずつ処理すること
2. 処理に時間がかかったり、リアルタイム性の高いコンテンツの提供にストリームが使われる
3. HTTP通信はステートレスだが、ストリーミングという形態で通信を維持できる

HTMLドキュメントとはまた異なる例として、HTTPにおけるストリーミングについても簡単に紹介したいと思います。ストリーミング（streaming）とは、ネットワークでやりとりするリソースをチャンク（chunk）と呼ばれる小さな単位に分割しながら少しずつ処理することです。動画の再生や画像の表示などではブラウザーがこうした処理を自動で行っています。現在はストリーム APIを利用することで、JavaScriptでもこうした生のデータを少しずつ取り扱うことができます。

ストリーミングが使われる主な場面は、前述のように動画や画像などの読み込みに時間がかかるコンテンツの提供です。動画についてはライブ配信という用途で、よりリアルタイム性を高めるためにも利用されます。こうしたユースケースに近年新たに加わったのが生成AIによるレスポンスです。処理そのものに時間がかかるが、少しずつでも結果が生成されていくという生成AIの性質は、ストリーミングという方法にぴったりと言えます。

Denoではこうしたストリーミングレスポンスを簡単に実装することができます。公式ドキュメントのサンプルでは、1秒ごとに時刻のテキストを本文に追加していくソースコードが紹介されています。

Deno公式ドキュメントのサンプル
https://dash.deno.com/playground/example-streaming

このうち特に関心がある箇所は、本文 `body` を読み込み可能ストリーム `ReadableStream` オブジェクトとして生成している処理の中で `start` というメソッドの引数である `controller` に、`enqueue` というメソッドで文字列をキューに入れている箇所です。キュー（queue）に入れられるチャンクはバイトコードである必要があるため、`new TextEncoder().encode()` という関数を使って変換しています。

▼main.ts

```
01: function handler(_req: Request): Response {
02:   let timer: number | undefined = undefined;
03:   const body = new ReadableStream({
04:     start(controller) {
05:       timer = setInterval(() => {
06:         const message = `It is ${new Date().toISOString()}\n`;
07:         controller.enqueue(new TextEncoder().encode(message));
08:       }, 1000);
09:     },
10:   });
11:   return new Response(body, {
12:     headers: {
13:       "content-type": "text/plain",
14:       "x-content-type-options": "nosniff",
15:     },
16:   });
17: }
18:
19: Deno.serve(handler);
20:
```

サンプルページを開くと、画面右側のブラウザーには時刻が1秒ごとに追加され続けるページが表示されていると思います。ページ自体も読み込み中となっていて、ストリーミングレスポンスが終わることなく続いていることがわかります。

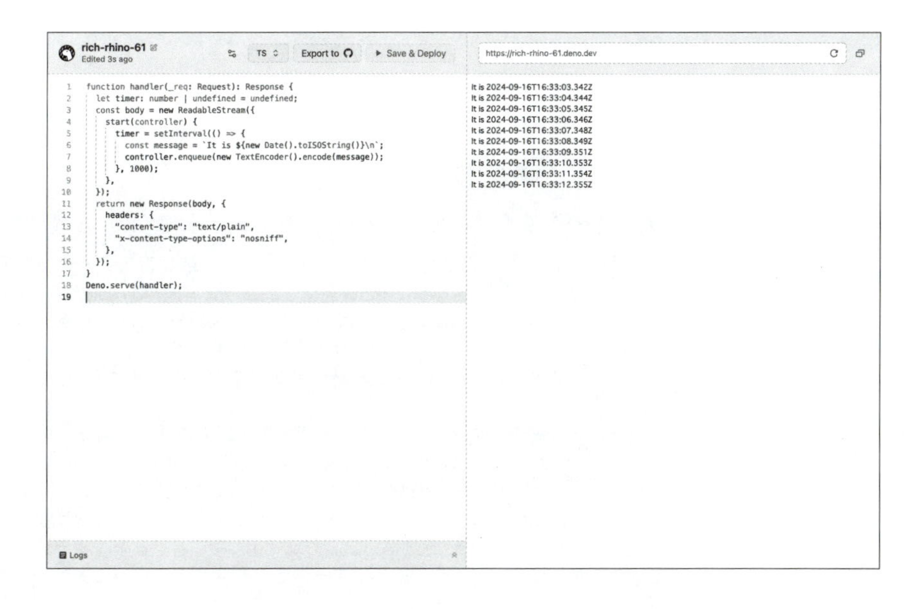

HTTPでの通信は一方向的で、またサーバーがクライアントに関する情報を保持しないことからステートレス(stateless)とも呼ばれます。双方向的でステートフル(sateful)な通信セッションを実現するのにソケット通信(socket connection)などが使われることもありますが、ストリーミングというかたちで通信を維持できることも覚えておいてよいでしょう。

コラム

サーバー送信イベント

HTTPプロトコルでの通信はステートレス(stateless)であることが特色です。サーバーはリクエストに関する状態(state)を保持せず、各リクエストは別個のものとして扱います。これに対してWebSocketはサーバーとクライアント間の双方向通信を可能とするステートフル(stateful)なプロトコルです。リアルタイム性が求められるアプリケーションや、シングルページアプリケーションのためのフレームワークなどで採用されています。

サーバーからクライアントに情報をリアルタイムに送信する方法としては、サーバー送信イベント(server-side events: SSE)という方式もあります。WebSocketとは違って単方向に情報をプッシュするものであり、HTTPプロトコルに基づいたストリーミングで実現されます。あまり一般的ではなかったこの技術が一躍知られるようになったきっかけは、ChatGPT APIがストリームモードにおける送信方式として採用したことでした。組み込みのAPIも提供されていますが、メッセージそのものはキーと値の文字列をコロンで区切ったものと、かなり単純です。

Section 07-08

第7章のまとめ

この章では、Denoを使ってプロジェクトを立ち上げました。Denoはサーバーサイドプログラミングのために作られたNode.jsの反省を踏まえて開発されたことから、本章でもまずは簡単なWebサーバーを実装しました。開発に先立ってはDenoのランタイムとともにVS Code拡張機能をインストールしました。Denoにはリンターやフォーマッターがデフォルトで組み込まれており、ほかには特に設定の必要なく標準化された開発環境が準備できます。

Denoはクラウド上のプレイグラウンドと、それと連携したデプロイのエコシステムを有しています。それによりプレイグラウンドを編集した結果が、保存とともにデプロイされてWebページとしてすぐさま利用可能になりました。Webサーバーを実装するにあたっては、そもそもWebサーバーやブラウザーが何をやっているのかを確認しました。両者はHTTPというプロトコルにのっとって、ある種のメッセージをやりとりしているのでした。

サーバーからHTMLドキュメントをレスポンスするのに、メディア種別や本文を適切に設定しました。また、デベロッパーツールを使ってレスポンスの詳細を確認する方法についてもみました。その後、Denoプロジェクトをローカル環境であらためて作成し、ターミナルからmain.tsファイルを実行してサーバーを立ち上げました。HTMLドキュメントは別ファイルとして作成しておき、スクリプト中で読み込むようにしました。

レスポンスの種類の幅広さを示す例として、ストリーミングについても紹介しました。Denoではこうしたレスポンスも簡単に実装することができました。次の2つの章ではサーバーサイドプログラミング環境としてのDenoに着目し、ChatGPT APIの利用やAPIの実装を試してみたいと思います。Node.jsでのプログラミング経験がない方はスムーズに学べるとともに、Node.jsで苦労した経験がある方は構成のシンプルさに驚かれるかもしれません。

Part 03 DenoでWebサービス開発

ChatGPT APIを使用してレスポンスを得る

ChatGPTのようなサードパーティーツールをTypeScriptから使う際には、Web APIと呼ばれるインターフェースを経由します。今回はライブラリを用いて、生成AIによる単なるレスポンスだけでなく、ストリーミングによる体験も確認します。URLから任意の値を指定できるようにしたり、CSSフレームワークを使ってスタイルを適用したりもします。

紹介する開発環境

- **ChatGPT API**

Contents

Section 08-01

ChatGPTについて

ChatGPTは対話型AIとして広く知られるようになりましたが、こうしたチャットボットもWebの技術を用いて開発・実装されています。

このセクションのポイント

1. ChatGPTは大規模言語モデルと呼ばれる生成AIの一種
2. ChatGPTは対話のために作られたが、自然言語をやりとりできる関数としても使える
3. Web APIを利用すればサービスをアプリケーションに組み込める

本章の目標は、ChatGPT APIを使って料理のレシピを生成するWebサービスを作成することです。まずはWeb APIについて理解し、ライブラリを利用して外部サービスをAPI経由で利用します。続いてルーティングを実装し、エンドポイントにリクエストを送ることでサービスを利用できるようにします。また、ストリーミングを活用した場合の実装についても触れます。

ChatGPTはOpenAIが開発している対話型AIで、人間と自然な会話ができるように体験が設計されています。実態としてはGPTファミリーと総称される機械学習モデルを搭載したアプリケーションで、莫大な量のデータを用いて訓練されています。もともと大規模言語モデル（large language model: LLM）に分類されるものでしたが、最近はテキストや画像を生成するという観点からまとめて生成AI（generative AI）と呼ばれます。2022年のリリース以後、性能向上の試みが絶えず続けられており、2024年現在もっとも人気のある対話型AIです。

対話のために作られたChatGPTですが、より広い用途で使うこともできます。自然言語による指示（instruction）を入力として与えると、自然言語の出力が結果として得られるという構造は、一種の関数（function）と見なすこともできます。こうして、望んだ結果を得るために指示文を構築するさまざまな手法が発達しました。指示文はプロンプト（prompt）とも呼ばれることから、こうした手法はプロンプトエンジニアリング（prompt engineering）と呼ばれています。

ChatGPTはまた、開発者向けにChatGPT APIと呼ばれるWeb APIを提供しています。ChatGPT APIを使うことで、開発者はChatGPTを別のアプリケーションに組み込むことができます。また、パラメーターやコンテキストを与えることで、応答文の内容や形式をある程度まで制御することも可能です。これにより、生成AIを活用した体験やコンテンツをWebアプリケーション上で提供することが可能になります。

Section 08-02

Web APIについて

今回は単に情報を取得するのに使われますが、Web APIでは一般にさまざまなデータ操作が想定されます。

このセクションのポイント

1 Web APIはHTTP通信を利用して情報を安全に交換するためのインターフェース
2 RESTと呼ばれる原則を適用したAPIが一般的
3 4種類の重要な操作がHTTPメソッドにそれぞれ対応する

Webアプリケーションの構築で外部サービスを利用する場合、しばしばWeb APIを利用することになります。API(application programming interface)はアプリケーションやソフトウェア同士の連携を可能にするインターフェースのことで、そのためのプロトコルにHTTPを用いたものはWeb APIと呼ばれます*1。通信においては認証(authentication)・認可(authorization)などの仕組みによって、サーバー側のリソースへのクライアントによるアクセスが制御されます。また現代においては証明書や暗号化された通信を備えたHTTPS通信により、情報を安全に交換することが可能です。

設計の面からWeb APIを見ると、REST APIという形式が標準的です。これはREST(representational state transfer)と呼ばれる原則をWeb APIに課したもので、こうした性質を備えていることはRESTfulとも表現されます。REST APIでは、クライアントとサーバーとの分離、ステートレス、統一インターフェースなどいくつかの制約が課されています。これらの制約により、異なるWebサービスでも共通のライブラリや同様の手続きで外部サービスと柔軟に連携できるようになります。

REST APIがもつ性質のうち特に重要なのが、リソースに対して定義された4種類の操作(verb)です。これらの操作はHTTPにおけるリクエストメソッドと対応しており、それぞれGET、POST、PUT、DELETEにあたります*2。APIはひとつのURI(uniform resource identifier)つまりエンドポイントあたり1種ないし複数種のメソッドを提供し、クライアントはそれらを使い分けることでリソースに対する操作をリクエストします。サーバーからのレスポンスとしては、GETメソッドのように結果をステータスコード200(OK)とともに返すものもあれば、DELETEメソッドのようにステータスコード204(No Content)だけ返すものもあります。

Web APIを提供するサービスには有償のものもありますが、そうしたリソー

*1 MDN Web Docsでは、ブラウザーに組み込まれているブラウザーAPIとの対比で、サードパーティーAPIと表現されています。
*2 PATCHというPUTに似たメソッドもありますが、話を単純にするため紹介を省きました。

スへのアクセスを認証・認可する手段としてはAPIキーが使われることが多いです。APIキーはリクエストヘッダーや本体に埋め込んだり、ライブラリやSDK(software development kit、ソフトウェア開発キット)のパラメーターとして与えるかたちでサーバー側に送ります。サービスはAPIキーをもとにクライアントを特定するとともに(認証)、利用状況に応じてリソースを提供します(認可)。認証方式としてはほかに一回限りのトークンを発行するトークン認証や、サードパーティーのサービスから権限を付与するOAuth認証などもあります。

Section 08-03

ChatGPT APIを利用できるようにする

Web APIを利用するにはいくつかの認証方式がありますが、ChatGPT APIではアカウントに紐づいて発行されるAPIキーを使用します。

このセクションのポイント

1 ChatGPTのAPIを利用するにはChatGPTアカウントが必須
2 開発者プラットフォームからAPIキーが発行できる
3 秘匿性が求められるデータは環境変数として.envファイルに保存

ChatGPTのAPIを利用するには、まずChatGPTのアカウントを作成する必要があります。開発者用プラットフォームにあたるサイトを開き、ヘッダー右側の「Sign up」ボタンからアカウント作成に進んでください。メールアドレスの入力または各種アカウントサービスでのOAuth認証を求められたあと、氏名や生年月日、電話番号などを入力します。特に電話番号は最後のステップで本人確認に使われるため、SMS認証が使えるものを使用してください。

OpenAI開発者用プラットフォーム・サイト
https://platform.openai.com/docs/overview

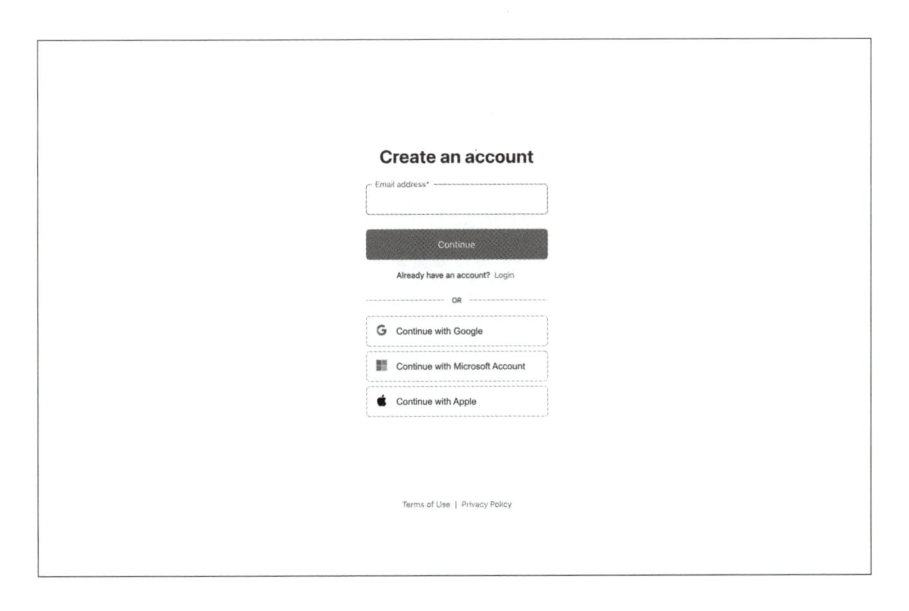

開発者プラットフォームに戻ってヘッダーからDashboardページに遷移し、左側のサイドメニューから「API Keys」を選択すると、APIキー一覧画面が表示されま

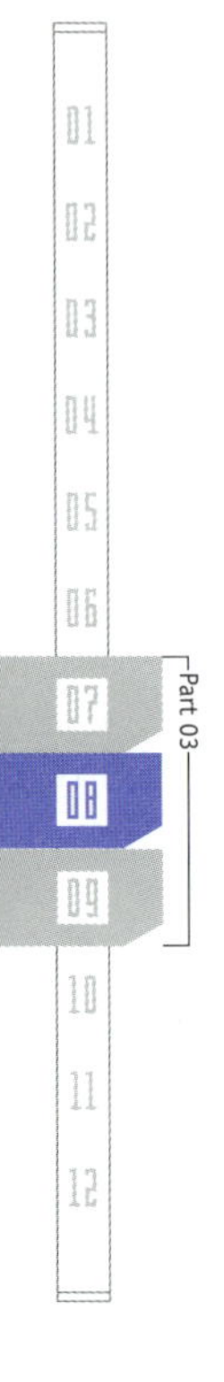

す。「Create new secret key」ボタンをクリックするとモーダルウィンドウ（以降モーダル）が開くので、適当な名前を入力して「Create secret key」ボタンを押してください。すると新しくモーダルが開き、作成されたAPIキーが範囲選択の状態で表示されます。モーダルは一度閉じてしまうと以後APIキーを参照できなくなるため、クリップボードにコピーしてから閉じるようにしてください。

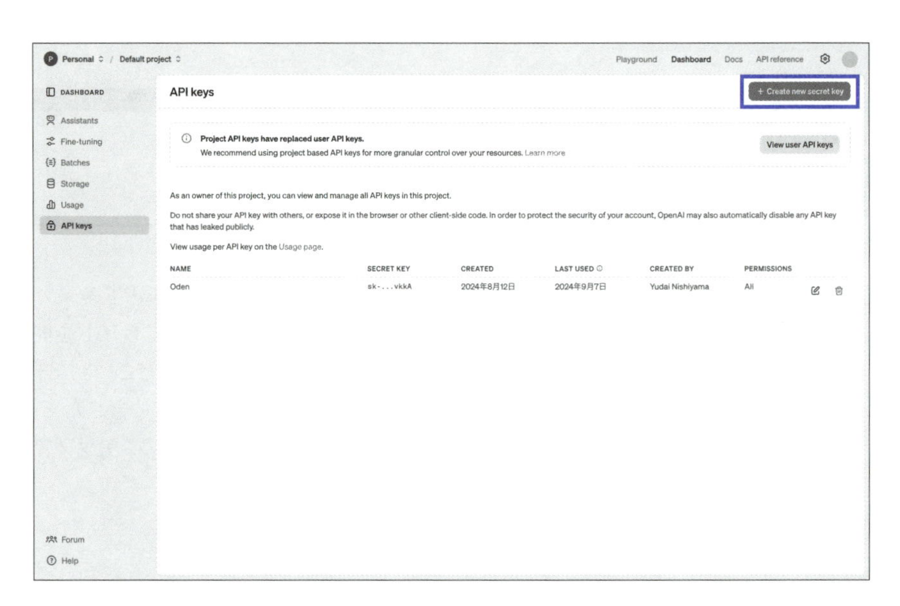

先の章で作成したDenoプロジェクトで、.envという名前の新規ファイルをディレクトリ直下に作成し、そこにAPIキーを貼り付けてください。そして、先頭に`OPENAI_API_KEY=`という文字列を追加し、環境変数と値のペアとして保存します。環境変数および.envファイルについてはのちほどあらためて説明しますが、いったんは秘匿性が求められるデータとその置き場だと思ってください。今回の場合、`OPENAI_API_KEY`という名前の環境変数として、プログラム中でAPIキーを参照できるようになります。

▼.env

```
01  OPENAI_API_KEY=sk-proj-…
```

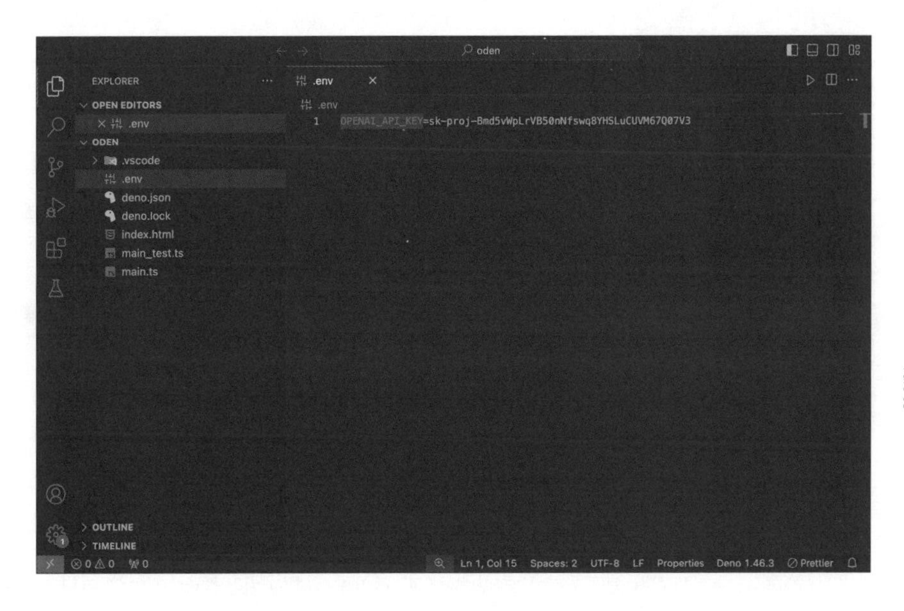

最後に、APIの料金体系についても簡単に触れておきます。ChatGPT APIはトークンという文字列の単位に基づく従量課金制で、アカウントに紐づくクレジット残高から差し引かれるかたちで使用料が支払われます。クレジットについては2024年現在、アカウント登録時に5ドル分が期間限定で付与されるので、これを無料枠として使用することができます。さらに、本章で取り扱うコードはトークンをほとんど消費しないため、クレジットカード等を登録することなく無料枠の範囲で実習を終えられる想定です。

Denoで openaiライブラリを使う

Web APIとは直接HTML通信することも可能ですが、ChatGPT APIでは開発に便利なライブラリが提供されています。

このセクションのポイント

1. Denoではパッケージレジストリから直接URLでライブラリをインポートできる
2. 環境変数はDeno.env.get()で取得
3. チャット補完を実行するためのメッセージとしてプロンプトを指定

DenoにはTypeScriptからChatGPT APIを利用するのに便利なライブラリ`openai`が提供されているので、Denoでのライブラリの扱い方とともにその使い方を見てみたいと思います。Denoは当初、Node.jsにおけるパッケージ管理にまつわる問題を回避するためにURLからの直接インポートを採用しました。しかしモジュール依存をやはり一元管理したいという需要は根強く、いくつかの方式が試みられた経緯があります。最終的にdeno.jsonやpackage.jsonを用いたNode.js互換の依存管理、およびnpmからのインストールがバージョン2からサポートされるに至りました。

本章ではURLからの直接インポートを採用します。Denoスクリプトのためのホスティングサービスdeno.land/xにある`openai`のモジュールを参照する次のコードを、main.tsの1行目に追加・保存してください。

▼main.ts

```
01: import OpenAI from "https://deno.land/x/openai@v4.62.1/mod.ts";
02:
// ...
```

最初はURLにエラー表示が出ますが、ファイルを保存してしばらくするとインストールが完了してエラーが消えるとともに、ファイル一覧にdeno.lockというファイルが生成されるのが確認できます。これはDenoがモジュール依存を管理するためのロックファイルで、開発者が直接編集することはありません。

続けて、ライブラリを呼び出して`apiKey`というパラメーターで初期化するコードを次のように追記します。

▼main.ts

```
01: import OpenAI from "https://deno.land/x/openai@v4.62.1/mod.ts";
02:
```

```
03: const openai = new OpenAI({
04:   apiKey: Deno.env.get("OPENAI_API_KEY"),
05: });
06:
```

ここで apiKey パラメーターに Deno.env.get() と指定しているのは、Denoで環境変数を利用するための関数です。前の節で.envファイルに保管したOPENAI_API_KEY という名前の環境変数は、このようにして値を参照することができます。ただしスクリプト実行時に新たなパーミッションを追加する必要があり、コマンドが deno run -REN --env --watch main.ts とやや長くなっています。

それから handler() 関数を次のように書き換え、ページにリクエストが来るとChatGPT APIのチャット補完（chat completion）が実行されるようにします。messages の値の配列に role: "system" や role: "user" とあるオブジェクトは、それぞれChatGPT APIに渡すプロンプトを表現しています。結果から内容を取り出し、new Response() コンストラクターの第1引数に渡します。日本語のプレーンテキストが返ってくると想定し、ヘッダーのメディア種別を "content-type": "text/plain;charset=utf-8" と書き換えている点に注意してください。

▼main.ts

```
05: // ...
06:
07: async function handler() {
08:   const completion = await openai.chat.completions.create({
09:     messages: [
10:       { role: "system", content: "レシピ作成アシスタント" },
11:       { role: "user", content: "おでん" },
12:     ],
13:     model: "gpt-4o-mini",
14:   });
15:
16:   const content = completion.choices[0].message.content;
17:
18:   const response = new Response(content, {
19:     headers: {
20:       "content-type": "text/plain;charset=utf-8",
21:     },
22:   });
23:
24:   return response;
```

```
25: }
26:
27: Deno.serve(handler);
28:
```

実行のためのコマンドがやや長いので、ここでDenoのタスクランナーを設定しておきましょう。deno.jsonファイルを次のように変更してください。

▼deno.json

```
01: {
02:   "tasks": {
03:     "dev": "deno run -REN --env --watch main.ts"
04:   }
05: }
06:
```

このタスクを実行するには次のコマンドを実行します＊1。

```
% deno run dev
```

起動しているサーバーにローカルホスト（http://0.0.0.0:8000 ）からアクセスすると、10秒以上の待機時間ののち、料理のレシピがMarkdown記法のプレーンテキストで表示されます。

```
おでんのレシピをご紹介します。おでんは、日本の伝統的な鍋料理で、寒い季節にぴったりです。以下の材料と手順に従って、美味しいおでんをお作りいただけます。

### 材料（4人分）

#### おでんの具材
- 大根：1/2本（厚さ2cm程度の輪切り）
- じゃがいも：2個（皮をむいて半分に切る）
- 玉子：4個（ゆで卵にする）
- こんにゃく：1枚（食べやすい大きさに切る）
- 練り物（ちくわ、さつま揚げ、はんぺんなど）：適量
- 牛すじ：200g（下茹でしておく）
- 昆布：1枚（10cmくらい）
- もち巾着：4個（市販のものか、餅と薄揚げで手作りする）

#### おでんのだし
- 水：1.5リットル
- 鰹節：30g
- 昆布：1枚（10cmくらい）
- 酒：50ml
- みりん：50ml
- しょうゆ：80ml
- 砂糖：大さじ1
- 塩：少々

### 作り方

#### だしを作る
1. 昆布を水に30分ほど浸けて戻します。
2. 水が浸透したら、そのまま鍋に入れて中火にかけます。沸騰直前で昆布を取り出し、鰹節を加えます。
3. 鰹節を加えた後、再度沸騰させたら火を弱めて1分ほど煮ます。
4. 鰹節が沈んできたら、布巾やキッチンペーパーを使ってこします。
```

＊1 タスクランナーを deno run で実行するコマンドはDenoのバージョン2から可能になりました。それ以前の deno task というコマンドも有効です。

レスポンスをストリームとして配信する

生成AIのAPIでは完全なレスポンスが返ってくるまでに時間がかかりますが、ストリーミングを利用すると結果を少しずつ取得することができます。

このセクションのポイント

1. ChatGPT APIにはストリームモードがある
2. ストリームレスポンスはfor await...of文で反復して増分を取り出す
3. ストリームモードでは生成結果が逐次的に得られる

先の実装では、ページが表示されるまでに10秒以上かかりました。ChatGPT APIのGPT-4o miniモデルが最終的な結果を出力するまでにそれだけの時間がかかるからです。しかしユーザー体験という観点からは、ページの閲覧者を何秒も待たせることは一般に適切とは言えません。ストリーミングレスポンスの利用はこうした課題に対するひとつの解決策であり、ChatGPT APIもまたストリーミングに対応しています。

ChatGPT APIをストリームモードで出力するには、チャット補完のパラメーターとして stream: true という値を追加します。すると、変数 completion の型は ChatCompletion から Stream<ChatCompletionChunk> というものに変化し、変数 content に代入している式の choice について型エラーが生じます。

▼main.ts

```
// ...

const completion = await openai.chat.completions.create({
  messages: [
    { role: "system", content: "レシピ作成アシスタント" },
    { role: "user", content: "おでん" },
  ],
  model: "gpt-4o-mini",
  stream: true,
});

// ...
```

```
3   const openai = new OpenAI({
4     apiKey
5   });      const completion: Stream<ChatCompletionChunk> & {
6                _request_id?: string | null;
7   async fu }
8     const completion = await openai.chat.completions.create({
9       messages: [
10        { role: "system", content: "レシピ作成アシスタント" },
11        { role: "user", content: "おでん" },
12      ],
13      model: "gpt-4o-mini",
14      stream: true,
15    });
16    const content = completion.choices[0].message.content;
```

変数 content は、ストリームレスポンスではもはや使えません。そこで代わりに変数 body を宣言し、次のようなReadableStreamオブジェクトを生成します。

▼main.ts

```
15:   // ...
16:
17:   const body = new ReadableStream({
18:     async start(controller) {
19:       for await (const chunk of completion) {
20:         const message = chunk.choices[0].delta.content;
21:         if (message === undefined) {
22:           controller.close();
23:           return;
24:         }
25:         controller.enqueue(new TextEncoder().encode(message ?? ""));
26:       }
27:     },
28:   });
29:
30:   const response = new Response(body, {
31:     headers: {
32:       "content-type": "text/plain;charset=utf-8",
33:       "x-content-type-options": "nosniff",
34:     },
35:   });
36:
37:   return response;
38: }
39:
40: Deno.serve(handler);
41:
```

`start` というメソッドを取ること、`controller.enqueue()` にエンコードされた文字列を入れることなどは前の章での例と同様です。今回の例が特殊なのは、`Stream<ChatCompletionChunk>` という非同期処理かつ型の配列のような値[*1]の中身を扱わないといけないところです。これをfor await...of文で反復(iterate)し、要素を変数 `chunk` として順に取り出しています。生成結果は `chunk` の中から増分(delta)として取り出し、それがなくなったらストリームを閉じています。

前の節でタスクランナーに指定したコマンドを実行したなら、ファイルを保存するとサーバーにもその変更が反映されるはずです。ページを更新し、結果がどう変わるかを見てみましょう。

すると今度は、ページを更新してすぐにレシピの逐次的な表示が始まりました。表示は生成処理が完了するまで続き、結果がストリームレスポンスとして返却されたことがわかります。

＊1 正確には非同期反復可能オブジェクト(async iterable objects)といいます。

Section 08-06

ルーティングを実装してパスからパラメーターを取得する

任意の料理でレシピを生成できるようになるためには、ブラウザのどこからか料理名をサーバーに渡せる必要がありそうです。

このセクションのポイント

1. URLのパスをパラメーターとしてWebサーバーに任意の値を渡せる
2. new URLPattern() を使ってURLパターンマッチングができる
3. ルーティングによりWebサイトでパスごとに異なるページが表示される

レシピは表示されるようになりましたが、今のままだと単一のレシピしか生成できません。コードを直接書き換えることなく、ブラウザーから異なるレシピにもアクセスできることが望ましいでしょう。そのための手段のひとつは、URLのパスから任意のパラメーターを取れるようにすることです。ごく簡単なルーティング(routing)*1を実装することで、こうしたパラメーターをコードの中で使えるようにしましょう。

リクエストされたURLは handler の第1引数に指定してある req から参照でき、これを文字列処理してパラメーターを取り出すこともできるでしょう。しかし一般にはルーティングを可能とするための便利な仕組みがランタイムに備わっており、DenoではURLパターンマッチングのためのオブジェクトが提供されています。

```
const BOOK_ROUTE = new URLPattern({ pathname: "/books/:id" });
```

pathname にルーティングを設けたいパスを記述するのですが、パラメーターとして任意の文字列を取得したい箇所は先頭にコロンをつけてパラメーター名を定義します。このオブジェクトに対し、リクエストされたURL req.url を渡して exec メソッドを実行すると、パターンマッチングの成否と、成功した場合はその結果が得られます。

```
const match = BOOK_ROUTE.exec(req.url);
```

このようなルーティングをサーバーにも実装してみましょう。RECIPE_ROUTE という変数名で /:name をパスとするURLPatternオブジェクトに対しマッチングを実行し、成功していたら変数 name に得られたパラメーターの値を代入します。

*1 英語（特にアメリカ英語）では"route"は「ラウト」、"routing"は「ラウティング」に近い発音が一般的です。これには発音が同じ"root"「ルート」との取り違えを避ける効用もあると考えられます。

▼main.ts

```
05: // ...
06:
07: const RECIPE_ROUTE = new URLPattern({ pathname: "/:name" });
08:
09: async function handler(req: Request) {
10:   const match = RECIPE_ROUTE.exec(req.url);
11:   let name = "おでん";
12:   if (match) {
13:     name = match.pathname.groups.name ?? "おでん";
14:   }
15:
16:   const completion = await openai.chat.completions.create({
17:     messages: [
18:       { role: "system", content: "レシピ作成アシスタント" },
19:       { role: "user", content: name },
20:     ],
21:     model: "gpt-4o-mini",
22:     stream: true,
23:   });
24:
25:   // ...
```

変数を再代入しているのと、その際に `match.pathname.groups.name` が型定義上undefinedとなりうる場合を `??` で処理しているのが、不変性や記述の繰り返しという点で好ましくありません。次のように書き直せば、1行で綺麗に書けつつ型の正しさも保証できるでしょう。

▼main.ts

```
09:   // ...
10:   const match = RECIPE_ROUTE.exec(req.url);
11:   const name: string = match?.pathname.groups.name ?? "おでん";
12:
13:   const completion = await openai.chat.completions.create({
14:     // ...
```

それではブラウザーを開き、ページを一度更新したあと、アドレスバーのURLの末尾にレシピ名を直接打ち込んでアクセスしてみましょう。

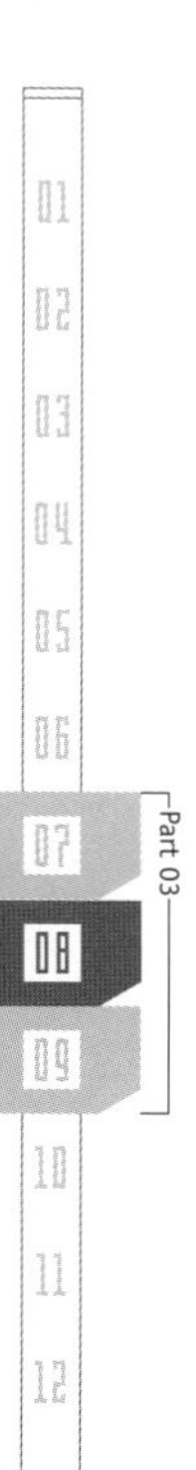

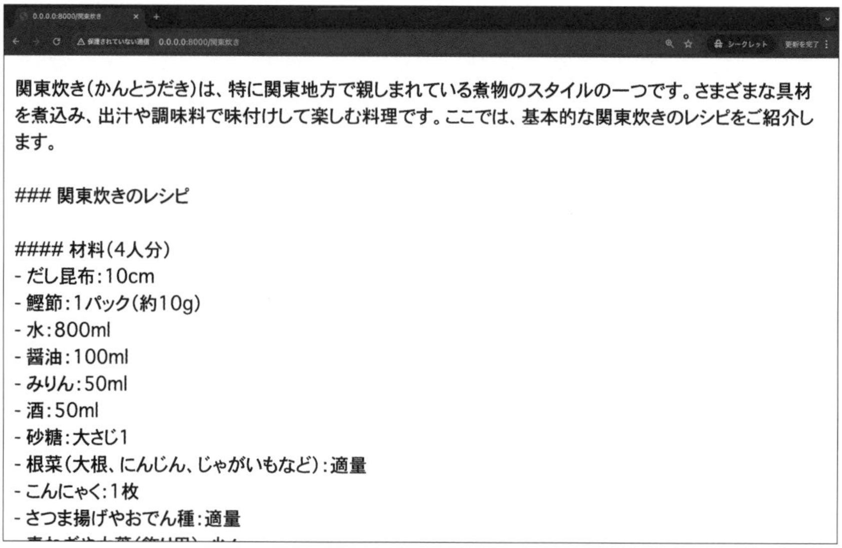

0.0.0.0:8000/関東炊き

関東炊き(かんとうだき)は、特に関東地方で親しまれている煮物のスタイルの一つです。さまざまな具材を煮込み、出汁や調味料で味付けして楽しむ料理です。ここでは、基本的な関東炊きのレシピをご紹介します。

関東炊きのレシピ

材料(4人分)
- だし昆布:10cm
- 鰹節:1パック(約10g)
- 水:800ml
- 醤油:100ml
- みりん:50ml
- 酒:50ml
- 砂糖:大さじ1
- 根菜(大根、にんじん、じゃがいもなど):適量
- こんにゃく:1枚
- さつま揚げやおでん種:適量

パスに指定した料理名のレシピが生成されたことがわかります*2。

今回はルーティングの基本としてURLのパターンマッチングを紹介し、処理もルートと共通化しましたが、Webサイトでは通常はパスごとに異なるコンテンツを表示することになり、分岐処理もそれにしたがって複雑になる傾向があります。こうしたことからWebサイトの実装には洗練されたルーティングの仕組みを備えたHonoやExpressなどのサーバーサイドフレームワークや、より高レベルなメタフレームワークが使われるのが一般的です。

*2 関東炊きとは、関西におけるおでんの呼び名のひとつです。

Section 08-07 MarkdownをHTMLに変換してから表示する

ChatGPT APIのレスポンスに使われているMarkdown記法は、簡易マークアップ言語として開発者を中心に人気のあるフォーマットです。

このセクションのポイント

1. Markdownで書かれたテキストはHTMLに変換できる
2. HTMLドキュメントにはブラウザー標準のスタイルが適用される
3. CSSフレームワークを使うとスタイルを手軽に適用できる

ところで、いままでのところ生成されたテキストは見出しにハッシュ(hash) # を使うなど特有の記法で出力されていました。これはMarkdownという名前で知られる軽量マークアップ言語(lightweight markup language)で書かれたものです。これらの言語は見た目が簡潔かつ記述が容易でありながら、HTMLやXML(Extensible Markup Language)といったマークアップ言語への変換可能性も保っています。GitHubの各種入力フォームにも採用されていることから、現在ではソフトウェアエンジニアを中心に広く使われています。

Markdownで書かれたドキュメントをHTMLに変換するライブラリは各種言語に存在し、Denoでも利用が可能です。これまでサーバーからレスポンスしていたのは単なるプレーンテキストだったので、ここでちゃんとしたHTMLドキュメントを返すように生成結果を変換する処理を追加しましょう。その際、ストリーミングレスポンスは後述の理由で利用できないため、一部の記述については元に戻してあります。全体的なソースコードは次のようになります。

▼main.ts

```
01: import OpenAI from "https://deno.land/x/openai@v4.62.1/mod.ts";
02: import { render } from "jsr:@deno/gfm";
03:
04: const openai = new OpenAI({
05:   apiKey: Deno.env.get("OPENAI_API_KEY"),
06: });
07:
08: const RECIPE_ROUTE = new URLPattern({ pathname: "/:name" });
09:
10: async function handler(req: Request) {
11:   const match = RECIPE_ROUTE.exec(req.url);
12:   const name: string = match?.pathname.groups.name ?? "おでん";
13:
```

```
14:   const completion = await openai.chat.completions.create({
15:     messages: [
16:       { role: "system", content: "レシピ作成アシスタント" },
17:       { role: "user", content: name },
18:     ],
19:     model: "gpt-4o-mini",
20:   });
21:
22:   const markdown = completion.choices[0].message.content;
23:   const body = render(markdown ?? "結果なし");
24:
25:   const response = new Response(body, {
26:     headers: {
27:       "Content-Type": "text/html; charset=utf-8",
28:     },
29:   });
30:
31:   return response;
32: }
33:
34: Deno.serve(handler);
35:
```

ページを更新してしばらく待つと、より見栄えのするドキュメントが表示されたと思います。これはブラウザーがHTMLドキュメントにデフォルトで付与するスタイルが適用されているからであり、期待どおりにHTMLドキュメントとして表示されていることがわかります。

関東煮（かんとだき）または関東炊きは、日本の伝統的な家庭料理で、主に冬の時期に食べられます。具材をだし汁で煮込み、さまざまな味わいを楽しむことが特徴です。ここでは、関東煮の基本的なレシピをご紹介します。

関東煮の基本レシピ

材料（4人分）

- **だし汁**
  - 昆布：10cm
  - かつお節：20g
  - 水：4カップ
- **具材**
  - 大根：1/2本
  - こんにゃく：1丁
  - 厚揚げ豆腐：1枚
  - ちくわ：2本
  - ゆで卵：4個
  - 白滝：200g
- **調味料**
  - 醤油：大さじ4
  - みりん：大さじ2
  - 酒：大さじ2
  - 塩：少々

作り方

スタイルを整えるには、headタグ内でCSS(Cascading Style Sheets)が書かれたファイルを読み込みます。ここでは話を簡単にするためにsakuraというクラスレスCSSフレームワークを使うようにすると、ページが少し見栄えのするようになったことがわかるでしょう。

sakura - クラスレスCSSフレームワーク
https://oxal.org/projects/sakura/

▼main.ts

```
23:   // ...
24:
25:   const response = new Response(
26:     `<!DOCTYPE html>
27:   <head>
28:     <link rel="stylesheet" href="https://cdn.jsdelivr.net/npm/sakura.css/css/
sakura.css" type="text/css">
29:   </head>
30:   <body>
31:     ${body}
32:   </body>
33: <html>`,
34:     {
35:       headers: {
36:         "Content-Type": "text/html; charset=utf-8",
37:       },
38:     }
39:   );
```

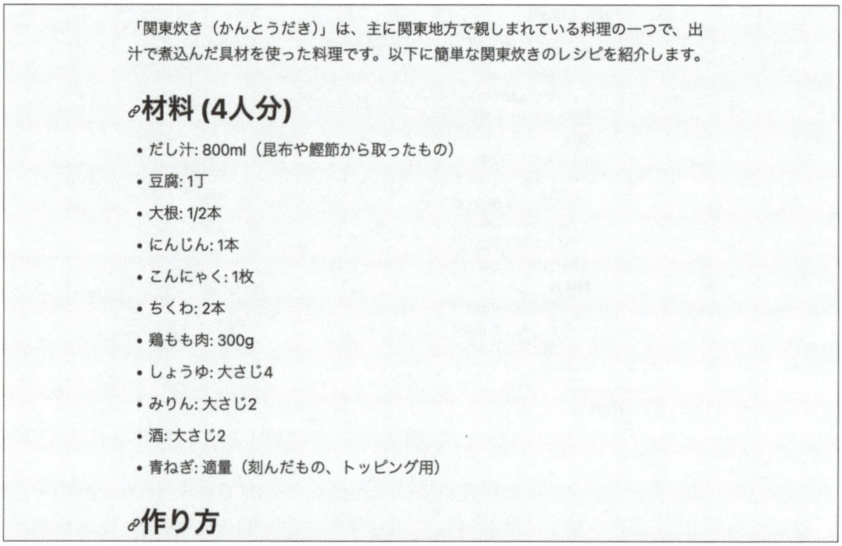

```
40:
41:    // ...
```

「関東炊き（かんとうだき）」は、主に関東地方で親しまれている料理の一つで、出汁で煮込んだ具材を使った料理です。以下に簡単な関東炊きのレシピを紹介します。

材料 (4人分)

- だし汁: 800ml（昆布や鰹節から取ったもの）
- 豆腐: 1丁
- 大根: 1/2本
- にんじん: 1本
- こんにゃく: 1枚
- ちくわ: 2本
- 鶏もも肉: 300g
- しょうゆ: 大さじ4
- みりん: 大さじ2
- 酒: 大さじ2
- 青ねぎ: 適量（刻んだもの、トッピング用）

作り方

この章の最終的な実装ではレシピの生成からHTMLへの変換までをサーバーサイドですべて処理することになりましたが、結果としてページが表示されるまでに時間がかかるという問題が残りました。実際、この種の読み込み時間にまつわる問題を解決するために導入されたのがAjaxであり、動的スクリプト言語としてのJavaScriptだったのです。そこではサーバーサイドでは時間のかかる処理をブラウザー側、つまりクライアントサイドで実行するというアプローチが取られました。Webアプリケーション開発のためのフレームワークの変遷は、この課題をいかに解決しようとしてきたかの歴史であるとさえ言えます。

Section 08-08

第8章のまとめ

この章では、Denoランタイム上でChatGPT APIを利用しました。GhatGPTはもともと対話型AIとして開発されたものですが、いまや自然言語で指示ができる生成AIとして活用できるのでした。その連携の手段となるのがWeb APIで、HTTPS通信により情報をサーバーと安全にやりとりすることができます。RESTfulなWeb APIでは、4種類のメソッドはHTTPのリクエストメソッドに対応しているのでした。

ChatGPT APIについてはDenoから利用しやすいよう、SDKライブラリが提供されています。とはいえ利用のためには、ChatGPTにアカウントを登録して開発者サイトからAPIキーを発行する必要がありました。インポートの方法には複数ありますが、DenoではURLからライブラリを直接インポートできるのでそれを活用しました。結果を取得してレスポンスの本体に置き換えることで、結果をサーバーから返すことができました。

プロンプトに任意の値を渡すには、パスをはじめとする手段によってパラメーターをサーバーに渡す必要がありました。DenoではURLパターンマッチングが提供されており、これによりパスパラメーターを簡単に利用することができました。もし生成AIのポテンシャルを最大限に生かしたいならば、ストリーミングレスポンスを選択肢に入れることもできます。そうすれば、得られた結果をすぐさまクライアントにレスポンスすることができるのでした。

ChatGPT APIが生成する結果はMarkdownという記法でマークアップされており、これをHTMLに変換するためのライブラリもDenoでは提供されています。結果をテキストプレーンではなくHTMLドキュメントとして返せば、ブラウザー標準のスタイルが自動的に当たるだけでなく、開発者が独自にスタイルシートを定義することもできるのでした。しかし今回実装したようなサーバーサイドプログラミングではHTMLドキュメントの生成は静的なものになり、動的なインタラクションには限界があることもわかりました。これらを両立するために、Ajaxの登場や、VueおよびReactをはじめとするフロントエンドフレームワークの繁栄、そしてNuxtやNext.jsなどメタフレームワークの台頭など、さまざまな試みがWebアプリケーション開発においてなされているのです。

HonoとDeno KVを使用してブックマークAPIを作る

WebフレームワークHonoを使うと、Webサービスを簡単に開発することができます。各種のメソッドやパスごとにルーティングを実装することで、実用的なWeb APIを作成することもできます。この章ではURLをブックマークとして管理するAPIを作ります。データベースにDeno KVを利用し、登録や一覧取得といった操作を実装します。

紹介する開発環境

- **Hono**
- **Deno KV**

Contents

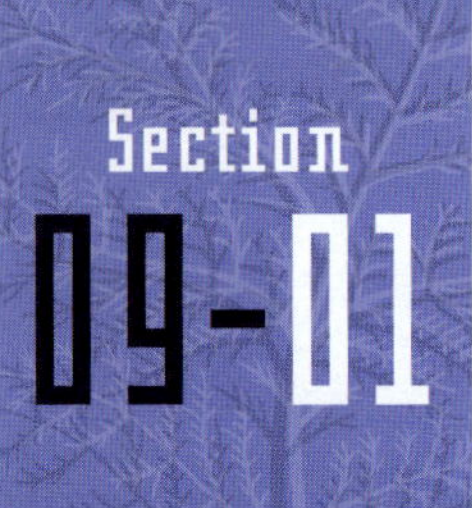

Section 09-01 Honoプロジェクトを作成する

HonoのようなWebフレームワークが扱えるようになると、TypeScriptで開発できる領域がぐんと広がります。

このセクションのポイント

1. Webフレームワークを使うと、Webサイトの基本的な機能を簡単に開発できる
2. Denoではnpmパッケージにnpm:をつけて指定する必要がある
3. Denoでは依存モジュールの管理にdeno.jsonが使われる

この章ではHonoというライブラリを使用して、WebページのURLを送信するとタイトルを返却する簡単なWeb APIをまず作成します。つぎにDeno KVを導入することで、ストレージを備えたRESTfulなブックマークAPIとして実装したいと思います。Web APIのかたちで実装することで、他のアプリケーションに組み込んだり、さまざまなサービスと連携させることが可能です。実際にWeb APIとして呼び出すことができるよう、デプロイの方法についても簡単に見てみます。

Honoは2022年に発表された、比較的新しいWebフレームワークです。Web標準にのっとって実装されており、DenoやBunなどを含めた多くのJavaScriptランタイムで動作するとうたっています。また、日本発のWebフレームワークでもあり、開発者自身によるものをはじめとする日本語文献が比較的充実していることも特徴です。HonoのようなWebフレームワークを使うことで、ページや静的コンテンツの配信など、Webサイトが基本的に備えている機能を簡単に開発できます。

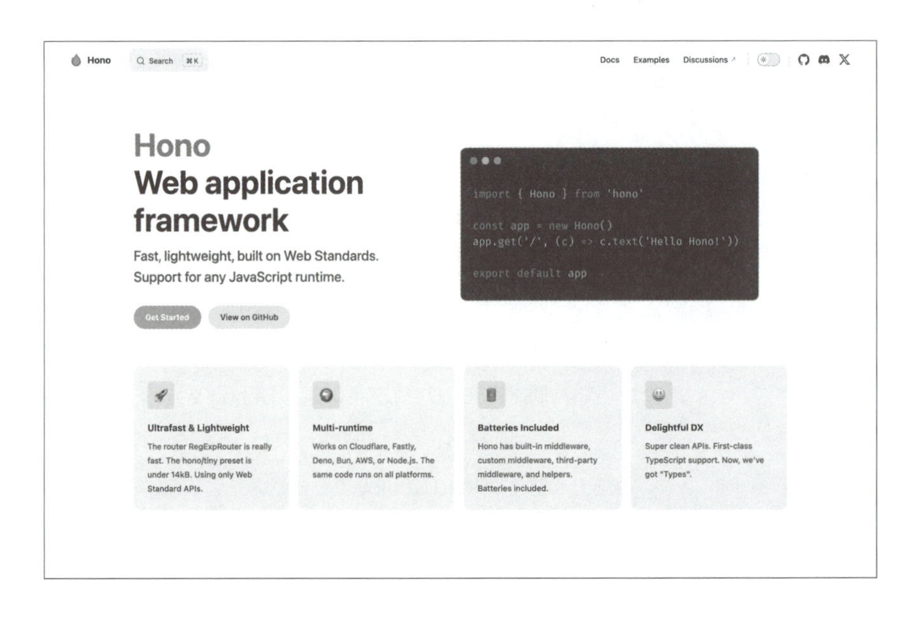

DenoでHonoのプロジェクトを開始するには、ターミナルで次のコマンドを実行します。Denoではパッケージを直接実行することができ、`-A` はそのためのすべての権限を認可するフラグです。最後のコマンドライン引数はプロジェクトにつける名前を示しています。どのテンプレートを用いるかという質問に対しては、`deno` を選択してください。

```
deno run -A npm:create-hono deno-hono-api
```

生成されたプロジェクトをVS Codeで開きましょう。main.tsがエントリーポイントとなるスクリプトです。deno.jsonには `imports` という項目があり、インポートするモジュールを一括で指定するとともに、バージョン管理としての役割も果たしています。deno.lockはモジュール依存を解決した結果を保存し、整合性の検証に使われるロックファイルで、基本的に開発者が編集することはありません。

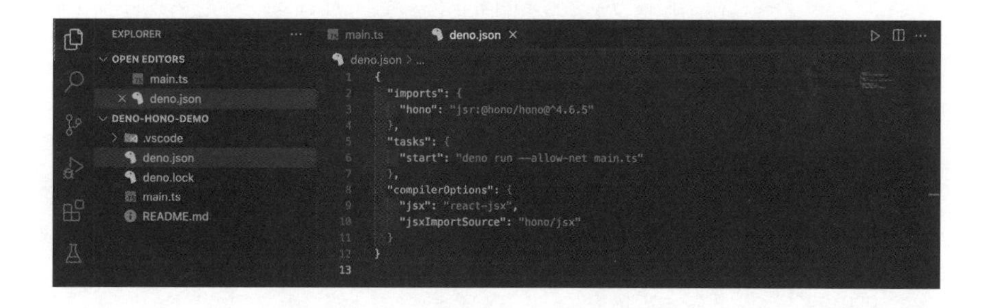

Section
09-02 HonoでGETメソッドのレスポンスを実装する

Webフレームワークを使った開発では、ページのパスとリクエストメソッドごとに処理とレスポンスを記述していくのが基本です。

このセクションのポイント

1. app.get() でパスに対するGETメソッドのレスポンスを実装
2. c.req.query() で指定したクエリパラメーターが取得できる
3. c.json() でJSONレスポンスを構成

ターミナルで deno install を実行してパッケージをインストールしたのち、main.tsファイルを開きましょう。だいたい次のようなサンプルコードが記述されてあるでしょう。

▼main.ts

```
01: import { Hono } from "hono";
02:
03: const app = new Hono();
04:
05: app.get("/", (c) => {
06:   return c.json({ message: "Hello Hono!" });
07: });
08:
09: Deno.serve(app.fetch);
10:
```

Deno.serve 関数を呼び出しているのは前の章と同じですが、まず app というHonoオブジェクトを生成し、そこに実装を加えたのち app.fetch というメソッドを渡している点が異なります。この間に app に対しメソッドを通してさまざまな処理を追加していくというのが、多くのWebフレームワークで共通している実装方式です*1。

コードにはすでにルートURIに対し、{ "message": "Hello Hono!" } というJSONをレスポンスする処理が実装されています。app.get() で期待されるリクエストがGETメソッドであることを宣言し、第1引数の "/" でそのURIを指定しています。第2引数の (c) => {} はリクエストに応じて実行するコールバック関数で、引数 c（contextの意）からさまざまなメソッドを利用することができます。ここでは json メソッドを用いて、先に述べたJSONを返却しています。

*1 JavaScript以外の言語でも同様のWebフレームワークが存在しますが、それぞれ言語に適した宣言の方式を採用しています。たとえばPythonのFlaskでは @app.route("/") のようにデコレーターとして記述します。

サンプルコードを参考に、`?url=foo` のようなクエリパラメーター(query parameter)を伴うGETメソッドでのリクエストに対し、パラメーターの値をそのまま返すAPIを実装してみましょう。クエリパラメーター `url` の値は `c.req.query("url")` で取得でき、型はパラメーターが参照できなかった場合(値が `undefined` となる)とのユニオン型 `string | undefined` となります。また、`json` メソッドには `<T>` という構文で型引数 `T` を渡してオブジェクトの型を指定することができます。`{ url: "foo" }` のようなJSONを返却するAPIは次のように書けるでしょう。

▼main.ts

```
07: // ...
08:
09: app.get("/api/title", (c) => {
10:   const url = c.req.query("url") ?? "";
11:   return c.json<{ url: string }>({ url });
12: });
13:
14: Deno.serve(app.fetch);
15:
```

GETメソッドでのリクエストはWebブラウザーでページを開くことと同じなので、http://0.0.0.0:8000/api/bookmark?url=foo など適当なクエリパラメーターをつけてURLにアクセスしてみましょう。すると `url` というプロパティに指定した値を含むJSONがレスポンスされることが確認できます。

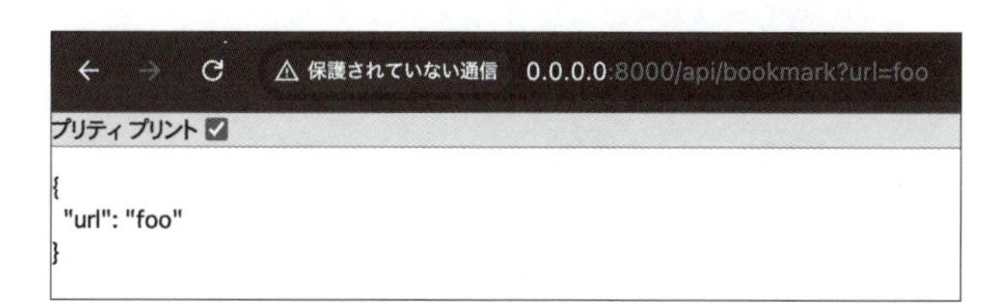

Web APIの動作確認やデバッグを容易にするためには、APIクライアントと呼ばれるツールを導入しておくとよいでしょう。

たとえばVS Code拡張機能のThunder Clientでは、メソッドやURL、パラメーターなどを入力してリクエストを送信することで、レスポンスを見やすいかたちで確認することができます。

Thunder Client - Visual Studio Marketplace
https://marketplace.visualstudio.com/items?itemName=rangav.vscode-thunder-client

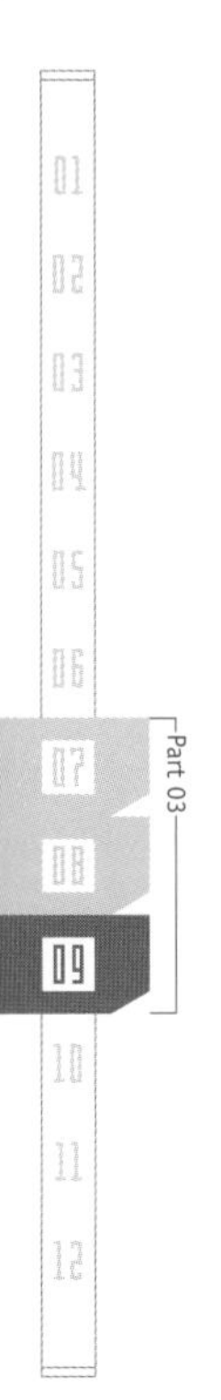

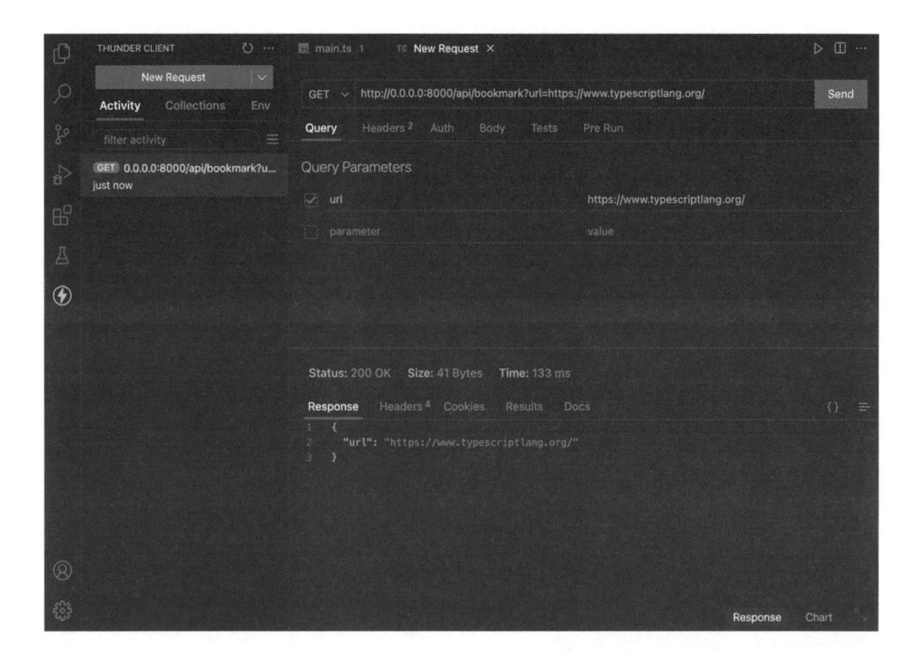
THUNDER CLIENT
New Request
Activity
Collections
Env
filter activity
GET 0.0.0.0:8000/api/bookmark?u...
just now
main.ts
New Request
GET
http://0.0.0.0:8000/api/bookmark?url=https://www.typescriptlang.org/
Send
Query
Headers 2
Auth
Body
Tests
Pre Run
Query Parameters
url
https://www.typescriptlang.org/
parameter
value
Status: 200 OK
Size: 41 Bytes
Time: 133 ms
Response
Headers 4
Cookies
Results
Docs
{
"url": "https://www.typescriptlang.org/"
}
Response
Chart

Section 09-03 HTMLをDOMツリーにパースしてtitle要素の中身を取り出す

ページから取得してきたHTMLテキストをDOMという形式にパースすることで、その要素をTypeScriptで操作できるようになります。

このセクションのポイント

1. deno add でパッケージをモジュール依存にインストール
2. fetch() を使うとWebページの情報を取得できる
3. DOMParser の parseFromString() でHTMLテキストがパースされる

つぎに、Webページを代表する情報としてページタイトルを取得します。ブラウザーのタブなどに表示されるページタイトルは、HTMLドキュメントでは文書題名 `<title>` 要素としてtitleタグでマークアップされています。したがって、パラメーターの値として得たURLからWebページを取得し、そのHTMLドキュメントからtitleタグの中身を取り出せばよいことになります。通常JavaScriptではこのような処理を、DOM(document object model)と呼ばれるデータモデルを操作することで行います。

DenoでDOMを操作するライブラリにはDeno DOMがあるので、これをインストールして利用しましょう。先ほどdeno.jsonで見たようにライブラリをモジュール依存に追加する場合、`deno add` コマンドにリポジトリ名をプリフィックスつきで指定して実行します。

Deno DOM
https://jsr.io/@b-fuze/deno-dom

```
deno add jsr:@b-fuze/deno-dom
```

今回は `DOMParser` というクラスを利用するので、Honoと同様にこれをインポートします。deno.jsonでバージョン管理がなされている場合は、次のように `jsr:` といったプリフィックスなしでインポートできます。

▼main.ts

```
01: import { Hono } from "hono";
02: import { DOMParser } from "@b-fuze/deno-dom";
03:
04: // ...
05:
```

ブラウザー上でJavaScriptを使ってHTMLドキュメントを取得するのにはFetch APIが利用されますが、Denoでも `fetch` という関数として同様のことが実現できます。awaitつきの `fetch(url)` でWebページを取得したあと、同じくawaitつきの `text()` メソッドでプレーンテキストとして読み込みます。

▼main.ts

```
08: // ...
09:
10: app.get("/api/title", async (c) => {
11:   const url = c.req.query("url") ?? "";
12:
13:   const res = await fetch(url);
14:   const html = await res.text();
15:
16:   // ...
```

読み込んだHTMLは、`DOMParser` オブジェクトの `parseFromString()` というメソッドを使ってパース（parse）、すなわちプレーンテキストからDOMツリーに変換することができます。このDOMツリーに `querySelector` メソッドを適用して `<title>` 要素を取り出すと、その中身 `.textContent` を参照することができます。

▼main.ts

```
10: // ...
11:
12: app.get("/api/title", async (c) => {
13:   const url = c.req.query("url") ?? "";
14:
15:   const res = await fetch(url);
16:   const html = await res.text();
17:
18:   const parser = new DOMParser();
19:   const document = parser.parseFromString(html, "text/html");
20:
21:   const titleElement = document.querySelector("title");
22:   const title = titleElement?.textContent;
23:
24:   return c.json<{ url: string; title: string }>({ url, title });
25: });
26:
27: // ...
```

同様の処理は今後も行うため、この処理は関数として切り出しておきます。その際、上記の処理が失敗したときは undefined を返すよう、try...catch文および返り値の型アノテーションで処理を書き直してあります。

▼main.ts

```
01: import { Hono } from "hono";
02: import { DOMParser } from "@b-fuze/deno-dom";
03:
04: const app = new Hono();
05:
06: async function fetchHtmlTitle(url: string): Promise<string | undefined> {
07:   try {
08:     const res = await fetch(url);
09:     const html = await res.text();
10:
11:     const parser = new DOMParser();
12:     const document = parser.parseFromString(html, "text/html");
13:
14:     const titleElement = document.querySelector("title");
15:     const title = titleElement?.textContent;
16:
17:     return title;
18:   } catch {
19:     return undefined;
20:   }
21: }
22:
23: // ...
```

呼び出し側では、title の値が undefined をとりうるために、json メソッドの型引数に対する型エラーとなります。早期リターンでエラーレスポンスを処理することで、こうした場合を考慮することができます。

▼main.ts

```
25: // ...
26:
27: app.get("/api/title", async (c) => {
28:   const url = c.req.query("url") ?? "";
29:
30:   const title = await fetchHtmlTitle(url);
31:
32:   if (!title) {
33:     return c.json({ message: "ページタイトルが取得できませんでした" }, 400);
34:   }
```

```
35:   return c.json<{ url: string; title: string }>({ url, title });
36: });
37:
```

Section 09-04

Deno KVを使ってPOSTリクエストをもとにデータを登録する

データベースは通常ランタイムとは別個のものですが、Denoはキーバリュー型データベースを同梱しています。

このセクションのポイント

1. キーバリュー型データベースではデータをキーと値のペアとして保存・取得する
2. フォームデータとしてのリクエストボディはc.req.parseBody()でパース
3. POSTメソッドでデータを登録した際の成功ステータスコードは201 Created

ここからはDeno KVを利用して、リクエストに含まれるURLをデータベースに保存していきます。Deno KVはDenoに搭載されているキーバリュー型データベース（key-value database）で、設定やインストールをせずとも利用できます。キーバリュー型データベースは、レコードを一意に識別するキーと、バリューつまり値のペアとしてデータを保存・取得できるデータベースであり、比較的シンプルに扱えます。また、Deno Deployと統合されており、フルマネージドサービスとして運用することも可能です。

まずは準備として、/api/bookmarksに対しPOSTメソッドでリクエストを受け付けるAPIのルーティングを作成します。データを新たに登録するPOSTメソッドでは、データをリクエストボディ（request body）として受けつけることが多いため、今回もそのように実装したいと思います。Honoでは `c.req.parseBody()` というメソッドをawaitつきで呼ぶことで、リクエストボディをパースすることができます。その際、メソッドに次のようにして型引数を渡すことで、パースしてできたオブジェクトに型をつけることができます。

▼main.ts

```
36: // ...
37:
38: app.post("/api/bookmarks", async (c) => {
39:   const body = await c.req.parseBody<{ url: string }>();
40:   const url = body.url;
41: }
42:
43: // ...
```

Deno KVを利用するための準備は、`Deno.openKv()` を実行し、その返り値を変数に格納するだけです[*1]。この変数 `kv` に `set` や `list` などのメソッドを適用していくことで、データベースの操作を実現します。

＊1　実際には、2024年10月時点では、後述のように実行スクリプトに --unstable-kv フラグを追加する必要があります。

▼main.ts

```
01: import { Hono } from "hono";
02: import { DOMParser } from "@b-fuze/deno-dom";
03:
04: const app = new Hono();
05:
06: const kv = await Deno.openKv();
07:
08: // ...
```

先ほど定義した fetchHtmlTitle() で取得したページタイトルとともに、"bookmark" という文字列とURLをキーとし、URLとページタイトルが入ったオブジェクトを値として、次のような引数で kv.set() を実行します。POSTメソッドのリクエストに対するレスポンスは通常 201 Created となり、本文は必ずしも求められませんが、今回は kv.set() の返り値をそのままJSONとして返却してあります。

▼main.ts

```
38: // ...
39:
40: app.post("/api/bookmarks", async (c) => {
41:   const body = await c.req.parseBody<{ url: string }>();
42:   const url = body.url;
43:
44:   const title = await fetchHtmlTitle(url);
45:
46:   const result = await kv.set(["bookmark", url], { url, title });
47:   return c.json({ result }, 201);
48: });
49:
50: // ...
```

2024年10月時点でDeno KVはオープンベータ版となっており、スクリプトの実行には --unstable-kv フラグが必要です。Denoのスクリプト実行コマンドの実態はdeno.jsonの tasks プロパティ内で定義されているので、必要があれば7行目を次のように書き換えてください*2。

▼deno.json

```
01: {
02:   "imports": {
03:     "@b-fuze/deno-dom": "jsr:@b-fuze/deno-dom@^0.1.48",
```

*2　ライブラリの値の最後に指定されているバージョンは執筆時点のものです。本章の内容が期待通りに動かないのでない限り、開発時のものと一致している必要はありません。

```
04:     "hono": "jsr:@hono/hono@^4.6.5"
05:   },
06:   "tasks": {
07:     "start": "deno run --allow-net --unstable-kv main.ts"
08:   },
09:   // ...
```

ターミナルでCommand + C（WindowsではCtrl + C）ショートカットを入力してサーバーを停止し、`deno run dev` コマンドを実行して再度立ち上げたあと、http://0.0.0.0:8000/api/bookmark にPOSTメソッドでリクエストを送信すると、結果を含むJSONがレスポンスされます。その際にリクエストボディのメディア種別 `Content-Type` はフォームデータ `multipart/form-data`（または `application/x-www-form-urlencoded`）として送信する必要がありますが、Thunder Clientではタブを Body に切り替えたうえで、その中のForm（またはForm-encode）タブを選択すると、フィールドと値のペアを簡単に指定することができます。

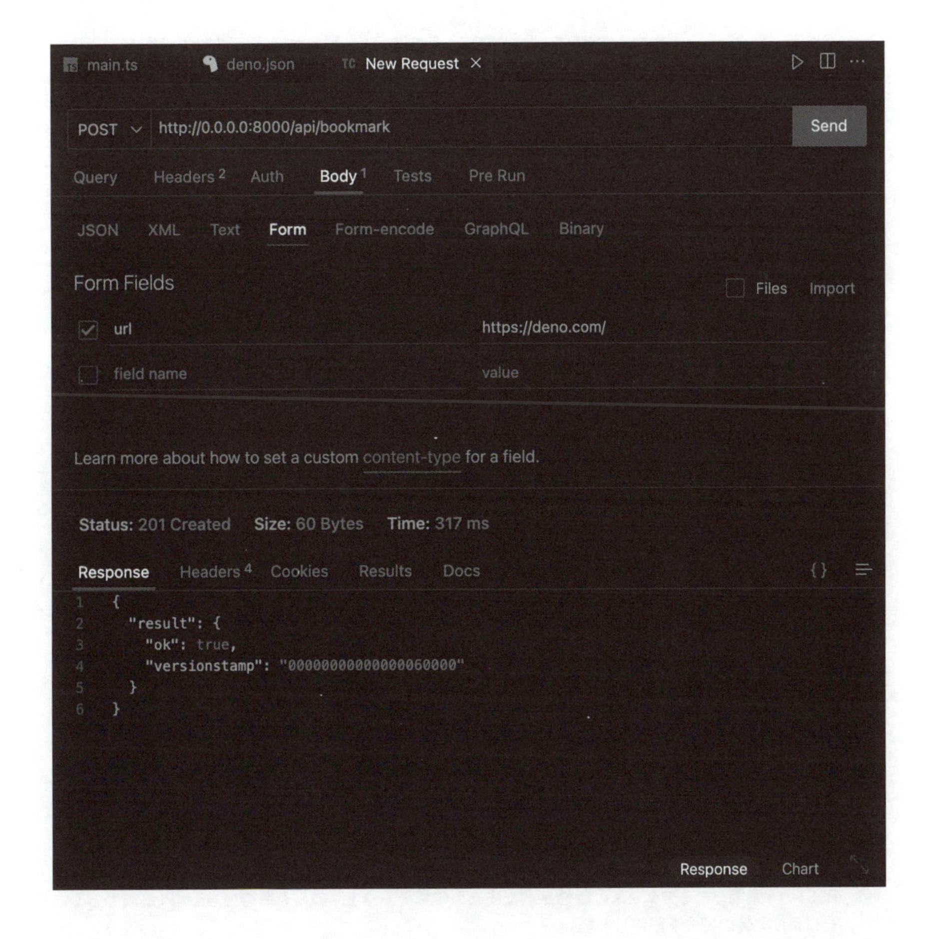

Section 09-05

GETリクエストに対しDeno KVからデータ一覧をレスポンスする

データの登録が通常1件ずつ行われるのに対し、取得はリスト形式でまとめて行われることも多いです。

このセクションのポイント

1. Deno KVではプリフィックスとしてキーを指定する
2. TypeScriptにとって不明な値の型はunknownと推論される
3. kv.list()は型引数にデータの値の型を取ることができる

データを登録するPOSTメソッド、CRUDで言うとC(create)にあたるAPIを実装したので、今度はデータを参照するR(read)にあたるGETメソッドのAPIを、同じ/api/bookmarkというURIで実装したいと思います。データの取得には1件のみと複数件同時の2つが考えられますが、今回は全件をリストのような形式で取得する実装のみ採りあげます*1。Deno KVでは list というメソッドがこれにあたり、キーの全部または一部をプリフィックス prefix というオプションで指定することで取得するデータを絞り込みます。返り値の型は AsyncIterableIterator 型をインプリメントした KvListIterator 型となっており、変数の名前も次のように bookmarkListIterator としてあります。

▼main.ts

```
48: // ...
49:
50: app.get("/api/bookmarks", async (c) => {
51:   const bookmarkListIterator = kv.list({ prefix: ["bookmark"] });
52: });
53:
54: // ...
```

AsyncIterableIterator 型は前の章でも登場しましたが、for await...文でそれぞれの要素を取り出すことができました。今回は先に配列を定義し、取り出した要素をそこに逐次追加することで配列に変換しています*2。

▼main.ts

```
48: // ...
49:
50: app.get("/api/bookmarks", async (c) => {
51:  const bookmarkListIterator = kv.list({ prefix: ["bookmark"] });
```

*1 RESTの4原則であるアクセス可能性を満たすためにはデータ1件のみを取得できるAPIが備わっているべきですが、紙面の都合により実装の紹介を割愛します。

*2 反復可能オブジェクトを配列に変換するこのような操作は収集（collect）とも呼ばれます。

```
52:   const bookmarks = [];
53:   for await (const bookmark of bookmarkListIterator) {
54:     bookmarks.push(bookmark);
55:   }
56:   return c.json({ bookmarks });
57: });
58:
59: // ...
```

ここで bookmarks の型を調べてみると、const キーワードで宣言したときには any[] となっていたのが、c.json({ bookmarks }) でレスポンスするときには Deno.KvEntry<unknown>[] となっており、配列への追加操作を経て型がある程度まで推論されたことがわかります。

```
app.get("/api/bookmarks", async (c) => {
  const bookmarkListIterator = kv.list({ prefix: ["bookmark"] });
  const bookmarks = [];
  for await (const bookmark of bookmarkListIterator) {
    bookmarks.push(  (property) bookmarks: Deno.KvEntry<unknown>[]
  }
  return c.json({ bookmarks });
});
```

Deno.KvEntry<unknown> という型について、もう少し詳しく見てみましょう。型定義の参照をたどって KvEntry というインターフェースを定義している箇所を確認すると、次のような定義になっています。

```
export interface KvEntry<T> {
  key: KvKey;
  value: T;
  versionstamp: string;
}
```

これは型引数 T を取り、value というプロパティにこの型を指定しつつ、key および versionstamp というプロパティも備えたオブジェクト型を定義していると理解できます。型引数 T が与えられていないため、value の型が unknown と推論されてしまっている（あるいは推論できないでいる）のです。

```
{
  key: KvKey; // ["bookmark", "https://deno.com/"]
  value: unknown; // { url: ""https://deno.com", title: "Deno, the next-generation
```

```
JavaScript runtime" }
  versionstamp: string; // "00000000000000010000"
}
```

先ほどPOSTメソッドでの登録APIを実装した私たちは、そのデータの型が url と title という2つの文字列型のプロパティをもつオブジェクトであることを知っています。このようなオブジェクトの型は、次のような読み取り専用のプロパティをもつインターフェースとして定義できるでしょう*3。

▼main.ts

```
01: import { Hono } from "hono";
02: import { DOMParser } from "@b-fuze/deno-dom";
03:
04: interface Bookmark {
05:   readonly url: string;
06:   readonly title: string;
07: }
08:
09: // ...
```

list メソッドの型引数として、いま定義した Bookmark 型を渡してみましょう。再度 bookmark の型推論の結果を調べてみると、unknown となっていた箇所が Bookmark に置き換わっており、期待したデータの型がついていることが確認できました。

▼main.ts

```
53: // ...
54:
55: app.get("/api/bookmarks", async (c) => {
56:   const bookmarkListIterator = kv.list<Bookmark>({ prefix: ["bookm] });
57:   const bookmarks = [];
58:   for await (const bookmark of bookmarkListIterator) {
59:     bookmarks.push(bookmark);
60:   }
61:   return c.json({ bookmarks });
62: });
63:
64: // ...
```

＊3 Readonly<T> 型でラップした型エイリアスとして定義することも考えられます。

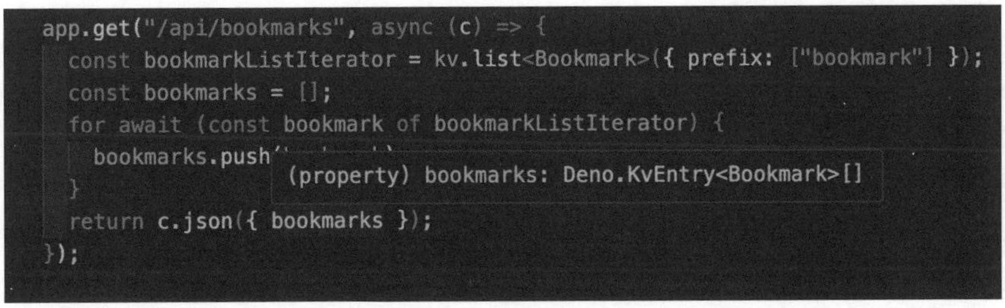

```
app.get("/api/bookmarks", async (c) => {
  const bookmarkListIterator = kv.list<Bookmark>({ prefix: ["bookmark"] });
  const bookmarks = [];
  for await (const bookmark of bookmarkListIterator) {
    bookmarks.push(bookmark)
  }                (property) bookmarks: Deno.KvEntry<Bookmark>[]
  return c.json({ bookmarks });
});
```

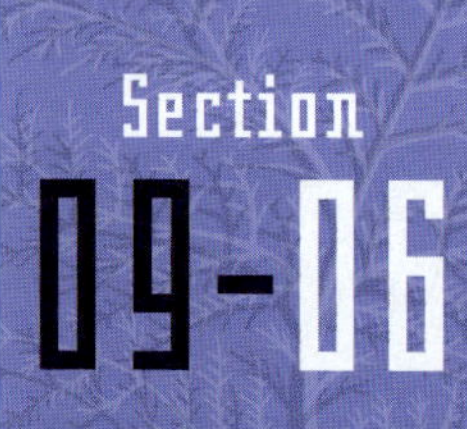

Section 09-06 符号化されてきたパスパラメーターの値を復号する

データの登録と取得ができるようになったので最低限の機能は作れましたが、そこからもう少し進んでみましょう。

このセクションのポイント

1. 配列は toReversed() メソッドで逆順に変換できる
2. RESTfulなAPIでは、すべての情報に一意にアクセスできるようパス設計されるべき
3. decodeURIComponent でパーセントエンコーディングされた文字列を復号

http://0.0.0.0:8000/api/bookmarks にGETメソッドのリクエストを送信し、レスポンスの中身を確認してみましょう。bookmarks というプロパティの中に、前の節で示したような key、value、versionstamp というプロパティをもつJSONが返却されていることがわかります。

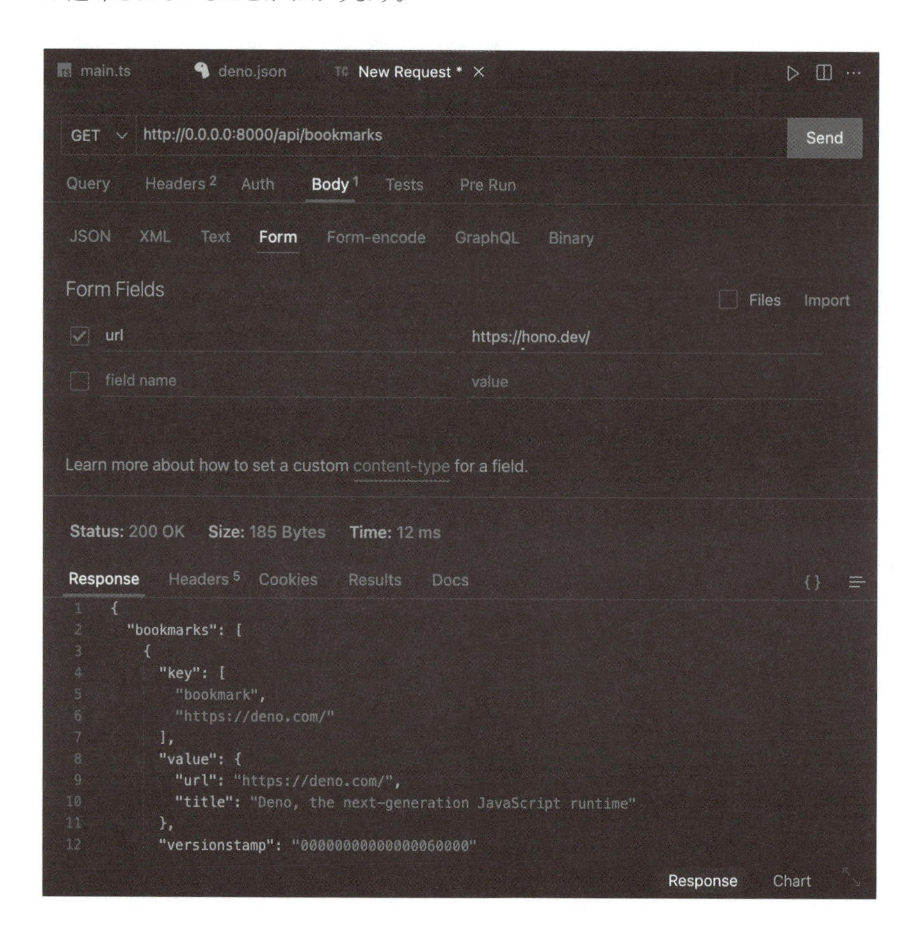

さらにデータを追加してからレスポンスを確認してみると、コレクションは登録日時の昇順、つまり直近登録したデータが最後に来る順番になっているようです。これを降順に変更したければ、次のようにコードを修正することもできるでしょう。

▼main.ts

```
53: // ...
54:
55: app.get("/api/bookmarks", async (c) => {
56:   const bookmarkListIterator = kv.list<Bookmark>({ prefix: ["bookmark"] });
57:   const bookmarks = [];
58:   for await (const bookmark of bookmarkListIterator) {
59:     bookmarks.push(bookmark);
60:   }
61:   const bookmarksReversed = bookmarks.toReversed();
62:   return c.json({ bookmarks: bookmarksReversed });
63: });
64:
65: // ...
```

RESTfulなAPIを設計するにあたっては、すべての情報に一意にアクセスできることを考慮する必要があります。CRUDにおける更新(update)および削除(delete)にそれぞれ相当するPOSTメソッドとDELETEメソッドのためのURIでは、そのための識別子(identifier)つまりIDがパスパラメーターなどに含まれるようにすべきです。今回キーとして登録したWebページのURLはそのような一意性のある識別子たりえますが、URLのパスパラメーターとしてURLを扱う都合上、一部の文字が符号化(encode)されて送信されてくることが考えられます。この節の残りではそうした点も考慮しながら、POSTメソッドおよびDELETEメソッドにあたるAPIを実装していきます。

URLのパス部分を構文解析するうえで問題となる一部の文字については、パーセントエンコーディング(percent-encoding)という方式で符号化することが標準で定められています。このような符号化は `encodeURIComponent()` という標準組み込み関数で実行でき、たとえば `https://example.com/#hoge?foo=bar` という文字列であれば、`https%3A%2F%2Fexample.com%2F%23hoge%3Ffoo%3Dbar` という文字列に符号化されます。逆に、この文字列を復合(decode)するには `decodeURIComponent()` という関数が利用できるので、実装ではパスパラメーターとして受け取ったページのURLをこの関数で変換し、その結果を用いるようにします。Honoでは `:url` という記法で指定したパスパラメーターを `c.req.param("url")` というかたちで取り出せるので、ページのURLを復号するところまでは次のように書けます。

▼main.ts

```
63: // ...
64:
65: app.put("/api/bookmarks/:url", async (c) => {
66:   const url = c.req.param("url");
67:   const decodedUrl = decodeURIComponent(url);
68: });
69:
70:  //...
```

PUTメソッドにあたるAPIは、ページタイトルが間違っていたときに上書きできる機能を想定します。POSTメソッドのときと同様にページタイトルはリクエストボディで受け取るとして、`kv.set()` を使って次のように実装できるでしょう。

▼main.ts

```
63: // ...
64:
65: app.put("/api/bookmarks/:url", async (c) => {
66:   const url = c.req.param("url");
67:   const decodedUrl = decodeURIComponent(url);
68:   const body = await c.req.parseBody<{ title: string }>();
69:   const title = body.title;
70:   const result = await kv.set(["bookmark", decodedUrl], {
71:     url: decodedUrl,
72:     title,
73:   });
74:   return c.json({ result });
75: });
76:
77:  //...
```

DELETEメソッドの場合は、`kv.delete()` を用いてそれより簡単なコードで書くことができます。

▼main.ts

```
75: // ...
76:
77: app.delete("/api/bookmarks/:url", async (c) => {
78:   const url = c.req.param("url");
79:   const decodedUrl = decodeURIComponent(url);
80:   const result = await kv.delete(["bookmark", decodedUrl]);
81:   return c.json({ result });
82: });
83:
84: // ...
```

PUTメソッドやDELETEメソッドのリクエストを送信して、成功レスポンスが返ってくるか確認してみましょう。

Section 09-07

Deno Deployでサービスをデプロイする

Webサービスは Webに公開してはじめて一般に利用可能になりますが、Denoはそれも簡単にできる仕組みを持っています。

このセクションのポイント

1. デプロイとはアプリケーションやサービスのリソースをサーバー上に配置すること
2. deployctl でコマンドラインからデプロイできるようになる
3. deno deploy でWebサービスがデプロイされ、インターネットに公開される

せっかく作ったAPIでも、Webに公開されていなければインターネット経由で利用できません。本章の締めくくりとして、いま作ったWeb APIをデプロイ(deploy)してインターネットに公開したいと思います。古典的には、デプロイとはアプリケーションやサービスのリソース(resource)をサーバー上に配置することで、仮想サーバーを使った環境についてもリソースをアップロードして稼働させることを指します。Denoはこのようなデプロイ手続きを自動化してWebサービスのホスティング(hosting)まで行うDeno Deployというプラットフォームとも統合されていて、個人利用かつ本書の利用範囲内であれば無償で利用することができます。

Deno Deployによるデプロイにはいくつか方法がありますが、今回はコマンドラインツールdeployctlを用いた方法を紹介します。これを使うことで、ターミナルからローカル環境で開発しているサービスを直接デプロイすることができます。ターミナルで次のコマンドを実行してdeployctlをグローバルインストールしましょう。ここで `-gArf` フラグのうち `-g` がグローバルインストールを表し、deno.jsonのパッケージ管理に加えないかわりに他のどのプロジェクトでも利用できるようになります。

```
% deno install -gArf jsr:@deno/deployctl
```

deployctlがインストールできたら、デプロイするにはターミナルで `deployctl deploy` コマンドを実行するだけです。GitHubによる認証ののち、自動的に振り出されたプロジェクト名をもとに一意なURLが割り当てられ、サービスがインターネットに公開されます。

```
% deployctl deploy
i Using config file '/Users/nishiyama/workspace/deno-hono-demo/deno.json'
⚠ No project name or ID provided with either the --project arg or a config file.
i Provisioning a new access token...
```

```
i Authorization URL: https://dash.deno.com/signin/cli?claim_challenge=[...]
✓ Token obtained successfully
✓ Guessed project name 'deno-hono-demo-72'.
  i You can always change the project name with 'deployctl projects rename new-name' or
in https://dash.deno.com/projects/deno-hono-demo-72/settings
⚠ No entrypoint provided with either the --entrypoint arg or a config file. I've
guessed 'main.ts' for you.
  i Is this wrong? Please let us know in https://github.com/denoland/deployctl/issues/
new
✓ Deploying to project deno-hono-demo-72.
  i The project does not have a deployment yet. Automatically pushing initial deployment
to production (use --prod for further updates).
✓ Entrypoint: /Users/nishiyama/workspace/deno-hono-demo/main.ts
i Uploading all files from the current dir (/Users/nishiyama/workspace/deno-hono-demo)
✓ Found 5 assets.
✓ Uploaded 5 new assets.
✓ Production deployment complete.
✓ Updated config file '/Users/nishiyama/workspace/deno-hono-demo/deno.json'.

View at:
 - https://deno-hono-demo-72.deno.dev
 - https://deno-hono-demo-72-tha7736z2xyt.deno.dev
%
```

Web APIが期待どおりデプロイされていれば、割り当てられたURLにブラウザーでアクセスすると、サンプルコードで実装されていた{"messages": "Hello Hono!"}のJSONレスポンスが表示されるはずです。またAPIクライアントのリクエスト先をローカルホストから変更してGETメソッドやPOSTメソッドのリクエストを送信すると、新しい環境でもDeno KVがデータベースとして機能することが確認できます。

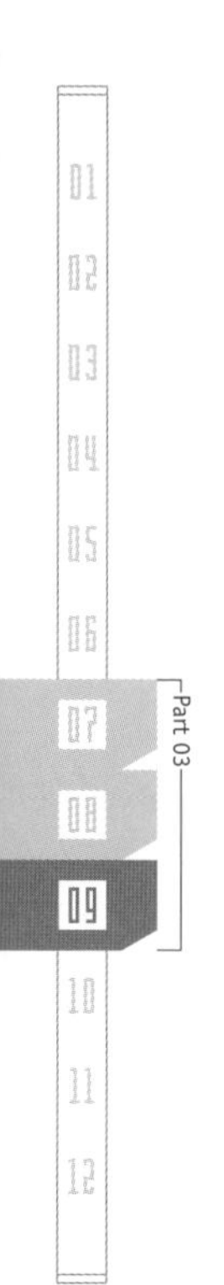

POST https://deno-hono-demo-72.deno.dev/api/bookmarks

Form Fields: url https://deno.com/

Status: 201 Created Size: 60 Bytes Time: 671 ms

```
{
  "result": {
    "ok": true,
    "versionstamp": "0100000000200b200000"
  }
}
```

最後に、こうした環境を含むDenoのリモートプロジェクトをAccount Overviewページで管理するひとつの例を見ておきます。

Account Overviewページ - Denoのリモートプロジェクト
https://dash.deno.com/account/overview

デプロイしたプロジェクトについては、プロジェクト単位の短いURLが割り当てられるのとは別に、デプロイするごとに新しいURLが振り出されます。ソースコードを修正して新たにデプロイした場合、Deno Deployではその環境を自動的に提供せず、以前の環境をそのまま提供しつづけるようです。これを新たにデプロイされた環境に置き換えたい場合は、開発者がプロモート（promote）という操作を行うことで、プロジェクトとしてのURLがその環境を参照するように変更することができます。

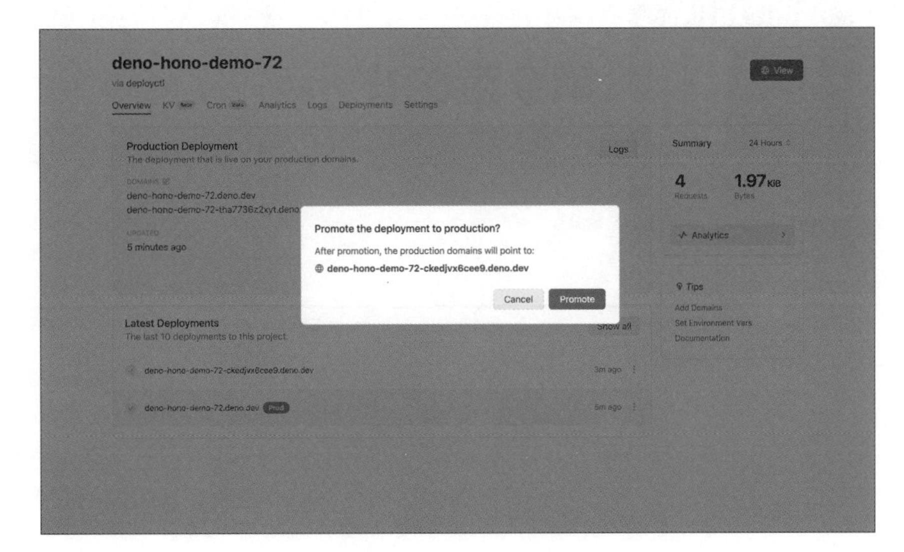
deno-hono-demo-72
via deployctl
Overview
KV
Cron
Analytics
Logs
Deployments
Settings
View
Production Deployment
The deployment that is live on your production domains.
Logs
deno-hono-demo-72.deno.dev
5 minutes ago
Promote the deployment to production?
After promotion, the production domains will point to:
deno-hono-demo-72-ckedjvx6cee9.deno.dev
Cancel
Promote
Summary
24 Hours
4
1.97 KiB
Requests
Bytes
Analytics
Tips
Add Domains
Set Environment Vars
Documentation
Latest Deployments
The last 10 deployments to this project.
Show all
deno-hono-demo-72-ckedjvx6cee9.deno.dev
3m ago
deno-hono-demo-72.deno.dev
Prod
5m ago

第9章のまとめ

この章では、Webページの情報を登録したり、それらの一覧を取得したりするWeb APIを作りました。一定の形式でリクエストを送信すると、サーバー側で処理が実行されて結果がJSONフォーマットでレスポンスされるというものです。メソッドやパスごとのロジックを実装するのには、HonoというWebフレームワークを使いました。URLの仕様の理解に基づいた文字列処理が必要なクエリパラメーターなどの扱いを、Honoでは簡単に行うことができました。

Webページからページタイトルを取り出すためには、まず `fetch` 関数でHTMLドキュメントを取得しました。それからDOMツリーにパースして、それを操作することでtitle要素の中身を取り出しました。こうしたデータを登録するデータベースには、Denoに標準で組み込まれているDeno KVを利用しました。Deno KVでは `set` や `list` などの操作を用いて、データを登録・参照することができるのでした。

RESTfulなAPIを実装するにあたり、統一インターフェースやアドレス可能性についても考慮しつつCRUDの各操作にあたるメソッドおよびパスを設計しました。POSTメソッドについては、リクエストボディにページURLを入れ、サーバー側でページURLをキーとして登録する実装としました。GETメソッドではキーの一部までを指定すると、そのキーを含むデータが一覧として取得できました。その際、バリューの型をコンパイラーは知らないが開発者は知っているので、型引数に渡して指定することもできました。

開発したWeb APIは、Deno Deployを用いて簡単にインターネットに公開することができました。`deployctl deploy` コマンドを実行することで、ローカル環境で開発しているリソースのデプロイが行われました。公開されたWeb APIは、他のサービスから呼び出して利用することができます。メッセージングアプリのWebhookに連携したり、その他のページ情報を登録できるよう追加実装したりしてみてください。

Part 04 Node.jsでWebアプリケーション開発

Vite と Vue で シングルアプリケーションを作る

Node.js をランタイムに用い、Vite と Vue.js という組み合わせで、国や地域のデータを検索できるアプリケーションを開発します。フロントエンドフレームワークについて理解し、コンポーネントを組み合わせる発想を学びます。フォームの入力内容をもとに Web API をフェッチしてデータを取得し、画面に表示するという一連の実装を行います。

紹介する開発環境

- Node.js
- Vite
- Vue.js

Contents

Section
10-01 Node.jsのインストール

現在ではBunやDenoといった選択肢もありますが、かつてはJavaScriptによるサーバーサイドプログラミングといえばNode.jsにおける開発を意味しました。

このセクションのポイント

1. プロダクション利用においてはNode.jsのシェアが圧倒的
2. TypeScriptの正式サポートという点ではNode.jsは後発
3. パッケージ管理システムnpmも一緒にインストールされる

ここまでBunとDenoを使ったTypeScriptプログラミングについて解説してきました。これらのランタイムはTypeScriptのサポートや先進的な機能という点で今後数年間のうちにシェアを広げる見込みがありますが、10年来の実績があるNode.jsがプロダクション利用におけるランタイムとしては圧倒的です。この章ではWeb開発のためのビルドツールであるViteを使って、Node.jsにおけるTypeScript開発環境がどのように構成されているかを見ます。そしてフロントエンドフレームワークVueを使った簡単なWebアプリを作成します。

JavaScriptのサーバーサイド実行環境として2009年に発表されたNode.jsは、2024年現在のところTypeScriptをデフォルトでサポートしていません*1。しかしながらTypeScriptの開発もNode.jsおよびnpmによる開発の歴史に連なるものであり、既存のJavaScriptプロジェクトにマニュアルでTypeScript開発環境を構築する方法も存在します。本パートでははじめからTypeScriptで開発することを想定し、各種ツールが提供しているテンプレートを利用します。こうすることで、Node.jsでのTypeScript開発においてひとつの壁となっている環境構築の難しさを回避することができます。

*1 バージョン22.7.0から実験的にTypeScriptコード実行のサポートが入っていましたが、本書の執筆中にバージョン23.6.0でデフォルトでのサポートに至りを、特別な設定なしでコードを実行できるようになりました。

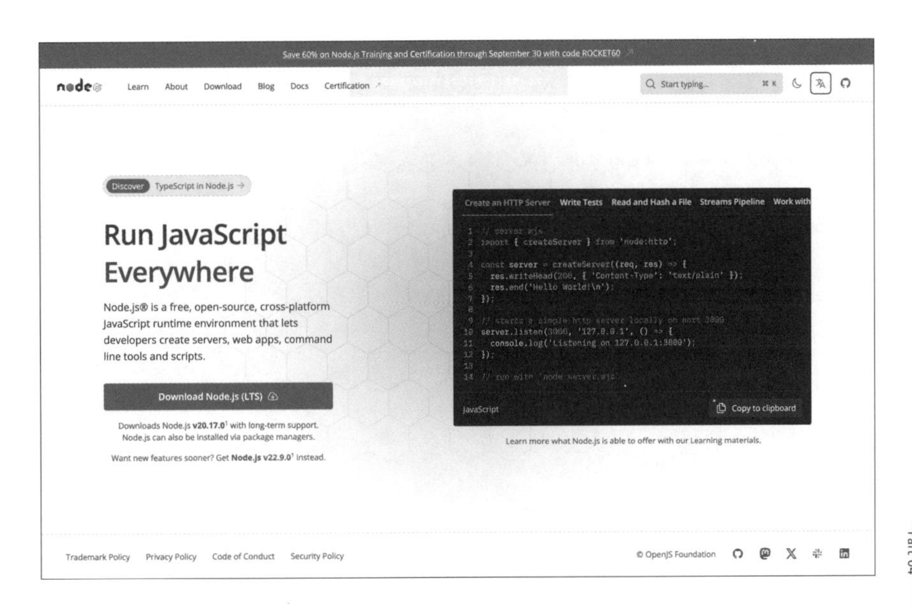

Node.jsのインストールにはいくつかの方法がありますが、ここでは最も簡単なパッケージ版のインストールを紹介します。

Node.js
https://nodejs.org/

トップページで「Download Node.js (LTS)」ボタンをクリックすると、LTS(long-term support)バージョンのNode.jsインストール用パッケージファイル(Windowsでは実行ファイル)がダウンロードされます。ファイルを開き、画面の指示にしたがってインストールを完了してください。ターミナルでNode.jsのバージョンを確認するコマンドに結果が返ってくるならば、インストールは成功しています。

```
% node -v
v20.17.0
%
```

Node.jsをインストールすると、パッケージ管理システムであるnpmもいっしょにインストールされます。通常はプロジェクトの中でパッケージを管理するのに利用されますが、CLIライブラリをグローバルインストールしてコマンドツールとして使うこともできます。ためしに `cowsay` というプログラムを `-g` フラグつきでインストールしてみましょう。もし気に入らなければ、後に示すコマンドで削除してしまって構いません。

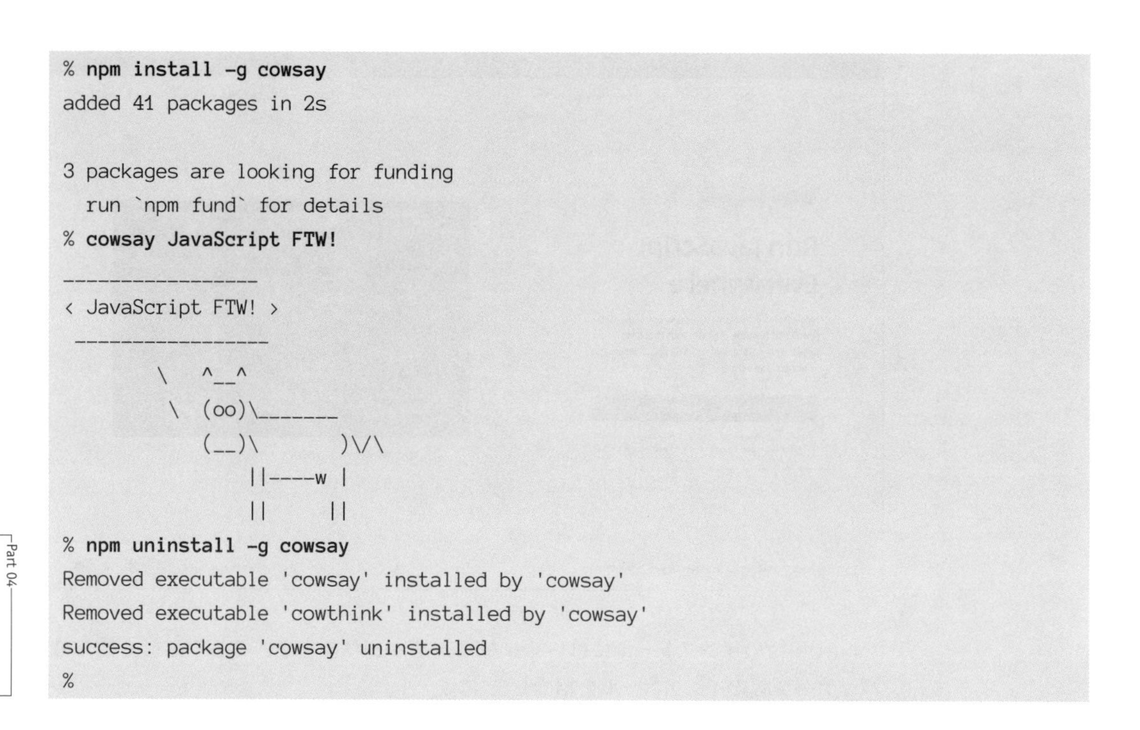

```
% npm install -g cowsay
added 41 packages in 2s

3 packages are looking for funding
  run `npm fund` for details
% cowsay JavaScript FTW!
_________________
< JavaScript FTW! >
 -----------------
        \   ^__^
         \  (oo)\_______
            (__)\       )\/\
                ||----w |
                ||     ||
% npm uninstall -g cowsay
Removed executable 'cowsay' installed by 'cowsay'
Removed executable 'cowthink' installed by 'cowsay'
success: package 'cowsay' uninstalled
%
```

Section

10-02 ViteのテンプレートでVueプロジェクトを生成する

ブラウザー内でコードが実行される代わりに開発サーバーで処理を行い、素早いWeb開発体験を可能とするツールがViteです。

このセクションのポイント

1 Viteを使うとVueとTypeScriptのプロジェクトを新規作成できる
2 `npm create vite@latest` でViteプロジェクトを作成
3 package.jsonはNode.jsにおける依存モジュールの定義ファイル

この章ではプロジェクトの生成にViteとそのテンプレートのプリセットを利用します。Viteは公式ドキュメントによれば、Web開発に「より速く無駄のない開発体験を提供することを目的としたビルドツール」です。開発サーバー（development server、dev server）を同梱していることで、ファイル保存と同時に更新内容をプレビューできるHMR（hot module replacement）などのモダンな開発環境が実現されます。これらの役割を歴史的に多く担ってきたwebpackおよびそれらのツールチェインが開発を終了するのに伴い、ViteがWebにおける開発基盤のデファクトスタンダードとなりつつあります*1。

Viteでプロジェクトを生成するには、ターミナルで次のコマンドを実行します。フレームワークおよびTypeScriptを使用するかどうかを対話的に求められるので、それぞれVue、TypeScriptを選択していきます。

```
% npm create vite@latest nodemonde
```

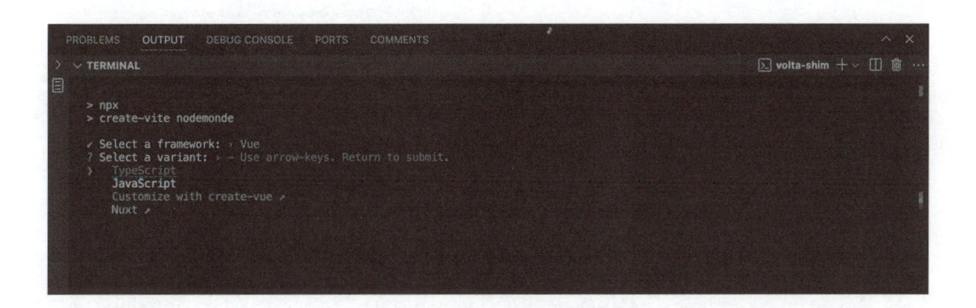

新しいVS Codeウィンドウで生成されたプロジェクトを開き、npmのインストールコマンド `npm install` を実行します。その後、`npm run dev` を実行すると、開発サーバーが立ち上がって http://localhost:5173/ でページが閲覧できるようになります。

*1 Reactのツールチェインであるcreate-react-appが開発を終了したことと、SvelteやRemixなどVue以外の（メタ）フレームワークが相次いでViteをデフォルトでサポートしていることが、その根拠として挙げられるでしょう。

```
% npm install

added 48 packages, and audited 49 packages in 15s

5 packages are looking for funding
  run `npm fund` for details

found 0 vulnerabilities
% npm run dev

> recipe@0.0.0 dev
> vite


  VITE v5.4.7  ready in 294 ms

  →  Local:   http://localhost:5173/
  →  Network: use --host to expose
  →  press h + enter to show help
```

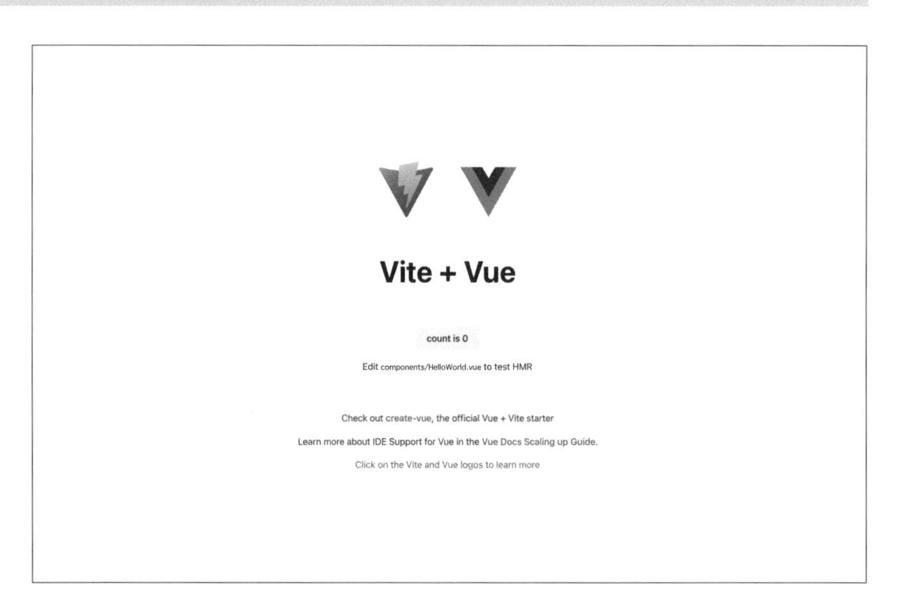

ここでNode.jsのTypeScriptプロジェクトに特徴的なファイル構成について確認しておきましょう。まずpackage.jsonはNode.jsプロジェクトの依存モジュールを定義する最も重要なファイルです。中を見ると、プロジェクトの名称やスクリプト実行用コマンドなどのほか、モジュール依存するnpmパッケージを指定する dependencies や devDependencies などのプロパティが確認できます。今回の場合、ビルド成果物でも利用される vue パッケージのみが dependencies

に、それ以外の vite やVueのTypeScript環境を構成するパッケージ群は開発環境でのみ利用されるので devDependencies に入っています。

▼package.json

```
01: {
02:   "name": "recipe",
03:   "private": true,
04:   "version": "0.0.0",
05:   "type": "module",
06:   "scripts": {
07:     "dev": "vite",
08:     "build": "vue-tsc -b && vite build",
09:     "preview": "vite preview"
10:   },
11:   "dependencies": {
12:     "vue": "^3.4.37"
13:   },
14:   "devDependencies": {
15:     "@vitejs/plugin-vue": "^5.1.2",
16:     "typescript": "^5.5.3",
17:     "vite": "^5.4.1",
18:     "vue-tsc": "^2.0.29"
19:   }
20: }
21:
```

npm intall 時に生成されたpackage-lock.jsonはこれらパッケージのモジュール依存関係の解決を記録したもので、ほかの実行環境で開発環境を再現するためにnpmによって利用される一方、開発者が直接編集することはありません。tsconfig.jsonはTypeScriptのコンパイル先や文法のオプションを指定する設定ファイルで、Viteの場合は複数のファイルで構成されています。vite.config.tsはViteの設定ファイルで、Vue用のプラグインを利用するよう記述されています。index.htmlがHTMLドキュメントとなるページ本体ですが、その中ではscriptタグでsrcディレクトリ内のmain.tsというTypeScriptファイルがスクリプトとして読み込まれるよう記述されています。

Section 10-03

Vueの基本的なコンセプトについて

Vueはフロントエンドフレームワークを代表するもののひとつで、テンプレート構文やリアクティビティといった特徴を備えています。

このセクションのポイント

1 VueはHTMLベースのテンプレート構文を採用している
2 変数の読み書きを追跡する仕組みによりリアクティビティが実現される
3 単一ファイルコンポーネントとして処理が単一ファイルにまとめられる

本章および次の章ではVueを利用してWebアプリケーションのフロントエンドを実装します。Vueは「ユーザーインターフェースの構築のためのJavaScriptフレームワーク」を称しており、宣言的でコンポーネントベースのプログラミングモデルを提供します。名称はフランス語に由来するもので「ビュー」と読み、MVC (model-view-controller) アーキテクチャにおけるビュー (view) を意識したものになっています。次の節からコードの実装に入る前に、本説で述べるような構造がわかりやすくなるようにVue公式のVS Code拡張機能をインストールしておきましょう。

Vue - Official - Visual Studio Marketplace
https://marketplace.visualstudio.com/items?itemName=Vue.volar

VueはHTMLベースのテンプレート構文を採用しています。これはマスタッシュ (mustache) と呼ばれる二重中括弧で囲まれたプロパティをHTML中に記述すると、コンパイル時にデータがバインディング (binding) されて実際の値に置き換えられるというものです。

```
01: <span>Message: {{ msg }}</span>
```

また、ディレクティブ (directive) と呼ばれる、基本的に v- ではじまる特別な属性を用いることで、条件に基づく表示やイベントリスナーの追加などを可能とします。

```
01: <p v-if="seen">Now you see me</p>
```

テンプレートというアプローチそのものは古くから存在しており、Vue以後に現れたフレームワークでもSvelteなどが採用しています。

テンプレートに使われるプロパティは値が変化してもそのままでは反映されません、というのもJavaScriptには変数の読み書きを追跡する仕組みがないからです。

そこでVueをはじめとするフレームワークは、プログラムの状態を購読(subscribe)し、その依存関係が変化すると副作用(side effect)を発して値を更新する、リアクティビティ(reactivity)という機構を備えています*1。Vueでは`ref()`というリアクティブなオブジェクトに値を格納しておくと、その値が変更されるたびに、算出可能プロパティ(computed property)と呼ばれる`computed()`という関数で指定した式を再評価できます。同様の仕組みはシグナル(signal)と呼ばれ、こちらも多くのフレームワークが採用しています。

```
01: import { ref, computed } from 'vue';
02:
03: const A0 = ref(0);
04: const A1 = ref(1);
05: const A2 = computed(() => A0.value + A1.value);
06:
07: A0.value = 2 // ビューにおけるA2の値に反映される
```

Vueではまた、インターフェースを構成するコンポーネントの構築に単一ファイルコンポーネント(single file component: SFC)というアプローチを取っています。従来のWebアプリケーション開発では、HTMLはテンプレートファイルに、スタイルはCSSファイルに、そしてロジックはスクリプトファイルにと、ファイルタイプでコードを分割していました。これらをコンポーネント単位でひとつのファイルにカプセル化し、疎結合なコンポーネント同士でインターフェースを構成しようというのが狙いです。TypeScript、HTML、そしてCSS(あるいはそれらに準じた言語)をひとつのファイル中で記述するという手法は、現代のフロントエンド開発ではかなり一般的になりました。

```
01: <script setup>
02: import { ref } from 'vue';
03: const greeting = ref('Hello World!');
04: </script>
05:
06: <template>
07:   <p class="greeting">{{ greeting }}</p>
08: </template>
09:
10: <style>
11: .greeting {
12:   color: red;
13:   font-weight: bold;
14: }
15: </style>
```

*1 リアクティビティの考え方については、Svelteの開発者であるRich Harrisによる素晴らしいプレゼンテーションが参考になります。https://www.youtube.com/watch?v=AdNJ3fydeao

Section

10-04 コンポーネントの基礎

フロントエンド開発では、画面の構成単位となるコンポーネントを組み合わせることでアプリケーションを構築するという視点が重要視されます。

このセクションのポイント

1 App.vueがアプリケーション本体、それ以外はコンポーネント
2 コンポーネント間のデータの受け渡しはpropsによって行う
3 <script> 内でスクリプトを、<template> 内でHTMLテンプレートを記述

Webアプリケーションのフロントエンド開発においては、コンポーネント単位でのインターフェース構築が要となります。とはいえコンポーネントを組み合わせてデータを表示するにあたっては、元となるデータの加工やコンポーネント間での受け渡しも考慮しなければなりません。この章の残りではVueを使った単純なシングルページアプリケーション（single page application: SPA）の実装を通して、その基礎的なコンセプトを見ていきたいと思います。題材としてはREST Countriesという無料のWeb APIを利用して国・地域の情報を取得し、ブラウザー上で検索・表示ができるものとします。

REST Countries
https://restcountries.com/

プロジェクトの生成時に作成されたファイルを再び見てみると、srcディレクトリにはApp.vue、その下のcomponentsディレクトリにはCounter.vueという2つの.vue形式のファイルが存在することがわかります。App.vueがアプリケーションそのものとして機能するプログラムで、Counter.vueはその一部を構成するコンポーネントです。それぞれのファイルからデモ用のコードを削除し、本質的な要素を残すと次のようになるでしょう[*1]。

▼src/App.vue

```
01: <script setup lang="ts">
02: import HelloWorld from "./components/HelloWorld.vue";
03: </script>
04:
05: <template>
06:   <HelloWorld msg="Vite + Vue" />
07: </template>
```

＊1　自動生成されたコードには各文の末尾にセミコロンがついていませんが、VS CodeでESLintの設定を特にしていなければ保存時にセミコロンが自動的に付与されるかと思います。これはViteおよびVueの開発者とESLintのデフォルト設定それぞれが採用するESLintルールsemiの設定の違いによるもので、本書では後者に合わせてセミコロンありのコードを採用しています。

```
08:
09: <style scoped></style>
10:
```

▼src/components/HelloWorld.vue

```
01: <script setup lang="ts">
02: import { ref } from 'vue';
03:
04: defineProps<{ msg: string }>();
05:
06: const count = ref(0);
07: </script>
08:
09: <template>
10:   <h1>{{ msg }}</h1>
11:
12:   <div class="card">
13:     <button type="button" @click="count++">count is {{ count }}</button>
14:   </div>
15: </template>
16:
17: <style scoped></style>
18:
```

App.vueでは `<script>` ブロックでHelloWorldコンポーネントがインポートされ、`<template>` ブロックで `<HelloWorld msg="Vite + Vue" />` という記法で呼び出されています。ここで `msg="Vite + Vue"` という形式で値が渡されているプロパティはprops(プロップス)とも呼ばれ*2、コンポーネント内で利用することができます。ひるがえってHelloWorld.vueのコードを見てみると、このpropsを定義しているのが `defineProps()` という関数で 、string型の `msg` を型で宣言しています。propsは通常の変数と同様、`props.msg` あるいは `msg` として、`<script>` および `<template>` ブロックで参照することができます。

HelloWorldコンポーネントには、ボタンをクリックすると数値が加算されるカウンターがすでに実装されています。これはrefオブジェクトとして宣言された `count` が、button要素のクリックイベント `@click` でインクリメント(1を加算) `count++` され、リアクティブに表示・更新されるというものです。一般的には、こうしたイベントには関数として名前をつけたものを呼び出せるのが便利でしょう。`<script>` ブロックに `increment()` 関数を実装し、`@click` イベントで呼び出すよう書き直したものが以下のコードです。

*2 propsはもともとproperty(プロパティ)の略語だったと考えられますが、コンポーネント設計の文脈で両者は明確に区別して用いられているようです。日本語における定訳がないと見え、テキストではそのままpropsと記述されることが多いことから、本書でもそのままpropsと記載することにしました。

▼src/components/HelloWorld.vue

```
01: <script setup lang="ts">
02: import { ref } from "vue";
03:
04: defineProps<{ msg: string }>();
05:
06: const count = ref(0);
07:
08: function increment() {
09:   count.value++;
10: }
11: </script>
12:
13: <template>
14:   <h1>{{ msg }}</h1>
15:
16:   <div class="card">
17:     <button type="button" @click="increment">count is {{ count }}</button>
18:   </div>
19: </template>
20:
21: <style scoped></style>
22:
```

コラム

React と Svelte

Reactはフェイスブックが2013年にオープンソース化した、2024年現在もっとも使用されていると見なされているフロントエンドライブラリです。フロントエンドフレームワークとして肥大化しつつあったAngularJS（のちAngularに名称変更）に対し、最小限の構成や仮想DOMによる効率的なレンダリングなどが支持され、2010年台後半にかけてVue.jsとともにシェアを伸ばしました。JSXと呼ばれるJavaScriptの拡張言語でマークアップすることが特徴的で、フック（hooks）と呼ばれる機能の導入などを経て宣言的UIの開発体験を向上しました。React Routerなどのライブラリとあわせることでシングルページアプリケーションの構築が可能となるため、正確にはフレームワークではないと言われることもあります。

SvelteはReactやVueのあとに現れたフロントエンドフレームワークで、Vueの単一ファイルコンポーネントに近い形式でコンポーネントを記述します。仮想DOMを使用せず、コンポーネントをJavaScriptに変換するコンパイラーとして機能することで、オーバーヘッドを最小化して動作を最適化したとしています。当初はドル記号 $ に代表されるきわめて簡潔なリアクティビティのための記法を有していましたが、バージョン5におけるルーン（runes）の導入によってスクリプトの記述はVueやReactに似通ってきています。本書では比較的親しみやすい構文を持ち、かつ開発手法や機能面においてバージョン3以降一貫性のあるVueをフレームワークに採用しました。

Section
10-05 Web APIをフェッチしてデータを表示する

外部から取得したデータは通常オブジェクト形式になっているので、そこから必要な情報を取り出して加工する処理が必要です。

このセクションのポイント

1. ref() に入れたデータはリアクティブになる
2. @click ディレクティブでクリックイベントを実装
3. v-for ディレクティブで配列の数だけ要素を展開

それではコードを書き換えて、Web APIからデータを取得するとともに、それを加工して表示できるようにしたいと思います。Web APIはREST Countriesのうち、国・地域の名前を検索してその情報を返却するものを利用します。https://restcountries.com/v3.1/name/{名称} というエンドポイントにGETメソッドでリクエストすることで、名称に部分一致する国・地域の情報がJSON形式でレスポンスされます。ブラウザーのアドレスバーに直接入力してアクセスすることでも、その内容が確認できます。

プリティプリント ☑


```
[
 {
  "name": {
   "common": "Japan",
   "official": "Japan",
   "nativeName": {
    "jpn": {
     "official": "日本",
     "common": "日本"
    }
   }
  },
  "tld": [
   ".jp",
   ".みんな"
  ],
  "cca2": "JP",
  "ccn3": "392",
  "cca3": "JPN",
  "cioc": "JPN",
  "independent": true,
  "status": "officially-assigned",
  "unMember": true,
```


アプリケーションがしなければいけないことを分解すると、ひとつはデータをフェッチ（fetch）することで、これにはブラウザー組み込みのFetch APIを利用します。もうひとつはフェッチしたデータを適当な記憶領域に格納し、参照したり加工したりできるようにすることです。Vueではリアクティブオブジェクトを ref() で生成し、その内部値 value として値を代入することで、リアクティブなかたちでこの処理を実現します。両者を行う関数を fetchCountries と命名し、データを countries に格納するには、<script> ブロックでの処理は次のようになります*1。

▼src/App.vue

```
01: <script setup lang="ts">
02:   import { ref } from "vue";
03:
04:   const countries = ref();
05:
06:   async function fetchCountries() {
07:     const response = await fetch("https://restcountries.com/v3.1/name/japan");
08:     const data = await response.json();
09:     countries.value = data;
10:   }
11: </script>
12:
13: // ...
```

今度は <template> ブロックからこの関数を呼び出すとともに、取得したデータを表示してみましょう。ボタンの @click イベントの中身を fetchCountries に置き換えて、クリックするとデータの取得と格納が行われるようにします。テンプレート構文の中でプロパティをテキスト展開するには、{{ countries }} という構文を用いるのでした。<template> ブロックのコードと、ボタンを押したあとの画面は次のようになるでしょう。

▼src/App.vue

```
11: // ...
12:
13: <template>
14:   <h1>Country Info</h1>
15:
16:   <button @click="fetchCountries">Fetch</button>
17:
18:   <div>{{ countries }}</div>
19: </template>
20:
21: // ...
```

*1 countries のインターフェースを定義して型に厳密に扱うこともできますが、紙面の都合上割愛しました。本節最後のプロパティをテキスト展開する箇所で値が正しく表示されることをページ上で確認してから、次の節に進むとよいでしょう。

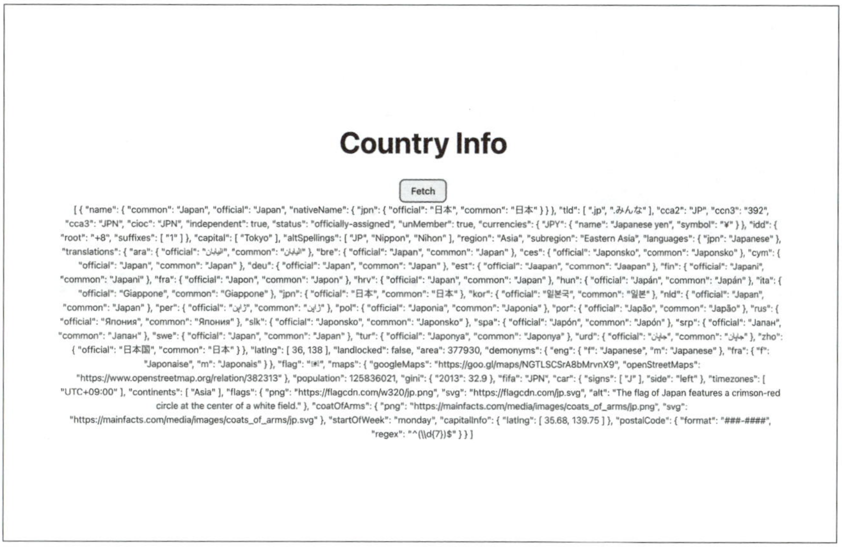

Country Info

Fetch

[{ "name": { "common": "Japan", "official": "Japan", "nativeName": { "jpn": { "official": "日本", "common": "日本" } } }, "tld": [".jp", ".みんな"], "cca2": "JP", "ccn3": "392", "cca3": "JPN", "cioc": "JPN", "independent": true, "status": "officially-assigned", "unMember": true, "currencies": { "JPY": { "name": "Japanese yen", "symbol": "¥" } }, "idd": { "root": "+8", "suffixes": ["1"] }, "capital": ["Tokyo"], "altSpellings": ["JP", "Nippon", "Nihon"], "region": "Asia", "subregion": "Eastern Asia", "languages": { "jpn": "Japanese" }, "translations": { "ara": { "official": "اليابان", "common": "اليابان" }, "bre": { "official": "Japan", "common": "Japan" }, "ces": { "official": "Japonsko", "common": "Japonsko" }, "cym": { "official": "Japan", "common": "Japan" }, "deu": { "official": "Japan", "common": "Japan" }, "est": { "official": "Jaapan", "common": "Jaapan" }, "fin": { "official": "Japani", "common": "Japani" }, "fra": { "official": "Japon", "common": "Japon" }, "hrv": { "official": "Japan", "common": "Japan" }, "hun": { "official": "Japán", "common": "Japán" }, "ita": { "official": "Giappone", "common": "Giappone" }, "jpn": { "official": "日本", "common": "日本" }, "kor": { "official": "일본국", "common": "일본" }, "nld": { "official": "Japan", "common": "Japan" }, "per": { "official": "ژاپن", "common": "ژاپن" }, "pol": { "official": "Japonia", "common": "Japonia" }, "por": { "official": "Japão", "common": "Japão" }, "rus": { "official": "Япония", "common": "Япония" }, "slk": { "official": "Japonsko", "common": "Japonsko" }, "spa": { "official": "Japón", "common": "Japón" }, "srp": { "official": "Јапан", "common": "Јапан" }, "swe": { "official": "Japan", "common": "Japan" }, "tur": { "official": "Japonya", "common": "Japonya" }, "urd": { "official": "جاپان", "common": "جاپان" }, "zho": { "official": "日本国", "common": "日本" } }, "latlng": [36, 138], "landlocked": false, "area": 377930, "demonyms": { "eng": { "f": "Japanese", "m": "Japanese" }, "fra": { "f": "Japonaise", "m": "Japonais" } }, "flag": "🇯🇵", "maps": { "googleMaps": "https://goo.gl/maps/NGTLSCSrA8bMrvnX9", "openStreetMaps": "https://www.openstreetmap.org/relation/382313" }, "population": 125836021, "gini": { "2013": 32.9 }, "fifa": "JPN", "car": { "signs": ["J"], "side": "left" }, "timezones": ["UTC+09:00"], "continents": ["Asia"], "flags": { "png": "https://flagcdn.com/w320/jp.png", "svg": "https://flagcdn.com/jp.svg", "alt": "The flag of Japan features a crimson-red circle at the center of a white field." }, "coatOfArms": { "png": "https://mainfacts.com/media/images/coats_of_arms/jp.png", "svg": "https://mainfacts.com/media/images/coats_of_arms/jp.svg" }, "startOfWeek": "monday", "capitalInfo": { "latlng": [35.68, 139.75] }, "postalCode": { "format": "###-####", "regex": "^(\\d{7})$" } }]

いま表示されているようなデータのかたまりの中から、ユーザーに必要な情報を抽出し、適切なかたちで提示することがフロントエンドの役目のひとつです。今回はこの中から `name.common`、`flags.png` および `tld` にあたる情報をカードにして表示することを目指します。データはオブジェクトを要素とする配列になっているので、`v-for` ディレクティブを用いて要素 `country` の数だけ描画します。適切なHTMLタグでのマークアップはのちほど行うとして、ひとまずdivタグの中でプロパティごとの値を展開します。

▼src/App.vue

```
11: // ...
12:
13: <template>
14:   <button type="button" @click="fetchCountries">Fetch</button>
15:   <article v-for="country in countries">
16:     <div>{{ country.name.common }}</div>
17:     <div>{{ country.flags.png }}</div>
18:     <div>{{ country.tld }}</div>
19:   </article>
20: </template>
21:
22: // ...
```

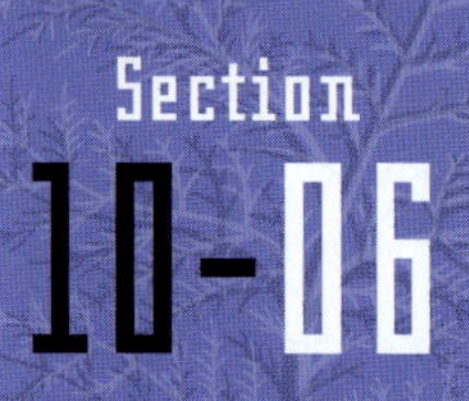

コンポーネントを作成して呼び出す

データは必要な分だけpropsとしてコンポーネントに渡され、そこで画面の要素として描画するのに使われます。

このセクションのポイント

1 defineProps( ) で受け取るpropsを定義
2 動的なpropsではコロンをつけて値をバインド
3 <style> ブロックにスタイルを指定するCSSを記述

先ほど取り急ぎ画面に表示したデータの各情報を、今度はカードの形にととのえて描画したいと思います。その際、インターフェースを構成する単位として取り扱いやすいように、Cardという名前のコンポーネントとして作成・利用することにします。componentsディレクトリの下にCard.vueというファイルを作成し、`<script>` ブロックを記述します。その中に、propsを定義する `defineProps()` を次のように宣言します[*1]。

▼src/components/Card.vue

```
<script setup lang="ts">
defineProps<{
  name: string;
  image: string;
  tldList: string[];
}>();
</script>
```

`name` および `image` はstring型ですが、`tld` はデータを見るとstring型の配列となっていたので、ここでは `tldList` という名前でstring型の配列として型アノテーションを施しました。CardコンポーネントをApp.vueから呼び出すには、import文でvueファイルをインポートし、`<template>` ブロックで `<Card />` とHTMLタグのような形式で記述します。今回のような動的なpropsでは、名前の前に `:`（あるいは `bind:`）をつけて値をバインドする必要があります。テンプレート構文を記述していないので、コンポーネントを呼び出しても、まだなにも表示されません。

*1 通常の関数とは異なり、Vueファイルをコンパイルするときに作用して別のコードに置き換えられることからコンパイラーマクロ（compiler macro）と呼ばれます。

▼src/App.vue

```
01: <script setup lang="ts">
02: import { ref } from "vue";
03: import Card from "./components/Card.vue";
04: 
13: // ...
14: </script>
15: 
16: <template>
17:   <h1>Country Info</h1>
18: 
19:   <button type="button" @click="fetchCountries">Fetch</button>
20: 
21:   <Card
22:     v-for="country in countries"
23:     :key="country.name.common"
24:     :name="country.name.common"
25:     :image="country.flags.png"
26:     :tldList="country.tld"
27:   />
28: </template>
29: 
```

Cardコンポーネントに戻り、<template> ブロックにテンプレート構文を記述していきます。HTMLドキュメントとして表示するコンテンツを適切なHTMLタグでマークアップ（markup）する作業は、意味論（semantics）という観点から開発者にとってもユーザーにとっても重要です。今回は画像を画像要素 <picture> および画像埋め込み要素 <img> で、国・地域名は見出し要素 <h2> で、そしてトップレベルドメイン（TLD）は説明リスト要素 <dl> <dt> および <dd> でマークアップし、その全体を記事コンテンツ要素の <article> タグで囲みました。<img> タグでは src 属性に国旗の画像URLである image をバインディングし、<dd> タグでは tldList の複数の構成要素にv-forディレクティブを適用しています。

▼src/components/Card.vue

```
07: // ...
08: 
09: <template>
10:   <article>
11:     <picture>
12:       <img :src="image" alt="flag" />
13:     </picture>
14:     <div>
15:       <h2>{{ name }}</h2>
```

```
16:       <dl>
17:         <dt>Top-level domains</dt>
18:         <dd v-for="tld in tldList">
19:           {{ tld }}
20:         </dd>
21:       </dl>
22:     </div>
23:   </article>
24: </template>
25:
```

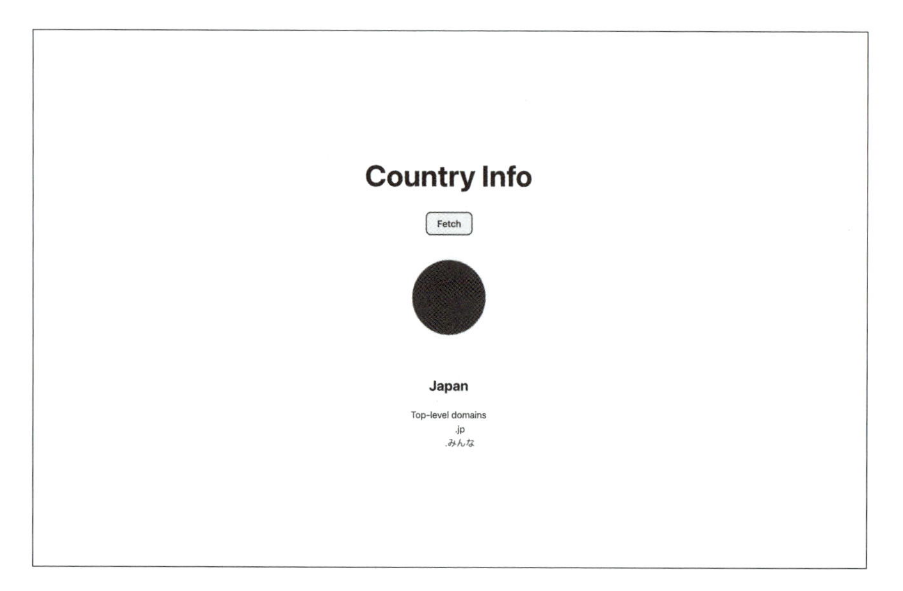

この時点でカードとして表示されるコンテンツは、ブラウザー標準のスタイルと、プロジェクト全体に影響するグローバルなスタイルシートsrc/styles.cssが適用された素朴なものになっています。この見栄えを良くするために、<style> ブロックを追加して簡単なCSSを記述します*2。スタイルシートについての詳細な説明は省きますが、flexboxで画像とテキストを左右に並べ、両方を丸みのあるカードで包んでいます。さらに、領域がわかりやすいよう背景色を盛ってあります。

▼src/components/Card.vue

```
24: // ...
25:
26: <style scoped>
27: article {
28:   display: flex;
29:   text-align: left;
```

*2 scoped という属性がついているのは、現在のコンポーネントの要素にのみCSSを適用するようにするためで、グローバルCSS(global CSS)に対しスコープ付きCSS(scoped CSS)と呼ばれます。

```
30:   padding: 2rem;
31:   gap: 1rem;
32:   background-color: lightskyblue;
33:   border-radius: 1rem;
34:   margin-top: 2rem;
35: }
36: </style>
37:
```

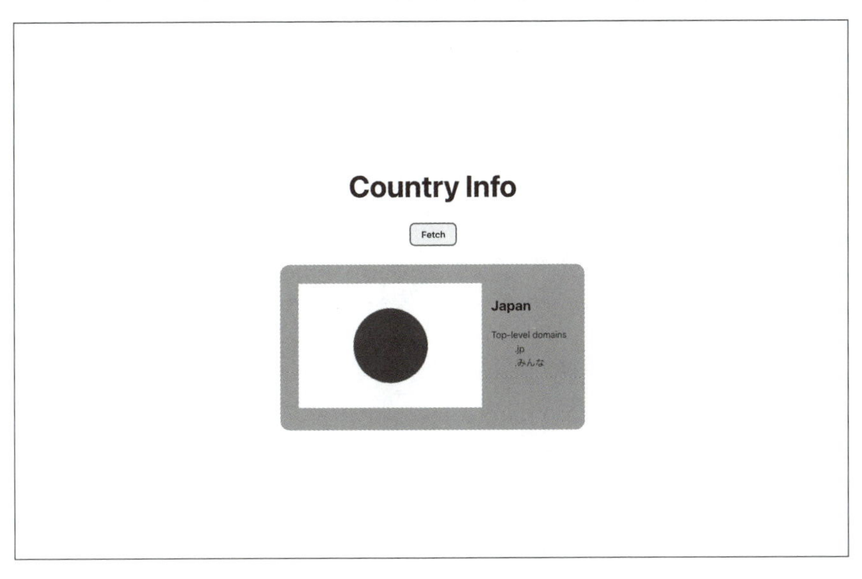

Section 10-07

入力フォームと連携する

ユーザーが任意の値を入力して情報を送信するフォームも、Vueでは簡単に実装することができます。

このセクションのポイント

1. ref() に入力値を格納し、input要素に v-model で双方向バインディング
2. @submit ディレクティブでform要素の送信イベントを実装
3. イベントディレクティブには .prevent といったイベント修飾子も利用できる

ここまでの実装ではAPIエンドポイントのパスパラメーターが固定値となっており、決まった国・地域のデータしか取得できませんでした。この節で文字列を入力できる入力フォームを実装し、ついに任意の国・地域名で検索できるようにしたいと思います。必要なものは2つあり、ひとつは入力値を格納するためのリアクティブオブジェクトの宣言です。もうひとつは入力値と連携し、検索を実行するためのボタンを備えたフォームの実装です。

まず、入力値を格納するためのリアクティブオブジェクトを ref() で生成し、変数 input として宣言します。その内部値は関数 fetchCountries 内で呼び出している fetch の引数について、テンプレートリテラルに書き換えることでパスパラメーター部分に展開します。

▼src/App.vue

```
01: <script setup lang="ts">
02: import { ref } from "vue";
03: import Card from "./components/Card.vue";
04:
05: const input = ref("");
06: const countries = ref();
07:
08: async function fetchCountries() {
09:   const response = await fetch(
10:     `https://restcountries.com/v3.1/name/${input.value}`
11:   );
12:   const data = await response.json();
13:   countries.value = data;
14: }
15: </script>
16:
17: // ...
```

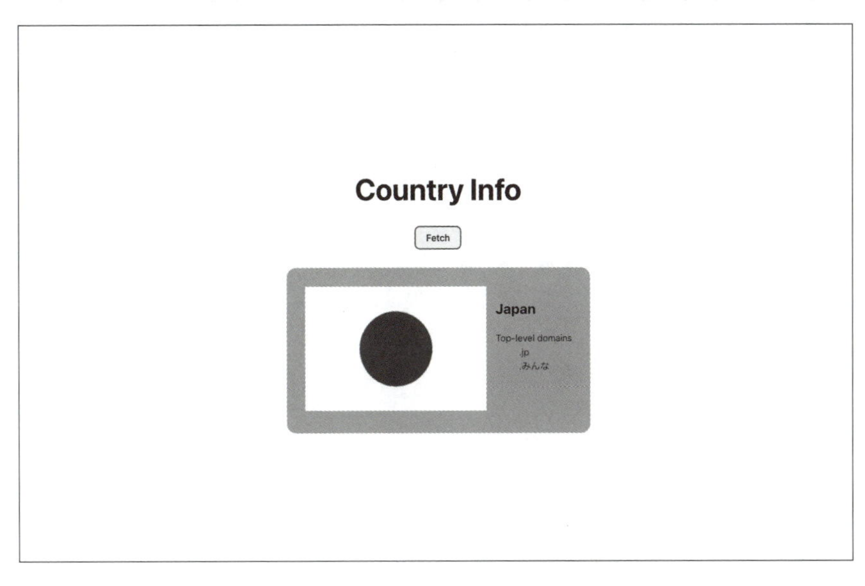

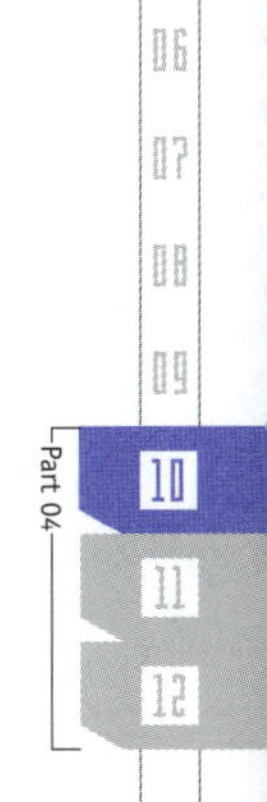

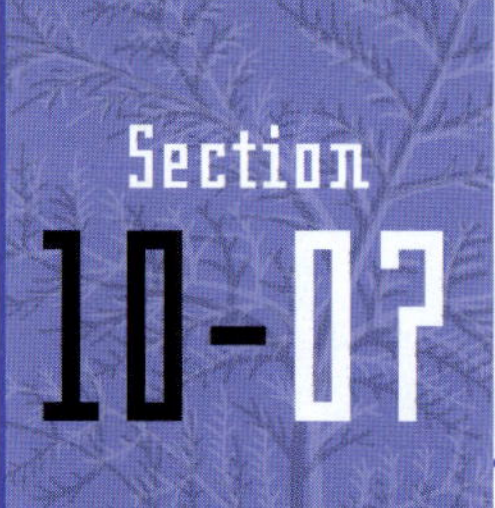

変数 input の内部値がHTML要素によって読み書きされるように、テンプレート構文にフォーム入力要素 <input> を追加して、v-modelディレクティブで双方向バインディングします。これはHTML要素としての <input> におけるvalue属性の値と、リアクティブオブジェクト input の内部値を同期させる便利な仕組みです。

▼src/App.vue

```
15: // ...
16:
17: <template>
18:   <h1>Country Info</h1>
19:
20:   <input v-model="input" placeholder="country name" />
21:   <button type="button" @click="fetchCountries">Fetch</button>
22:
23:   // ...
```

このままでも入力フォームは動作するのですが、よりWeb標準にのっとった挙動となるように、フォーム要素 <form> でフォーム入力要素とボタン要素を囲みます。こうすることで、入力フォームにおけるEnterキー（macOSではreturnキー）押下イベントや、送信ボタンを押したときのクリックイベントなどを、標準化されたsubmitイベントとして扱うことができます。button要素のtype属性を submit という値に変更し、@click ディレクティブを削除するかわりにform要素に @submit.prevent ディレクティブで fetchCountries() を指定します。ここで .prevent というイベント修飾子が使われているのは、HTMLのsubmitイベントがデフォルトでaction属性の指定先に画面遷移しようとしてしまうので、その挙動を抑制するためです。

▼src/App.vue

```
15: // ...
16:
17: <template>
18:   <h1>Country Info</h1>
19:
20:   <form @submit.prevent="fetchCountries">
21:     <input v-model="input" placeholder="country name" />
22:     <button type="submit">Fetch</button>
23:   </form>
24:
25:   // ...
```

これで、送信ボタンを備えた入力フォームが実装できました。フォームに国・地域名を入力し、送信ボタンを押すかEnterキー（macOSではreturnキー）を押下すると、結果がカードとして表示されます。

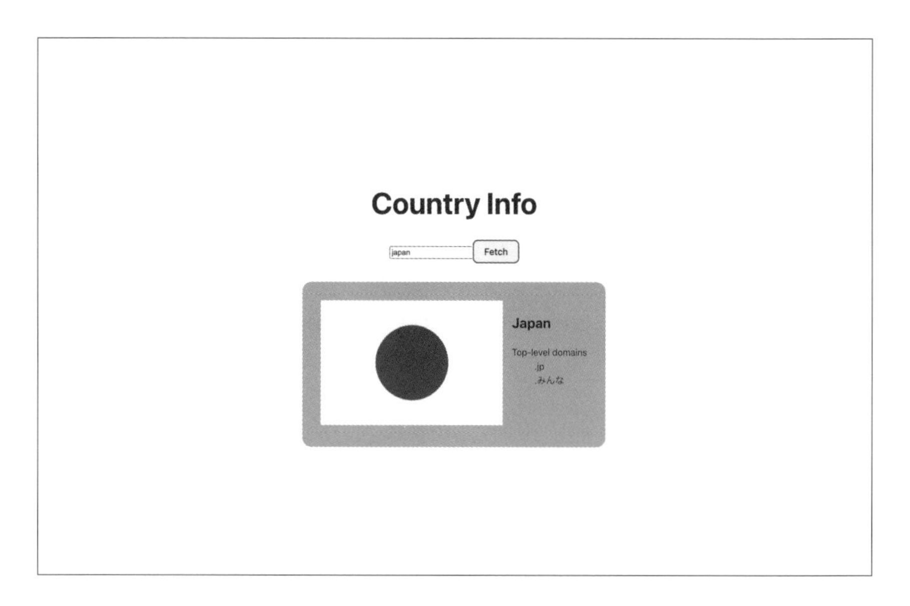

ちなみに、レスポンスは配列として返ってくるので、結果が複数ヒットする場合もありうるのでした。その場合も、それぞれの国・地域の情報が並んで表示されることが確認できます。

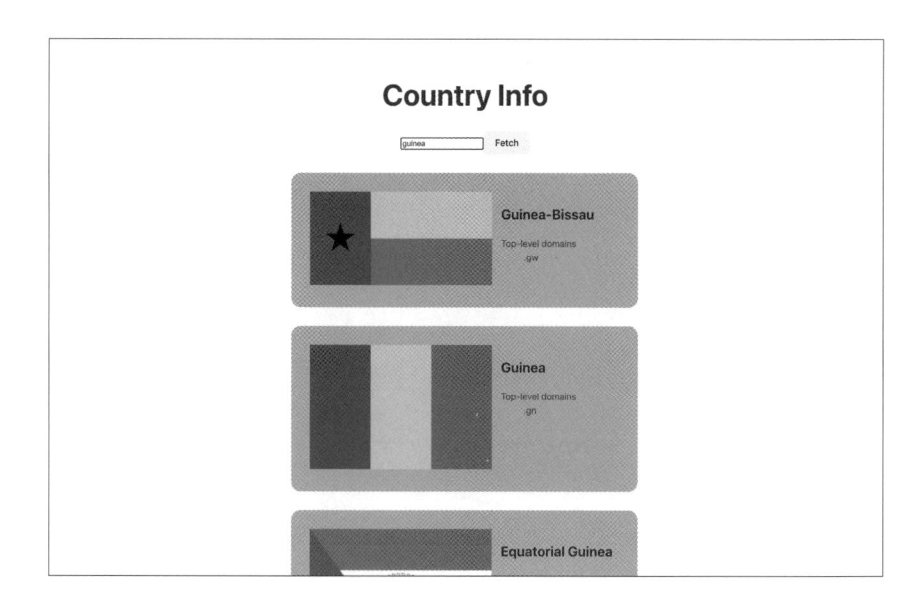

Section 10-08

第10章のまとめ

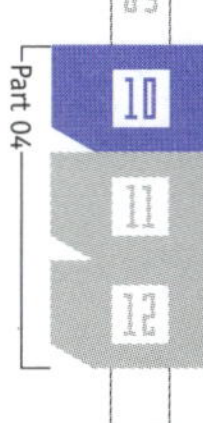

この章ではランタイムにNode.jsを使ったTypeScript開発に着手しました。Node.jsをインストールすると、パッケージ管理システムnpmも同時に利用できるようになりました。Web開発のためのビルドツールViteを利用して、フロントエンドフレームワークVueのプロジェクトを生成しました。そのファイル構成としてはpackage.jsonやtsconfig.jsonなどの設定ファイル、そしてHTMLやスクリプトのファイルも確認できました。

ユーザーインターフェース構築のためのフレームワークであるVueは、テンプレート構文の採用、リアクティビティ機構の搭載、シングルファイルコンポーネントという設計などの特徴を備えていました。これらはTypeScript/JavaScriptフレームワークに限らず、より歴史の長いWebアプリケーション開発での試みをうまく統合したものと言えます。また、フロントエンド開発という観点からは、コンポーネント単位でインターフェースが構築できることも重要でした。シングルページアプリケーションにおいて不可欠なコンポーネント間のデータの受け渡しは、propsを用いてなされていることも見ました。

Web APIへのリクエストは、ブラウザー組み込みのFetch APIで行うことができました。フェッチしたデータはリアクティブオブジェクトに格納することで、リアクティブなかたちでページ内のコンテンツとして反映することができました。データから取り出されたそれぞれの値はコンポーネントにpropsとして受け渡すことができました。そのためには、コンポーネント側で受け取るpropsを定義する必要もありました。

最後に入力フォームを実装して、任意の国・地域名で検索できるWebアプリケーションを完成させました。これには双方向バインディングという仕組みでプログラム中の値とHTML要素の値を同期させるのが便利でした。今回はアプリケーションの実装にVueを用いましたが、こうした仕組みはほかのフレームワークも多かれ少なかれ同様のものを有しています。また、コンポーネントを単位とするインターフェース構築や、propsによるコンポーネント間の値の受け渡しなどは、どのフレームワークにおいても基礎的な役割を果たすコンセプトです。

Part 04 Node.jsでWebアプリケーション開発

Nuxtで短文投稿サービスを作る

この章ではNuxtを使ってフルスタックなWebアプリケーションを開発します。ファイルベースのルーティングによって、各種ページやWeb APIを実装します。MongoDB Atlasとmongooseを用い、柔軟かつ高度なデータ操作を可能にします。APIバックエンドとのつなぎこみやデータの再検証など、実際の開発現場に近い要求についても実現していきます。

紹介する開発環境

- **Nuxt**
- **MongoDB Atlas**

Contents

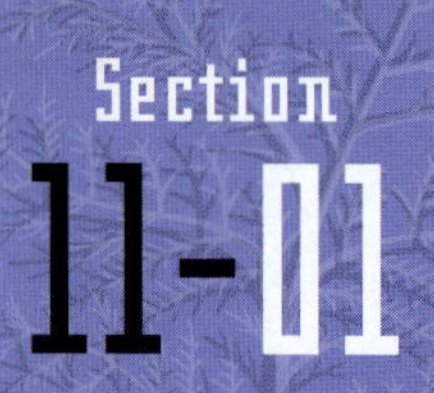

Section 11-01 Nuxtプロジェクトを作成する

Vueを使ってより大規模かつ実際的なWebアプリケーションが構築できるよう、Nuxtのようなメタフレームワークが開発されてきました。

このセクションのポイント

1. メタフレームワークにはSSRとCSRという大きく2種類のレンダリングがある
2. ファイルシステムベースのルーティングではファイルのディレクトリパスがURLに対応する
3. npx nuxi@latest init コマンドでNuxtプロジェクトを新規作成

この章では、ルーティングやデータベースとのやりとりを備えた、より実際的なWebアプリケーションを開発します。Vueによるシングルページアプリケーションとしてもこれらの機能は実装できますが、ページが増えるにしたがってルーティングの記述が肥大化したり、またサーバーでの利用が想定されているAPIキーのやりとりに関するセキュリティ上の問題などが生じてきます。そこで、より大規模で実用的なWebアプリケーション開発を可能とするために、本書ではVueに加えてNuxtというライブラリを利用します。Vue以外のフロントエンドフレームワークも同様の機能群をもつライブラリをもっており、これらはメタフレームワーク（meta framework）と呼ばれることがあります。

メタフレームワークの実装上の特徴として、おもに次の2つを挙げることができます。ひとつはクライアント上でJavaScriptプログラムとして動作するシングルページアプリケーションと異なり、ランタイム上で動作するWebサーバーからの配信を前提に開発されていることです。クライアントサイドでのレンダリング、すなわちCSR（client-side rendering）に対してWebサーバー側でのレンダリングはSSR（server-side rendering）と呼ばれ、両者のあいだでレンダリングを効率化するためのさまざまな戦略が知られています。もうひとつはファイルの命名やディレクトリの構造がそのまま各ページのURLに対応するファイルシステムベースのルーティング（file system routing）で、階層構造やパラメーターをもつルーティングの構築がはるかに容易になります。

Nuxtを利用して今回作るのは、X（旧Twitter）やTumblrのような（ただしユーザー認証機能のない）短文投稿サービスです。トップページの上側には名前と本文を入力するフォームがあり、投稿ボタンを押すとタイムラインの一番上にポストが追加されます。ポストにはそれぞれの個別ページへのリンクがあり、そこでは同様のフォームでポストへの返信ができるようにします。返信はリプライポストとしてタイムラインに追加されることで、ユーザーはトップページと個別ページを行き来することになるでしょう。

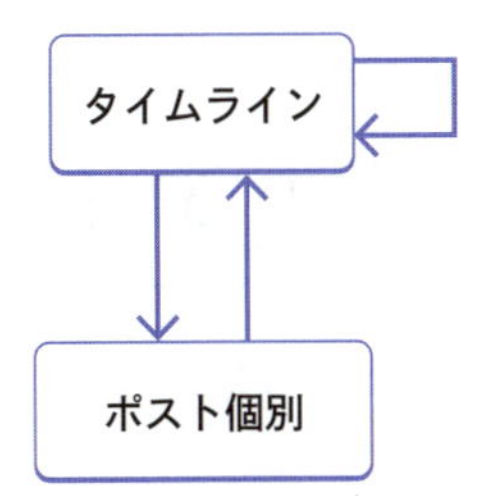

それではまず新しいNuxtプロジェクトをnuxtchanという名前で作成しましょう。ターミナルを開き、次のコマンドを実行すると、最新バージョンのNuxtプロジェクトを生成するための対話インターフェースが開始します。パッケージ管理システムにはnpmを選択するほか、いくつかの質問に対してキー入力で回答してください。

```
% npx nuxi@latest init nuxtchan
```

`npm run dev` をコマンド実行して http://localhost:3000 にアクセスすると、しばらく経ってからNuxtプロジェクトのデフォルトページが表示されます。

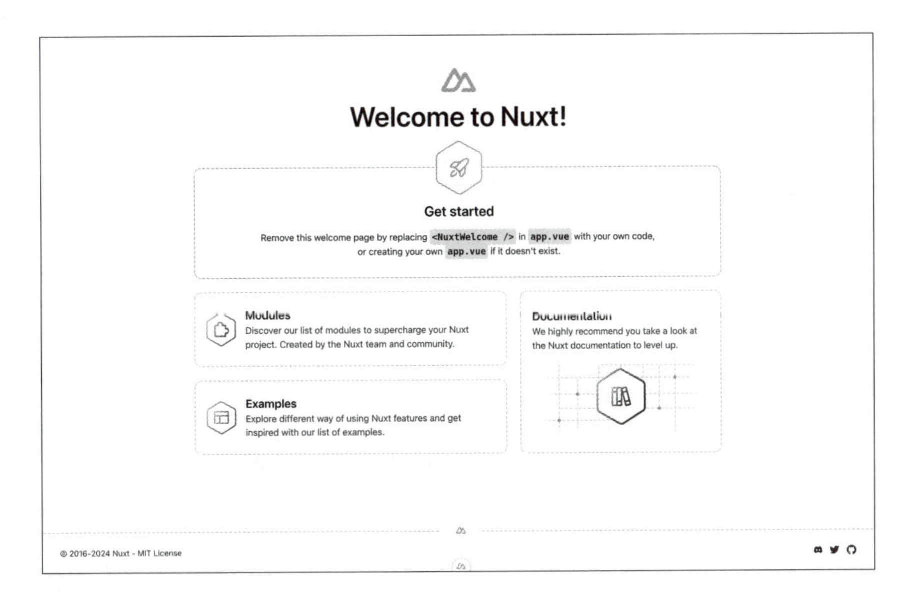

Section
11-02 ファイルベースのルーティングを構成する

ファイルベースのルーティングでは、ファイルをフォルダに整理するように各ページのパスを構成していきます。

このセクションのポイント

1. pages/下のVueファイルがディレクトリパスに対応したURLパスのページになる
2. app.vueに <NuxtPage /> を配置するとファイルベースのルーティングが有効になる
3. layouts/下のVueファイルはレイアウトコンポーネントとして使える

Vueはプログレッシブフレームワーク（progressive framework）をうたっており、開発者が必要になったときに機能を導入するという姿勢をとっています。Nuxtでもこのスタンスは同様で、生成したばかりのプロジェクトには最小限のファイルしか用意されていません。今回はルーティングを実装したいので、そのためのファイル群を最初に構成しておきます。同様に、デフォルトのレイアウトを適用するためのファイルも用意しておきます。

ファイルベースのルートディレクトリを実装するには、pagesという名前のフォルダーをappフォルダーの中に作成します*1。pagesディレクトリ下に作成されたVueファイルは、そのディレクトリパスに応じたURLパスのページになります。たとえばpagesフォルダーにabout.vueという名前でファイルが作成されると、そのページの相対パスは/aboutになります。ただしindex.vueというファイル名は、そこまでのディレクトリパスを反映したルートパスとなります。

まずはトップページをルーティングするために、pagesフォルダーを作成してindex.vueをその中に作成しましょう。相当するページが表示されることだけ確認できるよう、現時点では次のように見出し要素だけが表示されるページとしておきます。

＊1 Nuxtは次のメジャーアップデート版であるバージョン4のリリースを控えています。2024年10月現在まだリリースされていませんが、本書ではバージョン4でのディレクトリ構造を先取りして解説します。バージョン3ではpagesディレクトリはルート直下に配置します。

▼app/pages/index.vue

```
01: <template>
02:   <h1>Nuxtchan</h1>
03: </template>
04:
```

そのままではapp.vueでデフォルトページが読み込まれてしまっているので、これを <NuxtPage /> に置き換えることでファイルベースのルーティングを反映したものにします。

▼app/app..vue

```
01: <template>
02:   <div>
03:     <NuxtPage />
04:   </div>
05: </template>
06:
```

ファイルを保存してからページを更新すると、見出し要素が表示されてルーティングを導入できたことがわかります。

もう一点、Nuxtの機能としてレイアウト(layouts)を紹介したいと思います。これはヘッダーやページ全体の余白など、共通のインターフェースを備えたレイアウトを簡単に適用する仕組みです。pagesフォルダーとは別にlayoutsフォルダーを作成し、その中にスタイルが適用された次のようなdefault.vueファイルを作成します。

▼app/layouts/default.vue

```
01: <template>
02:   <div class="container">
03:     <slot />
04:   </div>
05: </template>
06:
07: <style scoped>
08: .container {
09:   max-width: 600px;
10:   margin: 0 auto;
11:   padding: 2rem 0;
12: }
13: </style>
14:
```

再びapp.vueファイルに戻って <NuxtPage /> の外側を次のように書き換え、ページを更新すると全体の余白を調整するレイアウトが適用されています。

▼app/app.vue

```
01: <template>
02:   <NuxtLayout>
03:     <NuxtPage />
04:   </NuxtLayout>
05: </template>
06:
```

Nuxtchan

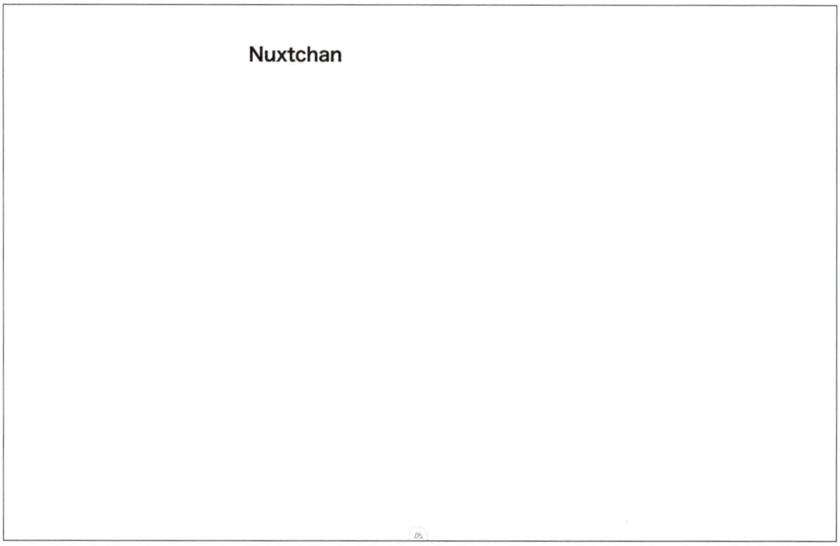

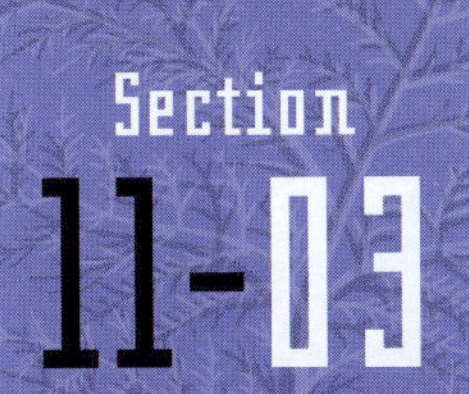

Section 11-03 Nuxtモジュールを導入する

よく使われるライブラリの導入を簡単にするために、Nuxtモジュールという仕組みがNuxt独自に提供されています。

このセクションのポイント

1. TailwindCSSは、HTML要素を手軽にスタイリングできるCSSフレームワーク
2. NuxtUIは定義済みコンポーネントを提供するUIライブラリ
3. npx nuxi@latest module add コマンドでNuxtモジュールを追加できる

フレームワークに機能を追加するライブラリを導入するためには、一般的にパッケージとしてプロジェクトにインストールしたのち、各種設定ファイルを作成したりビルドツールにプラグインとして追加するなどの作業が必要です。Nuxtでは開発者が毎回直面するこうした手間をスキップし、コア機能を簡単に拡張できるように、Nuxt Modulesという名称で独自のモジュールを提供しています。モジュールはnpmパッケージとして配布されており、Nuxtの設定ファイルであるnuxt.config.jsonのmodulesプロパティに追加することで利用できるようになります。また、これらの作業をスクリプトで自動的に行うコマンドも提供されており、今回はこちらを利用します。

ここでは、TailwindCSSとNuxtUIという2つのライブラリのモジュールを導入します。TailwindCSSはCSSフレームワークの一種で、簡潔かつ体系的な命名を持つユーティリティCSSクラスを組み合わせることで、HTML要素のスタイリングが楽にできるようにするツールです。Nuxt UIはボタンやテーブルなどの要素を定義済みのコンポーネントとして提供するNuxt専用のUIライブラリで、内部的にはTailwind CSSを使って実装されています。本書ではデザインプロセスの簡略化とソースコードの単純化という観点から、これらのライブラリを採用します。

Tailwind CSSのnpmパッケージ `tailwindcss` とNuxt UI `@nuxt/ui` をモジュールとして導入するには、次のコマンドを実行します。

```
% npx nuxi@latest module add tailwindcss ui
```

これにより、モジュールに相当するnpmパッケージがインストールされるとともに、Nuxtプロジェクトの設定が上書きされます。nuxt.config.jsonを開いてコードを次のように修正してください*1。

*1 2024年10月現在、モジュール同士の依存性解決に問題があり、コマンドを実行しただけではエラーになってしまいます。modulesプロパティの配列の要素を並び替え、"@nuxt/ui" を @nuxtjs/tailwindcss の前に並べ替えると解消するようです。

▼nuxt.config.json

```
01: // https://nuxt.com/docs/api/configuration/nuxt-config
02: export default defineNuxtConfig({
03:   devtools: { enabled: true },
04:   modules: ["@nuxt/ui", "@nuxtjs/tailwindcss"],
05: });
06:
```

ページを更新すると、Tailwind CSSが適用されたことでブラウザーによるデフォルトのスタイルがリセットされ、見出しが小さくなりました。

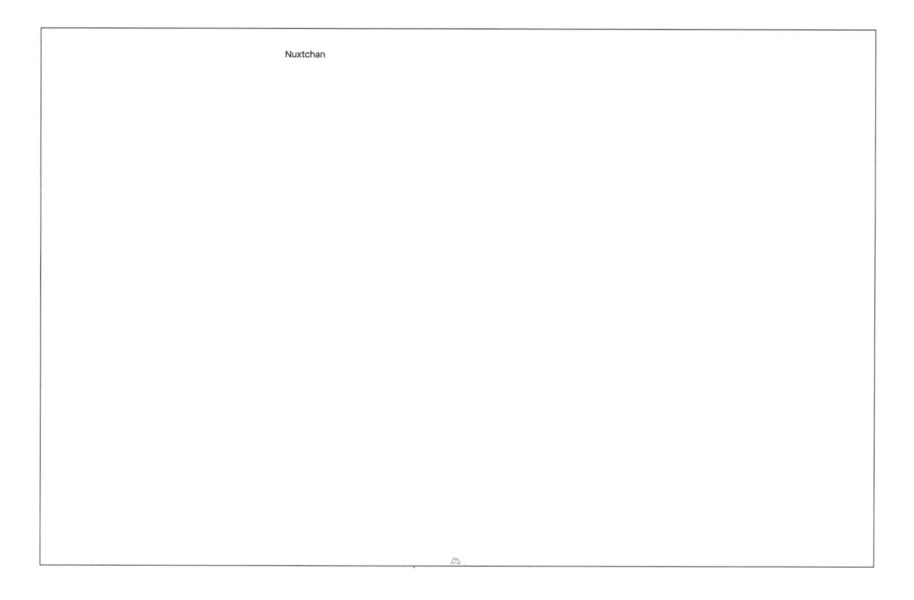

ちなみにNuxtは独自の開発者ツールNuxt DevToolsを備えており、そこからモジュールを導入することも可能です。nuxt.config.jsで確認できるとおり、Nuxt DevToolsの設定 `devtools` はデフォルトで有効 `{ enabled: true }` になっており、画面下部のフローティングボタンから呼び出すことができます。Nuxt DevToolsではページのルーティングを一覧化したり、コンポーネントをツリー構造で可視化するなどの機能が利用できます。Vueのための同様の開発者ツールはブラウザー拡張機能などのかたちでも配布されていますが、こうした開発支援ツールを使えばアプリケーションの実装を把握するのが容易になるかもしれません。

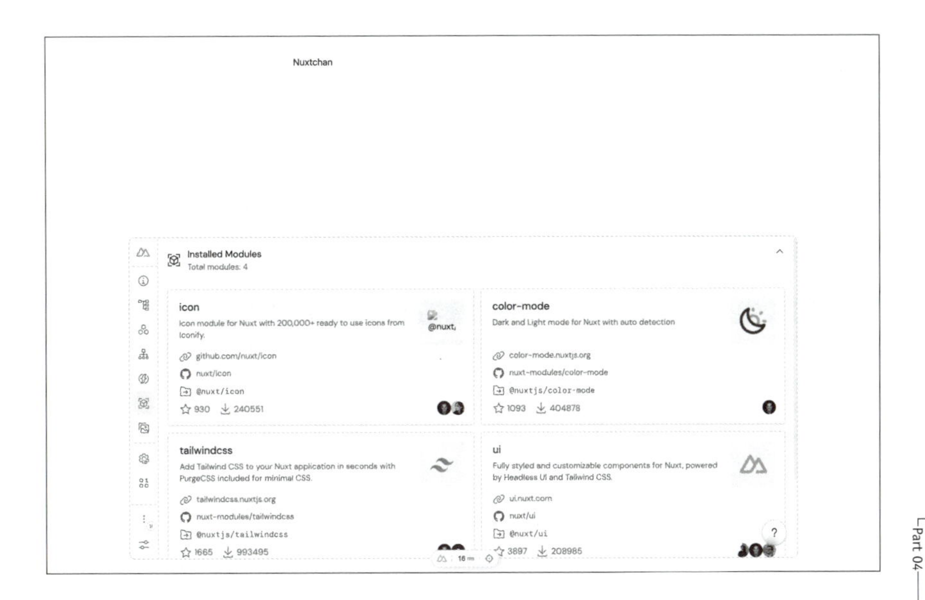

コラム

Nuxt 2

本章でNuxtという言葉を使うにあたって想定しているのは、2024年10月現在において最新のメジャーバージョンであるNuxt 3と、その次にリリースが予定されているNuxt 4です。Nuxtの利用が最も速いペースで拡大したのはバージョン2のころであり、現在でも「Nuxt.js」「NuxtJS」などのキーワードで検索するとNuxt 2について扱った文献が多くヒットします。しかしVue 3における実装上の大きな変更を受けてNuxt 3も開発が大きく遅れ、またバージョン2からの移行そのものも難度が高かったことから、Next.jsなど他のメタフレームワークにシェアを大きく引き離されてしまいました。今ではNext.jsやSvelteKitなどのメタフレームワークの影に隠れがちなNuxtですが、結果的には成熟したエコシステムの再構築に成功したと著者は評価しています。

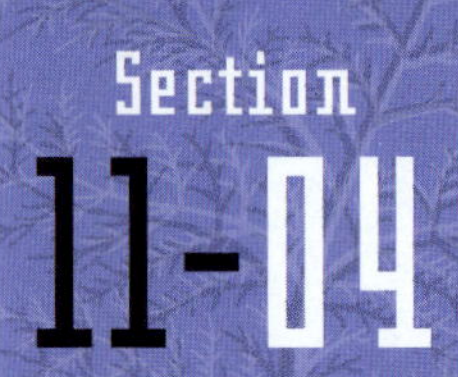

Section 11-04 ページのモックアップを作成する

コンポーネントを意識しながらモックアップを作成すると、その後の実データへの置き換えが容易になります。

このセクションのポイント

1. オートインポート機能により、components/下のコンポーネントはインポート不要で利用できる
2. 内部リンクは <NuxtLink> タグでマークアップ
3. 動的なパスは角括弧 [] でパラメーターを囲んで指定

スタイリングに関する準備が整ったところで、Webアプリケーションの骨格となるHTMLの部分を記述していきたいと思います。動的なインタラクションや変数などのテキスト展開のない、HTMLがマークアップされただけのページはモックアップ(mockup)と呼ばれることがあります。連携するデータがすぐには用意できない場合でも、仮のコンテンツを用意することでページをスタイリングすることができます。また、この時点で適切な単位のコンポーネントを抽出し、そこで利用する動的なプロパティを検討することも有用です。

トップページとなるindex.vueについて、まずは次のようにマークアップしました。ソースコードは投稿のための入力フォームに関する箇所と、投稿されたポストに関する箇所に大きく分けられます。ポストに表示される作成日時は <NuxtLink> で囲んでリンクとすることで、クリックすると個別ページのパスに遷移(navigation)することを想定しています。入力フォームやボタン、カードの表現などにはNuxt UIのコンポーネントを利用しています*1。

▼app/pages/index.vue

```
01: <template>
02:   <main class="flex flex-col gap-4">
03:     <UContainer class="text-right">
04:       <form>
05:         <UInput placeholder="お名前" class="w-40" />
06:         <UTextarea placeholder="本文" />
07:         <UButton>投稿</UButton>
08:       </form>
09:     </UContainer>
10:
11:     <UCard>
12:       <p>
```

*1 Tailwind CSSのユーティリティCSSクラスについては詳しく述べませんが、要素の並びや要素同士の間隔を調整したり、テキストの色や太さなどを変更するのに使われています。

```
13:         <span class="font-bold text-green-600">名無しさん</span>
14:         <span>：</span>
15:         <NuxtLink to="/abc123" class="underline">2024年10月5日 土曜日 12:34</
NuxtLink>
16:       </p>
17:
18:       <UContainer>
19:         <p class="whitespace-break-spaces">本文テキスト</p>
20:       </UContainer>
21:     </UCard>
22:   </main>
23: </template>
24:
```

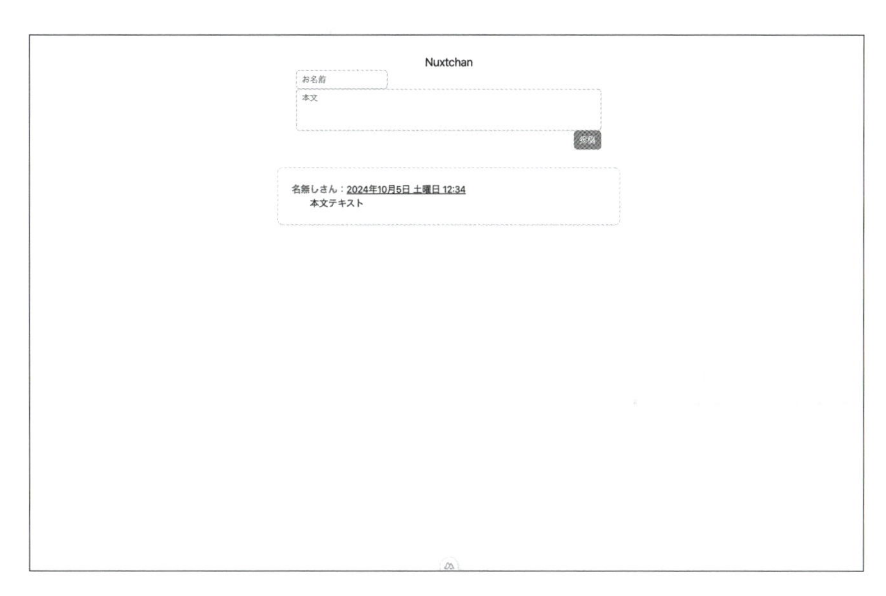

ところで、先のコードにはNuxt UIのコンポーネントを利用するにあたってimport文が使われておらず、そもそもscriptブロックすら記述していませんでした。これはオートインポート（auto-inport）と呼ばれるNuxt特有の機能に関係していて、特定のディレクトリ下にあるモジュールやコンポーネントについては明示的なインポートをせずともソースコード中で利用できるようになっています。開発者が独自に作成するコンポーネント（カスタムコンポーネント）については、components/ディレクトリ以下にあるVueファイルが、そのファイル名をコンポーネント名として利用できます。componentsフォルダを新たに作成し、その中にPostCard.vueとPostForm.vueというファイルを作成しましょう。

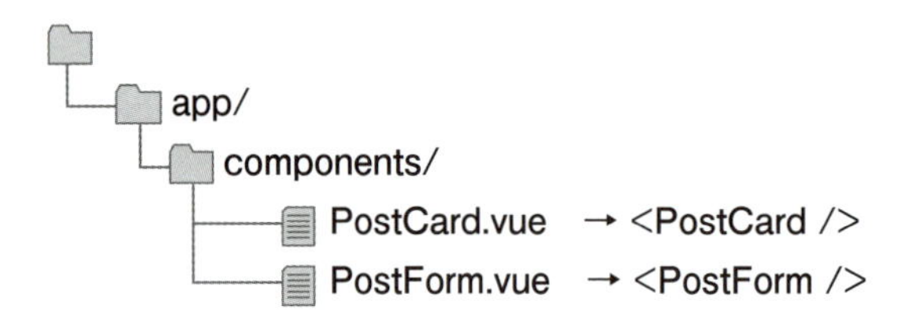

入力フォームに関する箇所とポストに関する箇所のマークアップを、それぞれPostCardコンポーネントとPostFormコンポーネントになるように移します。

▼app/components/PostCard.vue

```
01: <template>
02:   <UCard>
03:     <p>
04:       <span class="font-bold text-green-600">名無しさん</span>
05:       <span>：</span>
06:       <NuxtLink to="/abc123" class="underline">
07:         2024-10-05T12:34:56.000Z
08:       </NuxtLink>
09:     </p>
10: 
11:     <UContainer>
12:       <p class="whitespace-break-spaces">本文テキスト</p>
13:     </UContainer>
14:   </UCard>
15: </template>
16: 
```

▼app/components/PostForm.vue

```
01: <template>
02:   <UContainer class="text-right w-full">
03:     <form>
04:       <UInput placeholder="お名前" class="w-40" />
05:       <UTextarea placeholder="本文" />
06:       <UButton>投稿</UButton>
07:     </form>
08:   </UContainer>
09: </template>
10: 
```

index.vueにおける該当箇所も、これらのコンポーネントを（PostCardについては複数）呼び出すように書き換えます。

▼app/pages/index.vue

```
01: <template>
02:   <main class="flex flex-col gap-4">
03:     <PostForm />
04:
05:     <PostCard />
06:     <PostCard />
07:     <PostCard />
08:   </main>
09: </template>
```

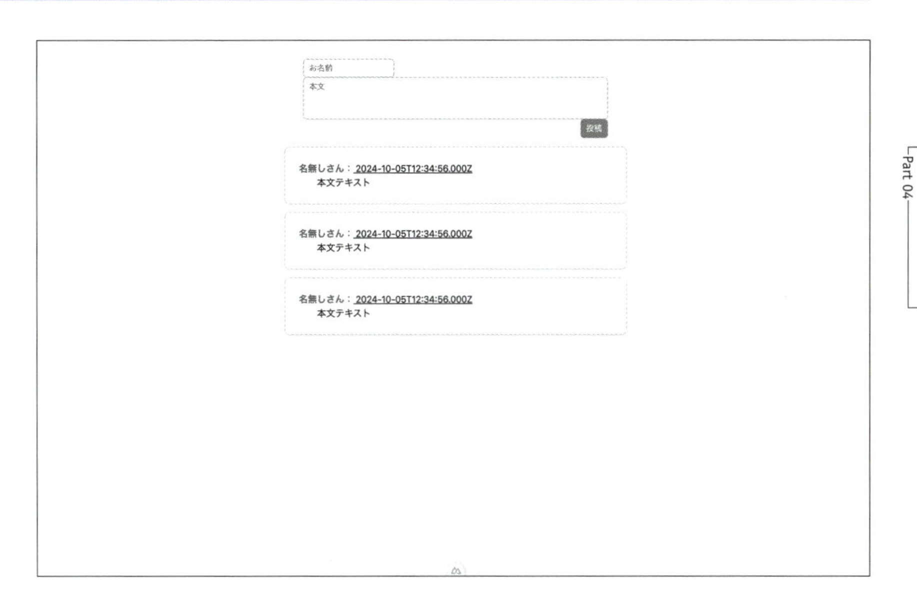

同様に、ポスト個別ページについてもpagesフォルダの中に[id].vueというファイル名で作っておきましょう。PostCardコンポーネントが後に来るように並び替えれば、今回想定しているページのモックアップができます。

▼app/pages/[id].vue

```
01: <template>
02:   <main class="flex flex-col gap-4">
03:     <PostCard />
04:
05:     <PostForm />
06:   </main>
07: </template>
08:
```

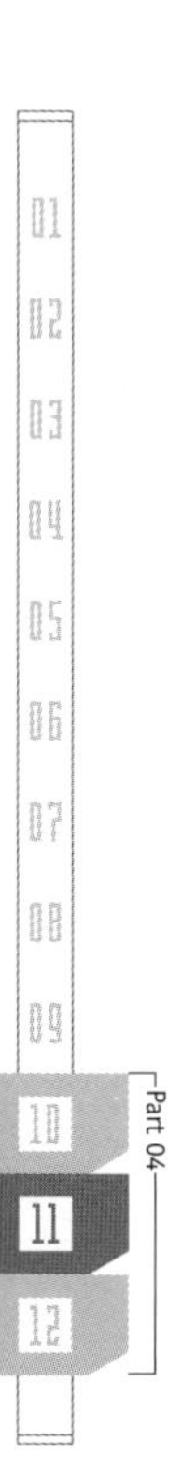

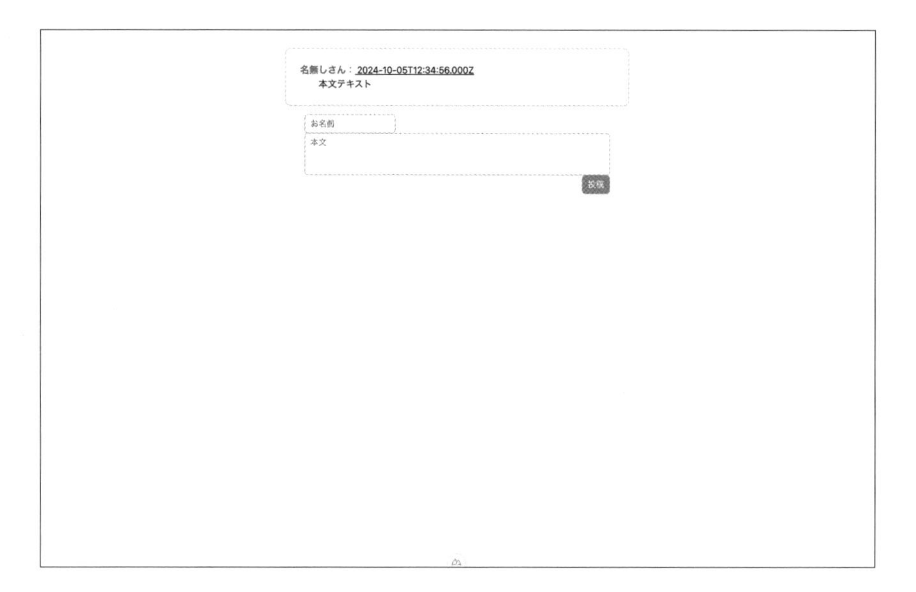
名無しさん：2024-10-05T12:34:56.000Z
本文テキスト
お名前
本文
投稿

Section
11-05 MongoDB Atlasでデータベースを作成する

クラウドで提供されているデータベースを利用すると、データベースの作成やデータの追加がWeb上で簡単に行えます。

このセクションのポイント

1. MongoDB Atlasアカウントでクラスターを作成
2. ネットワークアクセスの制限をゆるめ、ユーザーを作成
3. 作成したデータベースに仮データを登録しておく

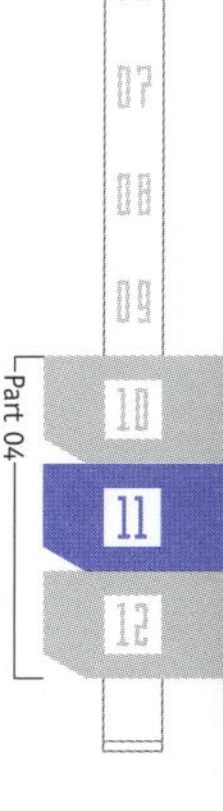

投稿データを格納するためのデータベースにはいくつか考えられますが、今回はMongoDB Atlasを利用します。MongoDBはNoSQLのひとつで、ドキュメント指向のデータベースです。ドキュメント(document)と呼ばれるJSONのようなデータ形式で、コレクション(collection)と名づけられたデータの集合として管理します。スキーマ定義が厳格なリレーショナルデータベースに比べて、テキストなどの非構造化データを扱いやすいとされています。MongoDB Atlasはそのクラウドサービス版(DBaaSとも)で、サーバーを自前で管理することなくMongoDBを利用することができます。

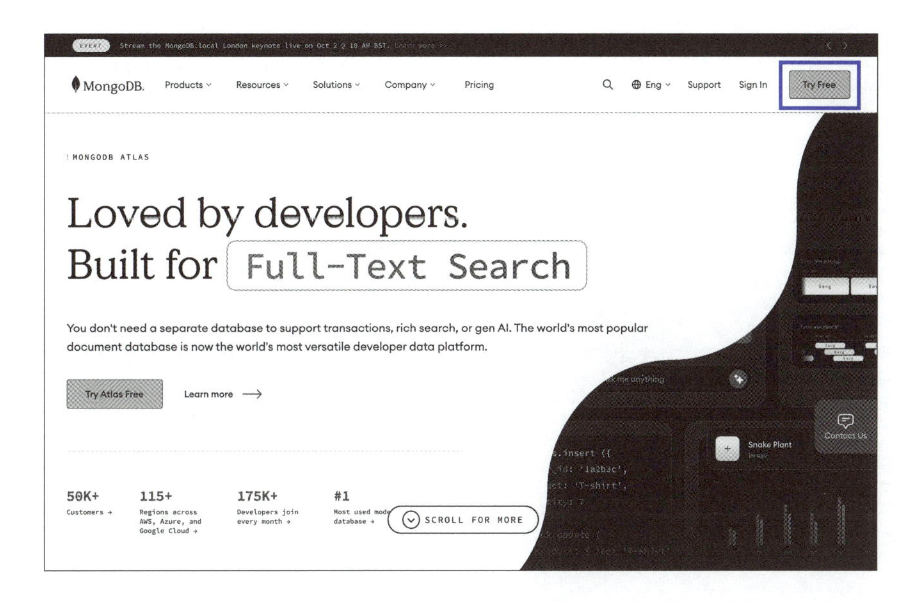

MongoDBのトップページを開き、「Try Free」ボタンからMongoDB Atlasアカウントを作成してください。

MongoDB
https://www.mongodb.com/

必要事項を入力してフォームを提出すると、認証メールが届くのでURLリンクを開きます。アンケートに答えたのち、クラスター（cluster）と呼ばれるデータベース用クラウドサーバーの作成画面が表示されるので、無料のM0プランとプロバイダーにGoogle Cloudを選択して「Create Deployment」ボタンをクリックします。するとクラスターが作成され、そこに接続するためのモーダルが表示されます。

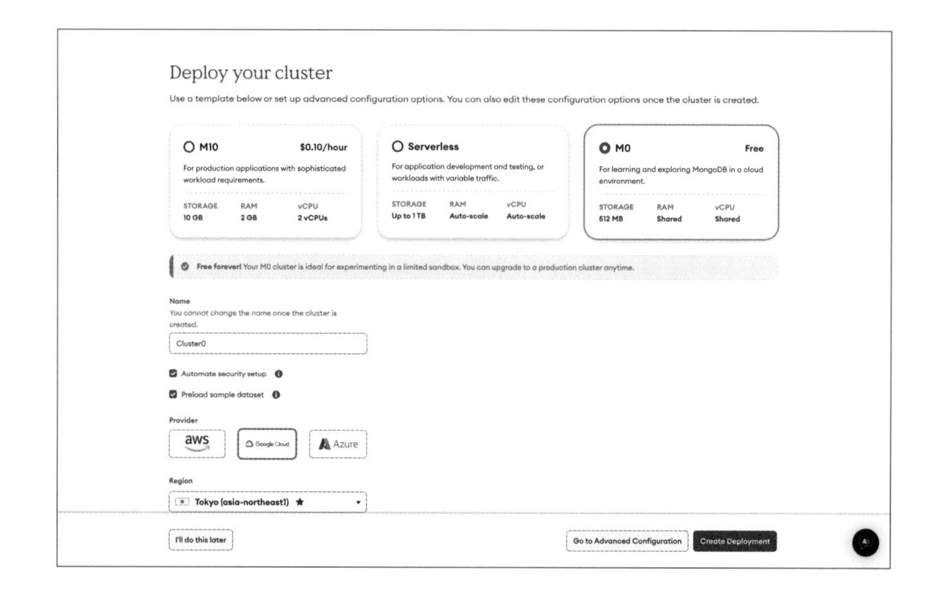

今回はデモでの利用なので、ネットワークアクセスの制限をゆるめます。リンクから「Network Access」ページに移動し、IPアドレスリスト内のボタンから開ける「Add IP Access List Entry」モーダルでIPアドレス0.0.0.0/0を追加し、すべてのIPアドレスからのアクセスを許可します。続いてデータベースにユーザーを作成するために、入力フォームの下にある「Create Database User」ボタンをクリックします。フォームに自動入力されているユーザー名とパスワードは覚えやすいものに変更しておくか、忘れないようどこかに保管しておきましょう。

Connect to Cluster0

1 Set up connection security — 2 Choose a connection method — 3 Connect

You need to secure your MongoDB Atlas cluster before you can use it. Set which users and IP addresses can access your cluster now. Read more

1. Add a connection IP address

Your current IP address ( ) has been added to enable local connectivity. Add another later in Network Access.

2. Create a database user

This first user will have atlasAdmin permissions for this project.

We autogenerated a username and password. You can use this or create your own.

You'll need your database user's credentials in the next step. Copy the database user password.

Username: nishiyama

Password: HIDE Copy

Create Database User

Close | Choose a connection method

Network Access

Add IP Access List Entry

Atlas only allows client connections to a cluster from entries in the project's IP Access List. Each entry should either be a single IP address or a CIDR-notated range of addresses. Learn more

ADD CURRENT IP ADDRESS | ALLOW ACCESS FROM ANYWHERE

Access List Entry: 0.0.0.0/0

Comment: Optional comment describing this entry

This entry is temporary and will be deleted in 6 hours

Cancel | Confirm

「Choose a connection method」ボタンをクリックすると接続のためのモーダルに切り替わりますが、これはいったん閉じてデータベースの作成と仮データの準備に移ります。クラスターパネルの中の「Browse Collections」ボタンをクリックしてデータベースとコレクションの一覧ページに移動すると、クラスター作成時に「Preload sample dataset」にチェックを入れていた場合はサンプルデータのコレクションが事前に作成されています。「+ Create Database」ボタンをクリックして、今回はnuxtchanという名前のデータベースをpostsというコレクションとともに作成します。空のコレクション一覧の右上にある「INSERT DOCUMENT」ボタンをクリックするとデータ入力モーダルが表示されるので、String型のtextと

Date型のcreated_atをフィールドとして追加し、「Insert」ボタンで仮データを登録してください。

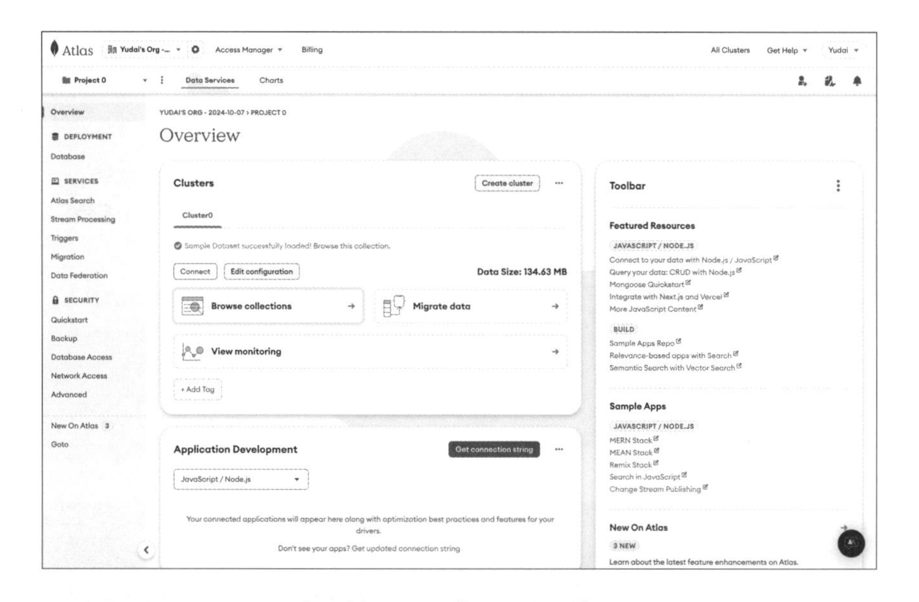

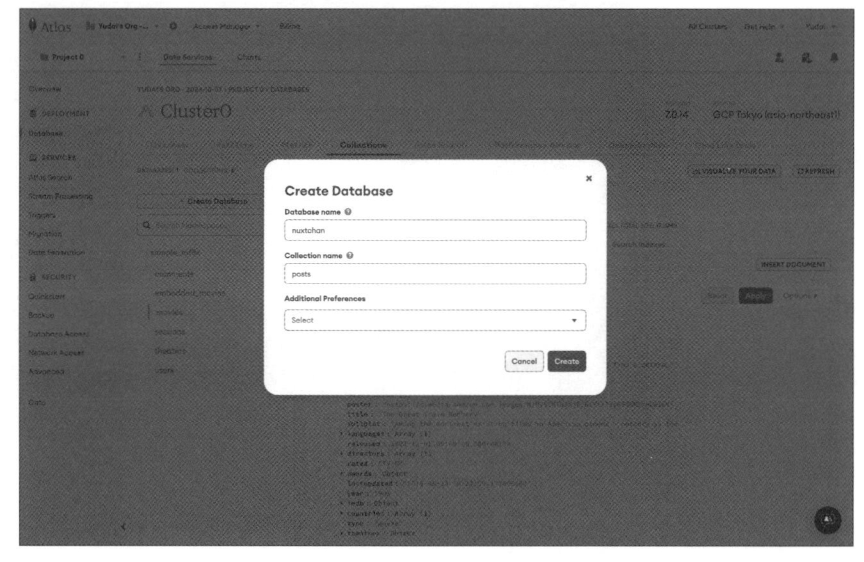

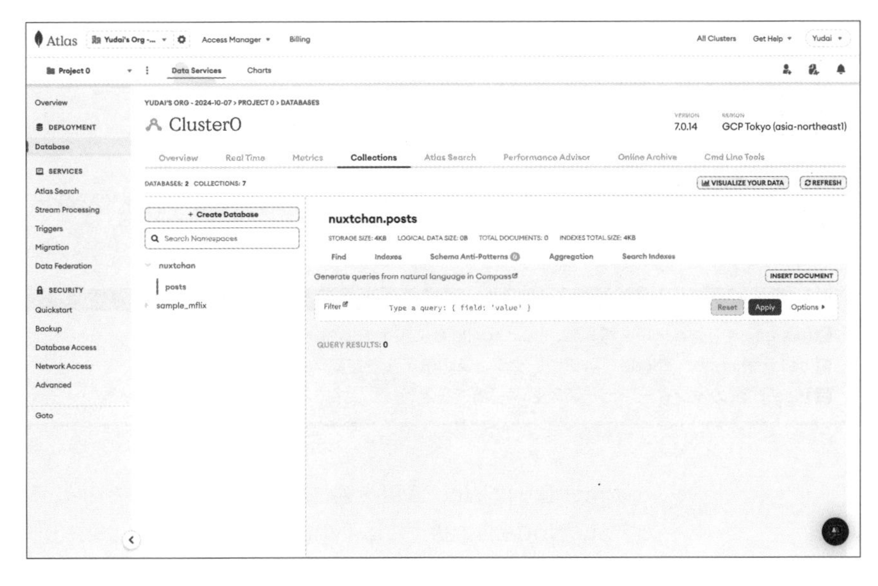
Atlas
Access Manager
Billing
All Clusters
Get Help
Yudai
Project 0
Data Services
Charts
Overview
DEPLOYMENT
Database
SERVICES
Atlas Search
Stream Processing
Triggers
Migration
Data Federation
SECURITY
Quickstart
Backup
Database Access
Network Access
Advanced
Goto
YUDAI'S ORG - 2024-10-07 › PROJECT 0 › DATABASES
Cluster0
7.0.14
GCP Tokyo (asia-northeast1)
Overview
Real Time
Metrics
Collections
Atlas Search
Performance Advisor
Online Archive
Cmd Line Tools
DATABASES: 2 COLLECTIONS: 7
VISUALIZE YOUR DATA
REFRESH
+ Create Database
Search Namespaces
nuxtchan
posts
sample_mflix
nuxtchan.posts
Find
Indexes
Schema Anti-Patterns
Aggregation
Search Indexes
Generate queries from natural language in Compass
INSERT DOCUMENT
Filter
Type a query: { field: 'value' }
Reset
Apply
Options
QUERY RESULTS: 0

Insert Document
To collection posts
VIEW
1 _id: ObjectId('6703cfa2be605f3ca9c2528f') ObjectId
2 text : "本文テキスト" String
3 createdAt : 2002-08-18T04:56:07.000+00:00 Date
Cancel
Insert

Section 11-06

Nuxtにmongooseを導入し、モデルを定義する

mongooseのようなODMを使うと、MongoDBにおけるデータ操作がTypeScriptから扱いやすいものになります。

このセクションのポイント

1. mongooseモジュールを導入し、nuxt.config.tsに設定を追加
2. defineMongooseModel()でコレクションのモデルを定義
3. TypeScriptのインターフェースでも同じ構造を定義

MongoDBはWeb APIを通じてどの環境からでもやりとりできるデータベースですが、Node.jsで扱うにはTypeScriptないしJavaScriptのオブジェクトとして扱えると便利です。ドキュメント志向データベースをオブジェクト指向プログラミングのアプローチで扱えるようにするODM(object-document mapper)として、MongoDBではmongooseというライブラリがよく知られています。mongooseではスキーマ(schema)と呼ばれる形式でコレクション中のデータをモデル化し、そのインスタンスオブジェクトに対してメソッドチェーンすることで、データの集合を加工していきます。この節ではNuxtプロジェクトにmongooseを導入し、投稿データのスキーマを定義したいと思います。

Nuxtプロジェクトにmongooseを導入するために、ここでもモジュールを利用します。ターミナルでショートカットcommand+C(WindowsではCtrl+C)を入力してサーバーを停止し、次のコマンドを実行してnuxt-mongooseモジュールを追加してください。

```
% npx nuxi@latest module add nuxt-mongoose
```

nuxt.config.tsのmodulesプロパティに nuxt-mongoose が追加されているのを確認したら、新たにmongoose用の項目を追加し、次のように記述しましょう*1。

▼nuxt.config.ts

```
01: // https://nuxt.com/docs/api/configuration/nuxt-config
02: export default defineNuxtConfig({
03:   devtools: { enabled: true },
04:   modules: ["@nuxt/ui", "@nuxtjs/tailwindcss", "nuxt-mongoose"],
05:   mongoose: {
06:     uri: process.env.NUXT_MONGODB_URI,
07:     modelsDir: "models",
```

*1 この時点では mongoose にエラーを示す赤波線が表示されているかと思いますが、次の npm run dev を実行した時点で解消します。

```
08:     devtools: true,
09:   },
10:   runtimeConfig: {
11:     mongoose: {
12:       uri: process.env.NUXT_MONGODB_URI,
13:     },
14:   },
15: });
16:
```

uri に指定されてある環境変数 NUXT_MONGODB_URI は、クラスターの概要ページにある「Connect」ボタンをクリックして接続設定用のモーダルを表示し、「Drivers」をクリックした先にあるURIを次のように加工して、.envファイルに値を保存します。

▼.env

```
01: NUXT_MONGODB_URI=mongodb+srv://<データベースのユーザー名>:<データベースのパスワード>@
cluster0.jgaiw.mongodb.net/nuxtchan?retryWrites=true&w=majority&appName=Cluster0
```

ターミナルで npm run dev を実行してサーバーを再び起動したら、今度は投稿コレクションpostsのモデル定義に取りかかります。今回はサーバーサイドに関するスクリプトの置き場であるserverディレクトリの下にmodelsというフォルダーを作成し、その中にpost.schema.tsという名前でファイルを作成します。Nuxtのmongooseモジュール、およびmongooseライブラリ自体が提供する関数を使って、postsコレクションのためのモデルを PostSchema という名前で定義します。

▼server/models/post.schema.ts

```
01: import { defineMongooseModel } from "#nuxt/mongoose";
02: import { Schema } from "mongoose";
03:
04: export const PostSchema = defineMongooseModel({
05:   name: "Post",
06:   schema: {
07:     name: {
08:       type: String,
09:     },
10:     text: {
11:       type: String,
12:       required: true,
13:     },
14:     parent: {
15:       type: Schema.Types.ObjectId,
16:       ref: "Post",
```

```
17:     },
18:   },
19:   options: {
20:     timestamps: true,
21:   },
22: });
23:
```

スキーマの設定 schema には文字列の名前 name に加えて本文テキスト text が必須項目として記述されています。ここで新たに登場するプロパティ parent は返信先の投稿をのちほど参照できるようにするもので、スキーマ型 type はドキュメントを表すオブジェクトID Schema.Types.ObjectId、参照先 ref は投稿コレクションそれ自体を表す Post となっています*2。options に指定されている timestamps: true は、ドキュメント作成時および更新時に created_at と updated_at プロパティそれぞれの値を自動的に生成・更新するものです。同様に自動で付与されるオブジェクトID _id をここに加え、TypeScriptで同様の構造を表すインターフェース PostResponse をこの時点で定義しておきましょう。

▼server/models/post.schema.ts

```
22: // ...
23:
24: export interface PostResponse {
25:   _id: string;
26:   name?: string;
27:   text: string;
28:   parent?: PostResponse;
29:   createdAt: string;
30:   updatedAt: string;
31: }
32:
```

*2 このスキーマ型はTypeScriptにおける型とは異なるものです。type として文字列コンストラクター String やクラス Schema.Types.ObjectId を指定しているのもプロパティの値としてであり、型アノテーションとしてではないことに気をつけてください。

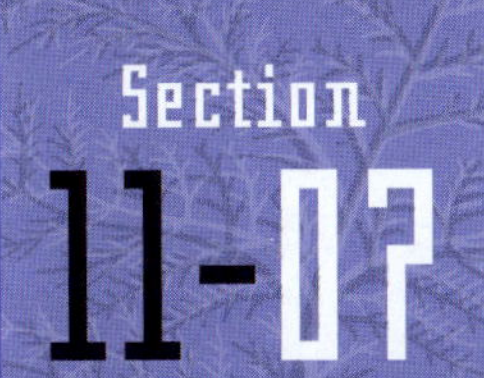

Section 11-07 APIバックエンドを実装する

ユーザーインターフェースを実装するフロントエンドに対し、データの取得やビジネスロジックを担当する裏側はバックエンドと呼ばれます。

このセクションのポイント

1. バックエンドはMongoDBのデータベースと通信し、加工したデータをフロントエンドに提供する
2. server/api/下にバックエンドAPIを実装
3. 投稿のためのAPIはPOSTリクエストで受けつける

NuxtプロジェクトからMonogDBを利用するために、引き続きサーバーサイドの実装を進めます。先ほど入力した環境変数に含まれるパスワードのような機密情報は、セキュリティの観点からクライアントサイドではやりとりすべきでないものです。こうした情報をサーバーサイドで安全に扱うレイヤーを提供するために、NuxtなどのメタフレームワークではAPIサーバー機能を備えています。具体的には、MongoDBのデータベースと通信し、取得したデータを加工して返すWeb APIを実装し、アプリケーションからはそのAPIを介してMongoDBとやりとりします。このような設計パターンは、外部サービスとフロントエンドとの間の複雑性をバックエンドで縮減するという観点からBFF(backend for frontend)とも呼ばれます。

まずは投稿を一覧取得するAPIを作成します。Nuxtの慣例およびREST APIのURI設計にならい、投稿(post)の一覧取得APIは/api/postsというエンドポイントへのGETメソッドとして作成します。Nuxtのファイルベースのルーティングでこのアpiを実装するのは、server/api/postsというディレクトリ下にあるindex.get.tsと命名されたファイルです。serverフォルダの中にapiフォルダを、その中にさらにpostsフォルダを作成し、index.get.tsファイルを新規作成したら、`defineEventHandler()` という関数をデフォルトエクスポートする次のコードを記述しましょう。

▼server/api/posts/index.get.ts

```
01: export default defineEventHandler(async (_event) => {
02:   const posts = await PostSchema.find().populate("parent");
03:   const postsDesc = posts.toReversed();
04:
05:   return postsDesc;
06: });
07:
```

PostSchemaは先ほど定義した投稿のためのmongooseモデルで、find()メソッドをパラメーターなしで呼び出すことで投稿を全件取得しています。そのあとにメソッドチェーニングされているpopulate()は、parentプロパティに登録されているオブジェクトIDをもとに該当するドキュメントを取得し、それをもって全体としてのparentデータを埋める(populate)処理を行っています*1。

同様の処理を、オブジェクトIDをもとに投稿を1件のみ取得する/api/posts/[id]というAPIについても実装できます。event.context.paramsの中から取り出せるURIのパスパラメーターidを、findOneメソッドで_idに一致するよう指定します*2。

▼server/api/posts/[id].get.ts

```
01: export default defineEventHandler(async (event) => {
02:   const post = await PostSchema.findOne({
03:     _id: event.context.params?.id,
04:   }).populate("parent");
05:
06:   return post;
07: });
08:
```

最後に一覧取得APIと同じ/api/postsというパスで、投稿のためのAPIをPOSTリクエストで受けつけることにします。postsフォルダの中にindex.post.tsファイルを作成し、以下のコードを記述します。name、text、parentパラメーターの値はリクエストボディの中から得られると想定し、PostSchemaのコンストラクターに渡しています。そうして生成されるインスタンスオブジェクトにsave()メソッドを実行することで、投稿がpostsコレクションに保存されます。

▼server/api/posts/index.post.ts

```
01: export default defineEventHandler(async (event) => {
02:   const body = await readBody(event);
03:
04:   const { name, text, parentId } = body;
05:
06:   const post = new PostSchema({
07:     name,
08:     text,
09:     parent: parentId,
10:   });
11:
12:   await post.save();
```

*1 さらに、結果は生成日時の昇順ソート(ascending order)となっているので、それを反転(reverse)して降順ソート(descending order)に変換するための処理を挟んでいます。

*2 [id]はここではidというパラメーター名に割り当てられる値が来ることを表しています。

```
13:
14:   return post;
15: });
16:
```

Section 11-08

フロントエンドとAPIバックエンドをつなげる

APIバックエンドをフロントエンドにつなぎこむ処理にも、Nuxtが提供するコンポーザブルを使います。

このセクションのポイント

1. useFetch() コンポーザブルでAPIからのデータ取得を最適化できる
2. ページ本体で取得したデータをコンポーネントにpropsで渡す
3. パスパラメーターはuseRoute() コンポーザブルを使って参照できる

APIバックエンドを実装したので、今度はそれをフロントエンドで呼び出して利用するようにします。ここでフロントエンドと呼んでいるのはユーザーインターフェースに関するVueファイルの実装で、最終的にはページとしてレンダリング(rendering)されるものです。今回のように投稿やその一覧を静的なコンテンツとして表示する場合、基本的にはサーバーサイドレンダリング、つまりSSRで十分だと考えられます。SSRやCSRにおけるデータ取得をうまく行うために、Nuxtのコンポーザブルである useFetch() を本章では活用します。

まずはトップの一覧ページにあたるindex.vueで、一覧取得APIを呼び出す次の実装を追加します。

▼app/pages/index.vue

```
01: <script setup lang="ts">
02: const { data: posts } = await useFetch<PostResponse[]>("/api/posts");
03: </script>
04:
05: <template>
06:   // ...
```

一覧取得APIのエンドポイントである /api/posts を引数として、useFetch() コンポーザブルをawaitつきで呼び出しています。結果は投稿データの配列として取得されるので、useFetch() の型引数に PostResponse[] を指定することで型情報を付与しています*1。またこの結果は data というプロパティ名で返り値であるオブジェクトの中に入っていますが、上のコードでは分割代入を使って posts という変数で再定義しています*2。

*1 useFetch() コンポーザブルはawaitがあるかないかでレンダリングに関する挙動が異なります。今回はNuxt公式ドキュメントの例に合わせてawaitをつけての呼び出しとしました。

*2 scriptブロックで定義されたデータはNuxt DevToolsの「Components Tree」でコンポーネントツリーを順に展開して、<index> をインスペクトすることでも確認することができます。データの確認には console.log() などの関数を使ったり、ページ内に直接テキスト展開したりして確認することがよく行われますが、こうした開発者ツールが使えることも知っておくと便利です。

このデータをPostCardコンポーネントで利用できるように、PostCard.vueを開いて次のようにpropsの型を定義します。

▼app/components/PostCard.vue

```
01: <script setup lang="ts">
02: defineProps<{
03:   _id: string;
04:   name?: string;
05:   text: string;
06:   parent?: PostResponse;
07:   createdAt: string;
08: }>();
09: </script>
10:
11: // ...
```

名前、作成日時、本文テキストを仮置きした文字列をそれぞれテンプレート構文の各propsに置き換え、場合によってはNull合体演算子 ?? でデフォルトの値を補いながら、投稿カードの中身にプロパティを割り当てていきます。さらに、返信先の投稿を表示するためのPostCardコンポーネントそれ自身の呼び出しをここで追加しました。

▼app/components/PostCard.vue

```
09: // ...
10:
11: <template>
12:   <UCard>
13:     <p>
14:       <span class="font-bold text-green-600">
15:         {{ name ?? "名無しさん" }}
16:       </span>
17:       <span>：</span>
18:       <NuxtLink :to="_id" class="underline">
19:         {{ createdAt }}
20:       </NuxtLink>
21:     </p>
22:
23:     <UContainer>
24:       <p class="whitespace-break-spaces">{{ text }}</p>
25:       <PostCard
26:         v-if="parent"
27:         :_id="parent._id"
28:         :name="parent.name"
29:         :text="parent.text"
```

```
30:           :parent="parent.parent"
31:           :createdAt="parent.createdAt"
32:         />
33:       </UContainer>
34:     </UCard>
35: </template>
36:
```

再びindex.vueに戻り、このPostCardコンポーネントを配列 posts に基づいてv-forディレクティブでリストレンダリングする際に、各propsの値を次のようにバインディングすると、先に登録した仮データが投稿のかたちで表示されます。

▼app/pages/index.vue

```
01: <script setup lang="ts">
02: const { data: posts } = await useFetch<PostResponse[]>("/api/posts");
03: </script>
04:
05: <template>
06:   <main class="flex flex-col gap-4">
07:     <PostForm />
08:
09:     <PostCard
10:       v-for="post in posts"
11:       :_id="post._id"
12:       :name="post.name"
13:       :text="post.text"
14:       :parent="post.parent"
15:       :createdAt="post.createdAt"
16:     />
17:   </main>
18: </template>
19:
```

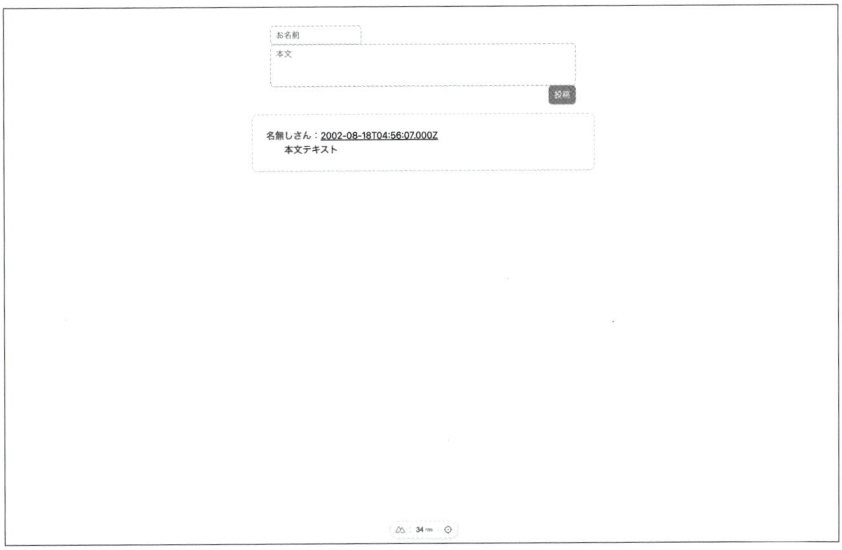

名無しさん：2002-08-18T04:56:07.000Z
本文テキスト

投稿の個別ページである[id].vueでも同様の実装を行いますが、こちらは1件の投稿取得API /api/posts/[id] をエンドポイントとしてデータを取得します。この id には想定するページURL /[id] における id の値を渡すことになりますが、こうしたパスパラメーターはNuxtのコンポーザブル useRoute() を通して参照することができます。今回表示するデータは投稿1件なので、変数名 post や型引数 PostResponse 、PostCardコンポーネントのv-ifディレクティブなども、それに適したものに書き換えてあります。全体としてのコードは次の通りとなっています。

▼app/pages/[id].vue

```
01: <script setup lang="ts">
02: const route = useRoute();
03: const { data: post } = await useFetch<PostResponse>(
04:   `/api/posts/${route.params.id.toString()}`
05: );
06: </script>
07:
08: <template>
09:   <main class="flex flex-col gap-4">
10:     <PostCard
11:       v-if="post"
12:       :_id="post._id"
13:       :name="post.name"
14:       :text="post.text"
15:       :parent="post.parent"
16:       :createdAt="post.createdAt"
17:     />
```

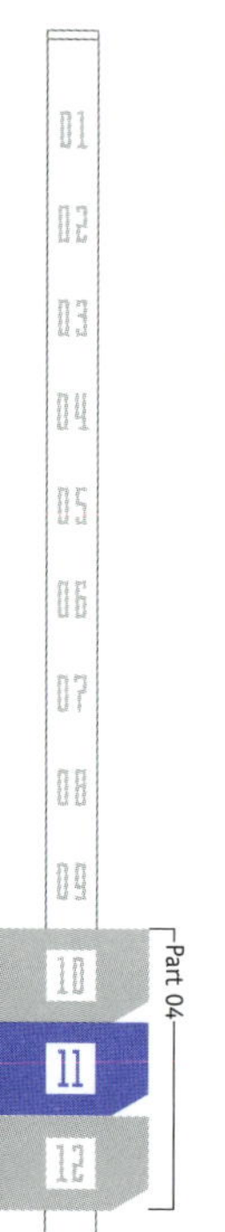


```
18:
19:       <PostForm />
20:     </main>
21: </template>
22:
```

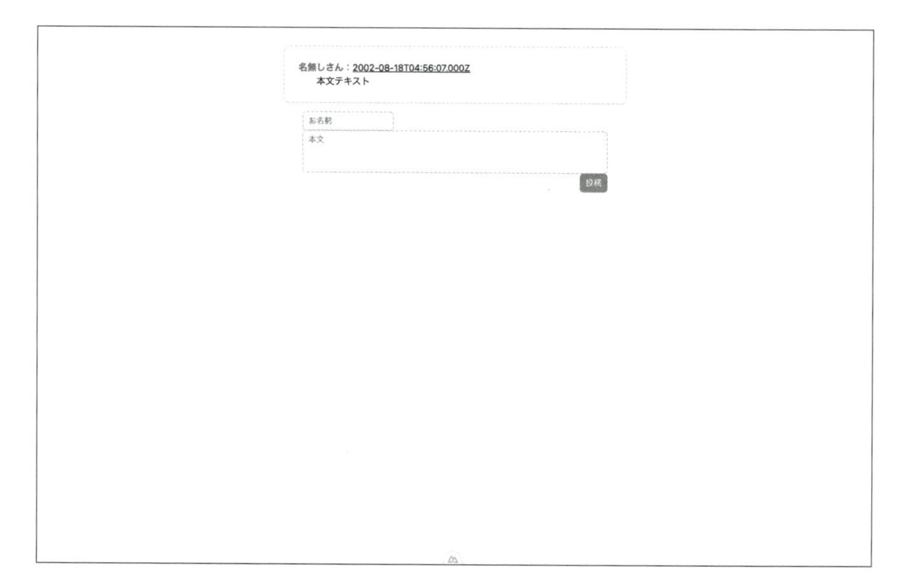

Section

11-09 投稿と同時にデータを再取得する

ユーザーアクションによって更新されたデータで画面を書き換えるために、CSRにおけるデータの再検証が必要になります。

このセクションのポイント

1. SSRで描画されたデータは自動的に再取得されない
2. $fetch() やuseFetch() が提供するrefresh により再取得したデータがCSRで更新される
3. defineEmits() でコンポーネントに渡すイベントを定義できる

仮データはこれで表示されるようになりましたが、ポストを投稿する機能がまだ実装できていません。ここまで残しておいたPostFormコンポーネントを実装するとともに、更新データの再取得についても見ていきたいと思います。PostForm.vueファイルを開き、まずはprops parentId の定義とリアクティブオブジェクトname および text の宣言を追加します。name、text はそれぞれの入力フォームにv-modelディレクティブでバインドさせます。

▼app/components/PostForm.vue

```
01: <script setup lang="ts">
02: const { parentId } = defineProps<{
03:   parentId?: string;
04: }>();
05:
06: const name = ref("");
07: const text = ref("");
08: </script>
09:
10: <template>
11:   <UContainer class="text-right w-full">
12:     <form>
13:       <UInput v-model="name" placeholder="お名前" class="w-40" />
14:       <UTextarea v-model="text" placeholder="本文" />
15:       <UButton>投稿</UButton>
16:     </form>
17:   </UContainer>
18: </template>
19:
```

続いて投稿フォームの送信イベントとして呼び出す submit() 関数を実装します。その中で実行する投稿作成APIのエンドポイント /api/post への

POSTリクエストには、NuxtがHTTPリクエストのために提供するヘルパー関数 `$fetch()` を利用します。これまでのリクエストと異なりPOSTメソッドでの呼び出しなので、第2引数にメソッド名に加えてリクエストボディを指定する必要があります。リクエスト実行後は本文テキストの入力フォームを消去するとともに、`useRouter()` コンポーザブルを使って個別ページにいたとしてもトップページに遷移することにします。formタグに `@submit.prevent="create"` ディレクティブを、UButtonコンポーネントに `type="submit"` 属性を追加することで、トップページのポスト投稿フォームが機能するようになります。

▼app/components/PostForm.vue

```
01: <script setup lang="ts">
02: const { parentId } = defineProps<{
03:   parentId?: string;
04: }>();
05:
06: const name = ref("");
07: const text = ref("");
08:
09: const router = useRouter();
10:
11: async function create() {
12:   await $fetch("/api/posts", {
13:     method: "POST",
14:     body: { name: name.value, text: text.value, parentId: parentId },
15:   });
16:   text.value = "";
17:   router.push("/");
18: }
19: </script>
20:
21: <template>
22:   <UContainer class="text-right w-full">
23:     <form @submit.prevent="create">
24:       <UInput v-model="name" placeholder="お名前" class="w-40" />
25:       <UTextarea v-model="text" placeholder="本文" />
26:       <UButton type="submit">投稿</UButton>
27:     </form>
28:   </UContainer>
29: </template>
30:
```

投稿後にページを更新すると確かにポストが増えているものの、投稿したその場ですぐ一覧に最新のポストが表示されるという期待した挙動にはなっていません。というのも表示されているポスト一覧はSSRされたコンテンツであり、初期描画時に取得された一覧データに新しいポストは含まれていないからです。こうした場合にCSR、つまりクライアントサイドで新たに取得した値を使ってコンテンツを書き換える必要が生じます。Nuxtの `useFetch()` コンポーザブルが提供する関数 `refresh` を使うと、開発者がこうした書き換えを意識することなく、プロパティの値をリアクティブに置き換えてくれます。

index.vueおよび[id].vueで、`useFetch()` の返り値から `refresh` を取り出すとともに、PostFormコンポーネントに `@submit="refresh"` という形式で関数を渡します。

▼app/pages/index.vue

```
01: <script setup lang="ts">
02: const { data: posts, refresh } = await useFetch<PostResponse[]>("/api/posts");
03: </script>
04:
05: <template>
06:   <main class="flex flex-col gap-4">
07:     <PostForm @submit="refresh" />
08:
09:     <PostCard
10:       v-for="post in posts"
11:       :_id="post._id"
12:       :name="post.name"
```

```
13:         :text="post.text"
14:         :parent="post.parent"
15:         :createdAt="post.createdAt"
16:       />
17:     </main>
18: </template>
19:
```

`@submit="refresh"` という形式でPostFormコンポーネントに渡した関数は、`defineEmits()` 関数の返り値 `emit` にイベント名 `submit` を引数として与えることで次のように呼び出せます。

▼app/components/PostForm.vue

```
01: <script setup lang="ts">
02: const { parentId } = defineProps<{
03:   parentId?: string;
04: }>();
05: const emit = defineEmits<{
06:   (event: "submit"): void;
07: }>();
08:
09: const name = ref("");
10: const text = ref("");
11:
12: const router = useRouter();
13:
14: async function create() {
15:   await $fetch("/api/posts", {
16:     method: "POST",
17:     body: { name: name.value, text: text.value, parentId: parentId },
18:   });
19:   text.value = "";
20:   router.push("/");
21:   emit("submit");
22: }
23: </script>
24:
25: // ...
```

他方で[id].vueでは先にPostFormコンポーネントで定義した `parentId` propsの値を渡すようにします。

▼app/pages/[id].vue

```
01: <script setup lang="ts">
02: const route = useRoute();
03: const { data: post, refresh } = await useFetch<PostResponse>(
04:   `/api/posts/${route.params.id.toString()}`
05: );
06: </script>
07:
08: <template>
09:   <main class="flex flex-col gap-4">
10:     <PostCard
11:       v-if="post"
12:       :_id="post._id"
13:       :name="post.name"
14:       :text="post.text"
15:       :parent="post.parent"
16:       :createdAt="post.createdAt"
17:     />
18:
19:     <PostForm v-if="post" :parentId="post._id" />
20:   </main>
21: </template>
22:
```

こうすることで、トップページで投稿したポストがすぐ一覧に反映されるとともに、個別ページから投稿したポストは返信先が表示される完全な実装になりました。

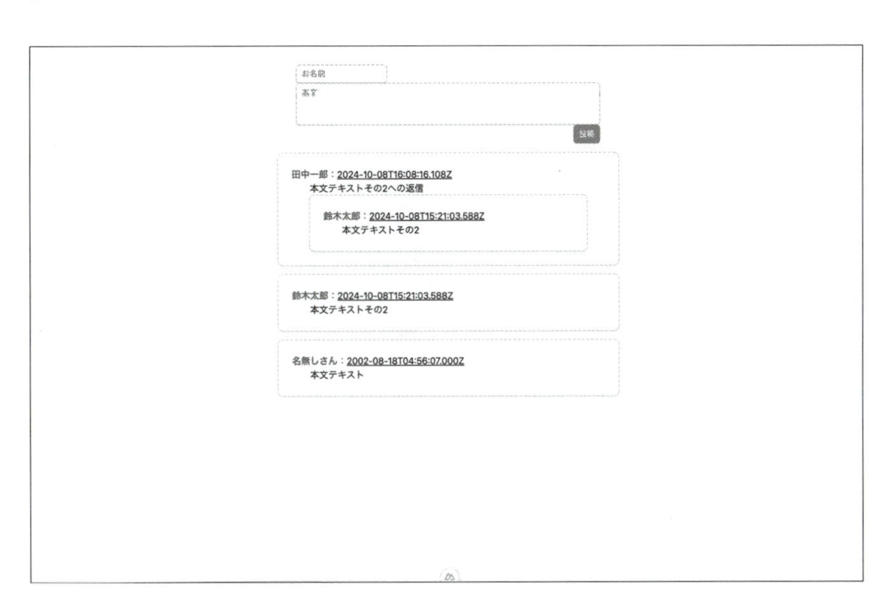

第11章のまとめ

この章ではNuxtを用いて短文投稿サービスを実現するプロジェクトを開発しました。メタフレームワークであるNuxtは、フロントエンドフレームワーク単体では実装が困難な処理を容易にします。たとえばルーティングはファイルベースで構成され、URLがVueファイルやTypeScriptファイルのディレクトリパスを反映したものになりました。加えて、パフォーマンスやセキュリティの観点から、より実際的なWebアプリケーションの開発に適しています。

Webアプリケーション開発ではさまざまなライブラリを利用しますが、Nuxtはそのためのモジュールの仕組みも備えていました。本章ではインターフェース実装の手間を省くために、Tailwind CSSやNuxtUIなどのライブラリをモジュールとして利用しました。またWebアプリケーションの骨格となるマークアップを最初に作成し、コンポーネントとして切り出しました。これらはNuxtのオートインポート機能により、インポート不要で利用できました。

データベースにはMongoDB Atlasを、そのODMとしてはmongooseを利用しました。コレクションのためのモデルを定義することで、オブジェクト指向プログラミングの考え方でデータを操作することができました。これらの処理はサーバーサイドで行い、フロントエンドにAPIを提供するバックエンドとして実装しました。具体的には投稿の一覧と1件のみの取得API、そして投稿作成APIを実装しました。

フロントエンドからこれらのAPIを介してデータを取得するために、Nuxtの`useFetch`コンポーザブルを活用しました。取得したデータに型情報を付与しつつ、propsとして渡した値をテンプレート構文でテキスト展開しました。投稿機能を実装するにあたっては、データを再取得するような処理を追加しました。これらの処理をイチから実装するのはとても大変なのですが、Nuxtのコア機能を活用することでかなり楽に開発することができました。

Part 04 Node.jsでWebアプリケーション開発

Docker コンテナーを Cloud Run でデプロイする

前の章で作ったWebアプリケーションをサーバーレスアーキテクチャーに載せ替えます。まずはDockerfileを記述し、アプリケーションがコンテナーとして動作するようにします。Cloud BuildやCloud Runといった Google Cloudのサービスを利用して、サーバーレスなアプリケーションをビルド・デプロイします。

紹介する開発環境

- **Docker**
- **Google Cloud Build**
- **Google Cloud Run**

Contents

Section 12-01 Dockerの開発環境をセットアップする

Dockerはアプリケーションの動作環境を仮想化する技術で、Linux系OSをもとに構築されるのが一般的です。

このセクションのポイント

1. Dockerは軽量なコンテナー型仮想環境を提供する
2. Dockerコンテナーは一貫した開発環境の可搬性を備える
3. Dockerの利用にはDocker Desktopのインストールが必要

最後の章ではこれまで開発してきたアプリケーションをDockerでコンテナー化し、Google Cloud Runによるサーバーレスアプリケーションとしてインターネットに公開します。Webアプリケーションをデプロイ（deploy）する方法には、クラウドの仮想サーバー上でアプリケーションを実行するとか、ホスティングサービスを利用するなどが考えられます。今回はサーバーレスアーキテクチャーを構築することを目指し、コンテナーアプリケーションとしてデプロイすることにしました。Node.jsはDockerによるコンテナー開発環境において一定の実績があり、その意味でプロダクションレベルの開発にさらに近づくことができるでしょう。

Dockerとは、アプリケーションを実行するためのコンテナー型の仮想環境を構築・共有・実行するためのプラットフォームです。仮想環境（virtual environment）とはハードウェアの中で動作するOS上で、Webサーバーによく使われるLinux系OSなどの環境をコンピューターの中で仮想的に実現したもののことです。このうちアプリケーション実行環境をコンテナー（container）と呼ばれる単位で他のプロセスから隔離するものがコンテナー型仮想環境と呼ばれます。仮想環境が完全なOSプロセスを実行する従来の仮想化技術に比べ、アプリケーションの実行環境に必要な最小限のリソースを要求するコンテナー型仮想化は軽量であるとされています。

Dockerを用いることの利点としては、可搬性（portability）という性質も挙げられます。Node.jsをインストールする際にOSやアーキテクチャーに応じて実行環境をインストールしましたが、これらは実際に異なる挙動を示すことがあり、こうした差異が開発現場においてしばしば問題になります。Dockerを使うとOSレベルで実行環境を構築できるので、どのPCでも一貫した開発ができるようになります。それだけでなく、Google Cloud Runなどのサーバーレスプラットフォーム上においてさえ同様の環境を構築し、アプリケーションを実行することができます。

DockerをPC上で利用できるようにするためには、Docker Desktopという開発用ツールをインストールする必要があります。公式ページでダウンロードボタンにホバーし、環境に応じたパッケージ(Windowsでは実行ファイル)をダウンロードしてください。

Docker Desktop
https://www.docker.com/ja-jp/products/docker-desktop/

インストールを開始すると設定に関する認証や使用許諾などを求められますが、今回の用途での利用ではいずれも特に問題ありません*1。以後の節でDockerに関するコマンドを実行するときには、Docker Desktopがバックグラウンドで常駐している必要があります。

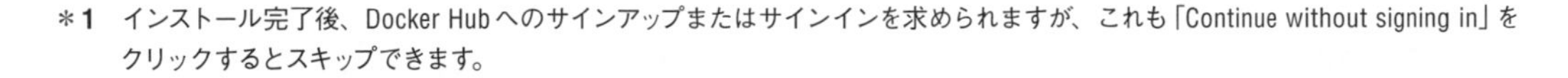
*1 インストール完了後、Docker Hubへのサインアップまたはサインインを求められますが、これも「Continue without signing in」をクリックするとスキップできます。

Section
12-02
Dockerfileから イメージをビルドする

コンテナーはイメージをもとに生成されますが、そのイメージはDockerfileという設定ファイルからビルドされる必要があります。

このセクションのポイント

1. Dockerfileというファイルを作成し、イメージの設定項目を記述
2. ベースイメージとしてはNode.js公式の構築済みイメージを利用
3. docker build -t コマンドでイメージをビルド

Dockerでコンテナーを実行するには、まずDockerfileというファイルをもとにコンテナーイメージをビルド（build）する必要があります[*1]。イメージ（image）はコンテナーの動作環境を提供するテンプレートで、実行時にはイメージをもとにコンテナーが生成されます。Dockerfileは独自のドメイン固有言語（domain specific language）で記述されており、Dockerがビルド時に行う手続きが記述されています。それではNuxtプロジェクトのルート直下にDockerfileという名前のファイルを作成し、以下のコードを記述してください。

▼Dockerfile

```
01: FROM node:22-slim
02:
03: WORKDIR /app
04:
05: COPY package*.json ./
06:
07: RUN npm install
08:
09: COPY . .
10:
11: RUN npm run build
12:
13: EXPOSE 3000
14:
15: CMD ["node", ".output/server/index.mjs"]
16:
```

FROM からはじまる最初の行で node:22-slim という公式イメージをベースイメージとして取得（pull）しています。公式イメージはLinuxディストリビューション（distribution）などOSのインストールや最適化を行ってくれる構築済みイメー

＊1 「構築」と訳されていますが、ビルドという表現が一般的なのでそちらを採用しました。

ジで、Docker HubというDocker用のリポジトリで配布されています。このうちnode イメージはNode.js公式のDockerチームが開発しており、Node.jsを実行するために用途別にカスタマイズされたイメージがタグ別で提供されています。今回は執筆時点での長期サポート（LTS）版であるバージョン22系のうち比較的軽量な22-slim を選びました。

次の WORKDIR コマンドで作業ディレクトリを指定し、COPY コマンドでpackage.jsonおよびpackage-lock.jsonをそこに移動します。RUN コマンドでnpm install を実行し、その他のファイルを先ほど指定した作業ディレクトリに移動しています。同様にして npm run build を実行すると、Nuxtアプリケーションを Node.jsで実行するためのスクリプトがoutput/server/index.mjsというパスで生成されます。最後に CMD コマンドでスクリプトを実行するとサーバーが立ち上がりますが、そこにアクセスできるように EXPOSE コマンドでコンテナーのポート3000を外部に公開しています。

イメージをビルドするには、ターミナルで次の docker build コマンドを実行します。

```
nuxtchan % docker build -t nuxt-app .
```

-t はタグをつけるためのフラグで、ここでは nuxt-app という名前をつけています。最後の . はDockerfileがあるディレクトリを指定しており、この場合はルート直下であるカレントディレクトリです。しばらくのビルド処理ののち、Docker Desktopを開くと、イメージ一覧の中にnuxt-appという項目ができているのがわかります。

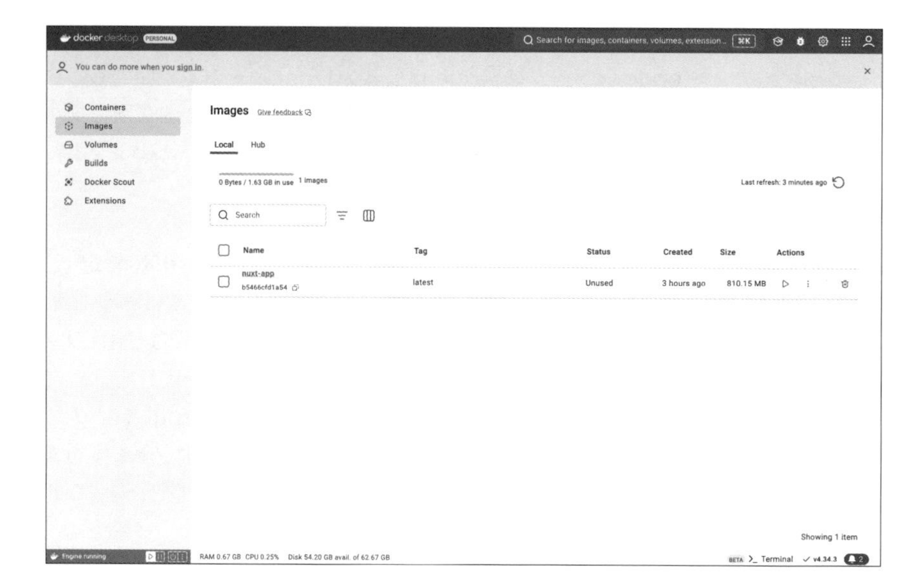
docker desktop PERSONAL
Search for images, containers, volumes, extension...
You can do more when you sign in.
Containers
Images
Volumes
Builds
Docker Scout
Extensions
Images
Give feedback
Local
Hub
0 Bytes / 1.63 GB in use
1 images
Last refresh: 3 minutes ago
Search
Name
Tag
Status
Created
Size
Actions
nuxt-app
b5466cfd1a54
latest
Unused
3 hours ago
810.15 MB
Showing 1 item
Engine running
RAM 0.67 GB CPU 0.25% Disk 54.20 GB avail. of 62.67 GB
BETA
Terminal
v4.34.3

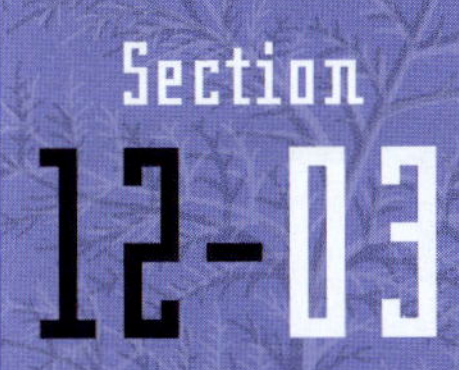

Dockerコンテナーでアプリケーションを動かす

コンテナー化されたWebアプリケーションは、Dockerのコマンドを通してコンテナーとして起動することになります。

このセクションのポイント

1. docker run コマンドでコンテナーが作成・動作
2. -p 3000:3000 フラグでコンテナーのポートを転送

Nuxtプロジェクトのスナップショットとなるイメージができたので、今度はコンテナー上でアプリケーションを動かします。

ターミナルで次のようなコマンドを実行します。

```
% docker run -p 3000:3000 nuxt-app
```

docker run コマンドはコンテナーを作成（create）してから、DockerfileのCMD で指定されたコマンドを使ってコンテナーを開始（start）します。-p フラグはDockerコンテナーから公開したポート3000をローカルホストのポート3000に転送（forward）し、https://localhost:3000 でアクセスできるようにします。

```
nuxtchan % docker run -p 3000:3000 nuxt-app
Listening on http://[::]:3000
Connected to MongoDB
nuxtchan %
```

Docker Desktopを開くと、コンテナー一覧の中にはnuxt-appイメージをもとに作成されたコンテナーが適当な名前で生成されているのがわかります。これを開くと、ターミナルに表示されたのと同じコンソールログが表示されています。

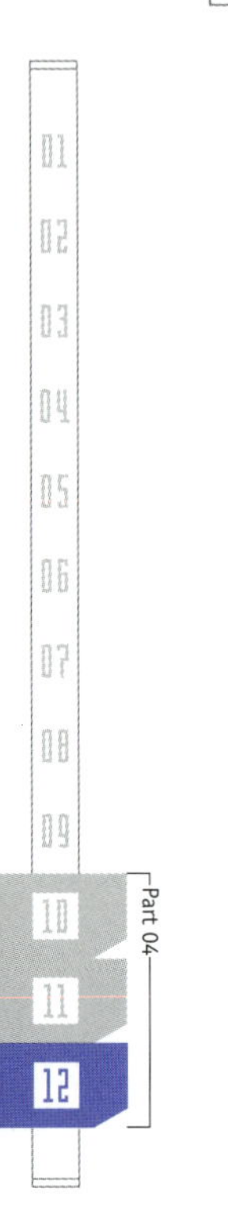

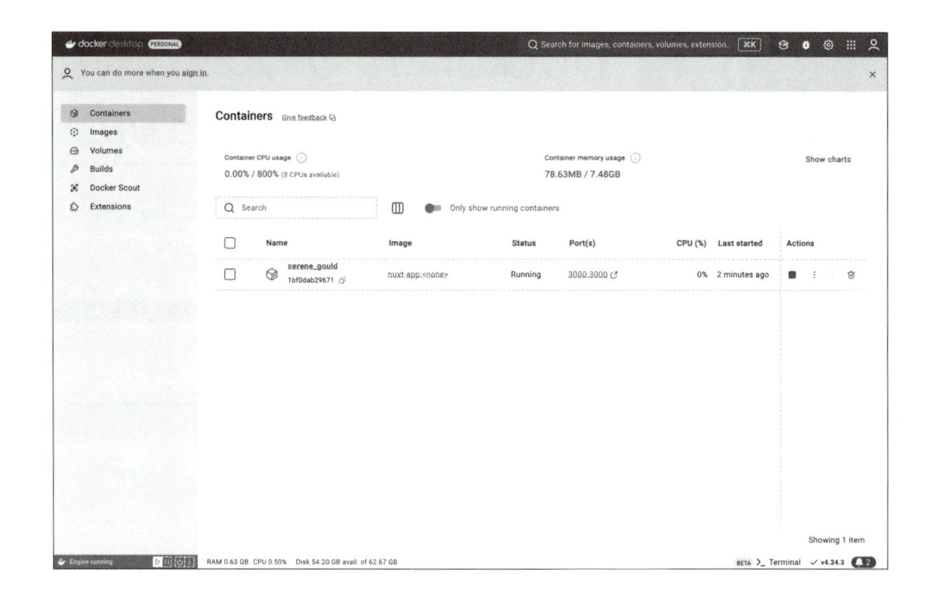

あらためて http://localhost:3000 にアクセスしてみましょう。ページを開いて、先の章と同じようにアプリケーションが動作していれば成功です。

コラム

Docker Compose

Dockerコンテナーは単体で動作させるだけでなく、フロントエンド、バックエンド、データベースといった具合に、複数のコンテナーを連携して機能させることも多いです。Docker Composeは、このような複数のコンテナーを定義し、実行するためのCLIツールです。docker-compose.yamlという設定ファイルを用意して `docker compose` コマンドを実行することで、コンテナーやイメージを一括して操作することができます。複雑なシステムの設定を自動化し、プロセスを調整して実行するこうした仕組みは、オーケストレーション（orchestration）と呼ばれることもあります。

サーバーレスアーキテクチャーについて

サーバーという物理的な実体を扱うインフラストラクチャーを、サーバーレスアーキテクチャーは抽象化してくれます。

このセクションのポイント

1 サーバーレスプラットフォームの基盤にあるコンテナー技術により自動スケーリングが可能
2 フルマネージドサービスによりサーバーの運用・管理から解放され、開発効率が向上する
3 イベント駆動アーキテクチャーもサーバーレスに適している

先の7章で見たように、サーバーという言葉はWebアプリケーションを提供するソフトウェアだけではなく、それが実行されているハードウェアそのものを指すこともあります。その意味で従来のWebアプリケーションにおけるサーバーの管理とは、こうした物理的存在としてのコンピューターをメンテナンスすることでした。サーバーの性能はCPUのコア数やメモリ数といったマシンの仕様（specification）によって規定され、脆弱性などに起因するOSのアップデートも人手で行う必要があります。こうした事情はクラウドサービスにおける仮想サーバーでも基本的に同様で、サーバーにアクセスが集中したりDDoS攻撃などを受けてサーバーに負荷がかかると稼働が停止し、「落ち」てしまいます。

サーバーレスプラットフォームは、サーバーに由来するこうした課題を抽象化し、サーバーの存在を意識しなくてもよいようにしたものです。その基盤に用いられているのが、これまで見てきたようなコンテナー技術です。特長のひとつめに挙げられるのがスケーラビリティで、リクエスト数などに基づいてコンテナーインスタンスの数を自動的に増減することで、自動スケーリング（auto scaling）を可能にします。これは軽量なコンテナーの起動の速さを活かしたものと言えます。

特長の2つめが開発効率の向上です。これまでサーバーについてはリソースの使用状況やログを監視（monitoring）し、必要に応じて開発者が適切な対応を取る必要がありました。サーバーレスプラットフォームはこうした対応を自動化するフルマネージドサービスを提供しています。アーキテクチャにこれらのサービスをうまく適用することで、開発者はインフラストラクチャーの運用や管理といった手間から解放され、開発そのものに集中できます。

さらに、サーバーレスプラットフォームではイベント駆動アーキテクチャというNode.jsの性質を最大限に活かすこともできます。イベント駆動アーキテクチャでは、関数がイベントをリクエストとして受け取ると、そのたびごとにジョブ（job）と

呼ばれる処理を行ったり結果を返したりします。このリクエストを待っている間もサーバーを起動させておく必要がありましたが、コンテナーインスタンスではその負荷を最小限に抑えることができます。開発者はインフラストラクチャーを気にかけることなく、単なる関数としてイベントを送信することができるのです。

Section 12-05

Google Cloudにプロジェクトを作成し、CLIを初期化する

Google Cloudは多くの企業に利用されているクラウドコンピューティングサービスで、状況に応じて2つのインターフェースから操作できます。

このセクションのポイント

1. Cloud Runではコンテナーをサーバーレス環境で実行できる
2. Google Cloudで新しいプロジェクトを作成
3. Google Cloud CLIをインストールして`gcloud init`で初期化

本章ではGoogle Cloudを利用して、コンテナーイメージをビルドしたのち、アプリケーションをデプロイして公開します。Google Cloudはグーグルが長年のWeb開発技術をもとに提供しているクラウドコンピューティングサービスです*1。コンテナーをサーバーレス環境で実行できるGoogle Cloud Runのほかに、Google Kubernetes Engine（GKE）などのコンテナー関連サービスを利用することができます。また、サーバーレスプラットフォームとしてはCloud RunのほかにGoogle Cloud Build、Google Cloud Functionsなどが提供されています。

Google Cloudを利用するには、利用開始の手続きをしてから、プロジェクトを作成する必要があります。Google Cloudトップページにアクセスし、画面右上の「無料で利用開始」などのボタンをクリックしてから利用規約に同意します。

*1　2022年6月まではGoogle Cloud Platform（GCP）と呼ばれていました。

Google Cloud
https://cloud.google.com/

お支払い情報の確認ステップでは支払いプロファイルとして請求書先情報を、また支払い方法としてクレジットカードを入力する必要があります。無料トライアル開始後はは90日間有効の300ドル分のクレジットが利用できるので、今回がはじめての利用であれば請求は発生しません*2。

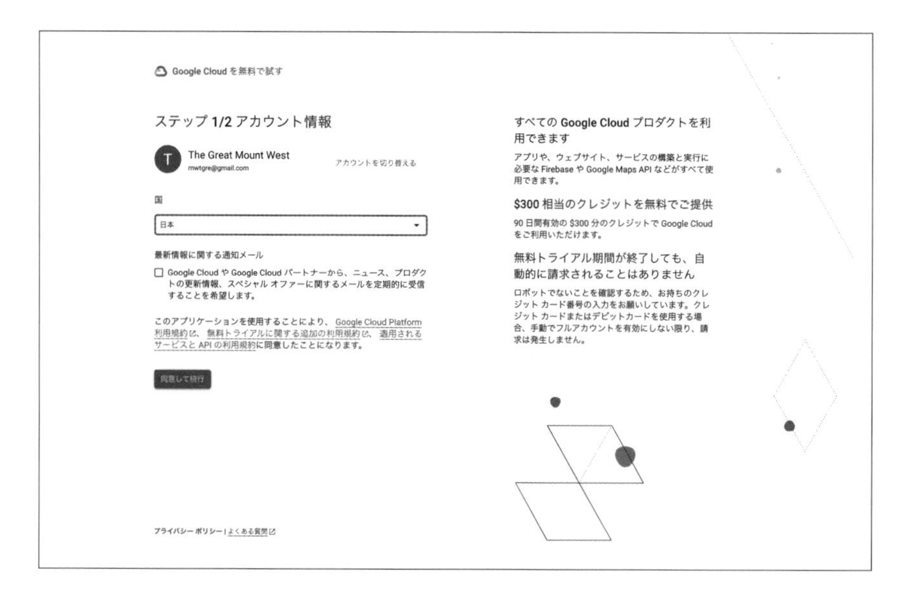

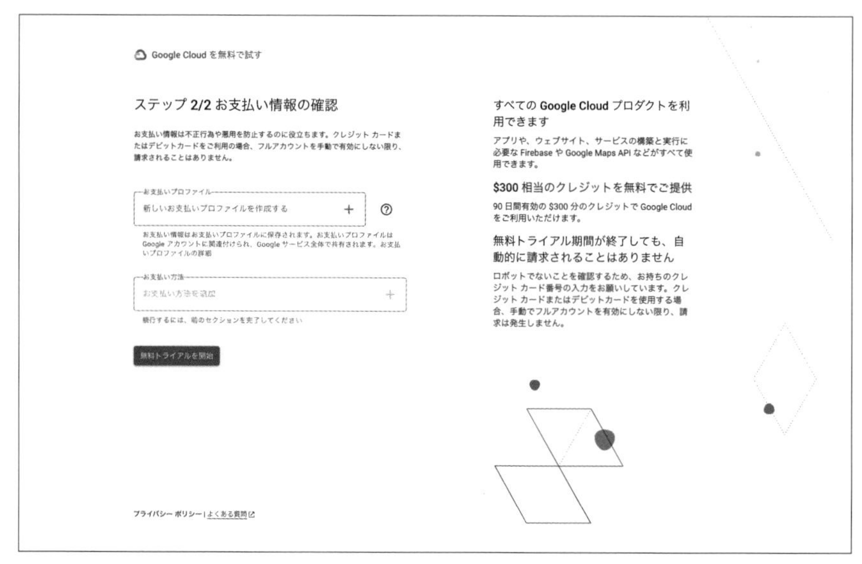

*2　執筆時の状況です。使用時にはその時点の状況をご確認ください。

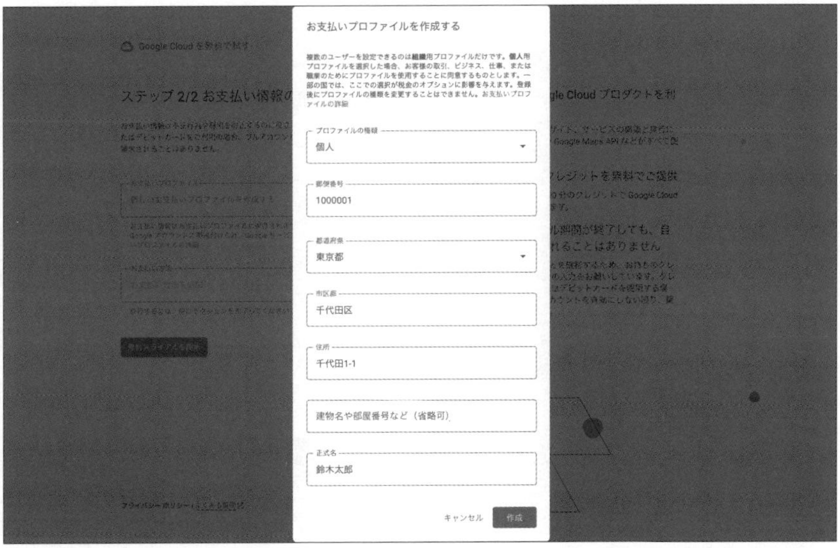

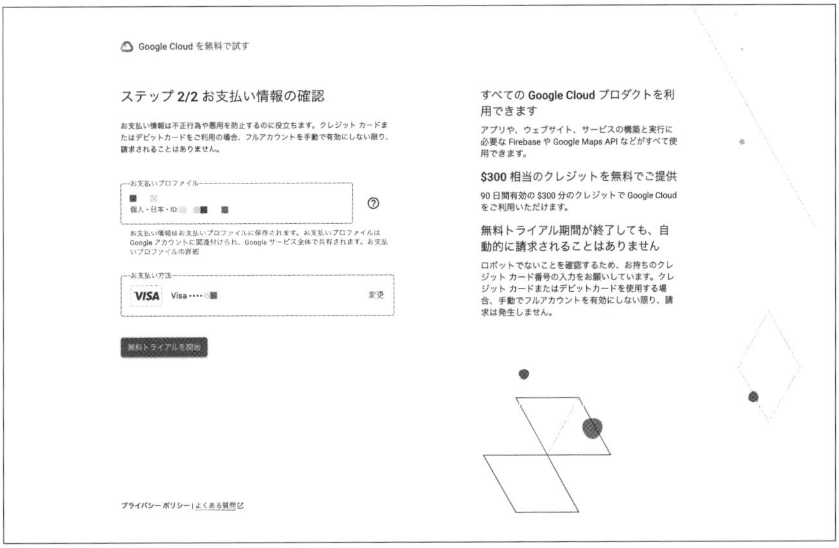

利用開始の手続きが完了すると、コンソールと呼ばれるユーザーインターフェースのトップページが表示されます。作業中のプロジェクトとしてMy First Projectが最初から設定されていますが、今回はこれとは別にプロジェクトを作成したいと思います。ヘッダーにある作業中のプロジェクトが表示されたセレクトボックスをクリックし、右上の「新しいプロジェクト」ボタンをクリックすると、プロジェクトの作成画面が表示されます。プロジェクト名を入力して「作成」ボタンをクリックすると、通知メニューでプロジェクトが作成されたことが通知されるので、その項目の「プロジェクトを選択」ボタンをクリックして作業中のプロジェクトに設定します。

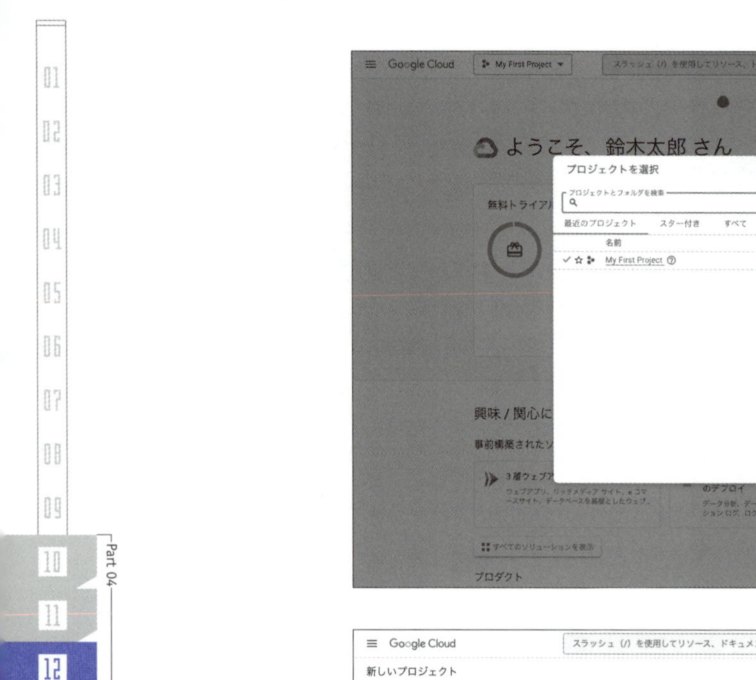

ここまでブラウザー上で操作してきたのは、Google Cloudコンソールと呼ばれるグラフィカルユーザーインターフェース（GUI）でした。Google CloudではGoogle Cloud CLIと呼ばれるコマンドラインインターフェース（CLI）を使ってターミナル上で多くの作業を行うので、この段階でインストールしておきます。ドキュメントの「gcloud CLIをインストールする」ページに記載されているインストール手順に従い、OSごとに適当な方法でGoogle Cloud CLIをインストールしてください。

「gcloud CLIをインストールする」ページ
https://cloud.google.com/sdk/docs/install

その手順の最後にある gcloud init コマンドを実行してから、利用を開始したGoogleアカウントにログインし、選択肢の中から今回作成したプロジェクトを選んでください。

Section 12-06

コンテナーイメージをビルドし、リポジトリとしてプッシュする

ここまではPC内にイメージをビルドしていましたが、Google Cloudではビルトと同時にイメージをリモートリポジトリにプッシュできます。

このセクションのポイント

1. Google Cloudの各種サービスを利用するためにAPIを有効化
2. プッシュ先リポジトリの指定にはプロジェクトIDが使われる
3. gcloud builds submit コマンドでArtifact Registryにプッシュ

先にローカル環境でコンテナーイメージをビルドしたのと同じ流れで、Cloud Buildを使用してGoogle Cloudにデプロイするためのコンテナーイメージをビルドします。Cloud BuildはGoogle Cloudのコンテナー関連サービスのひとつで、DockerfileやCloud Build構成ファイルに基づいてコンテナイメージをビルドし、Artifact Registryというコンテナー管理のためのレジストリ[*1]にプッシュ(push)します。また、トリガー機能を用いることでソースコードの変更を検出して自動的にビルドを実行できるほか、コンテナーイメージのテストやデプロイなどを自動化することも可能です。ビルドやデプロイのプロセスにおけるこうした自動化の取り組みは継続的インテグレーション/デプロイメント(CI/CD)と呼ばれています。

Google Cloudで各種サービスを利用するために、それらサービスのAPIを先に有効化しておきます。サービスのAPIはプロジェクトごとに有効化する必要があり、コンソール上でもCLIからでも操作が可能です。今回はCloud BuildとCloud Run、そしてSecret Managerを利用するので、CLIコマンド `gcloud services enable` でそれらのAPIを有効化したいと思います。ターミナルで次のコマンドを実行し、サービスのAPIを有効化します。

```
% gcloud services enable build.googleapis.com run.googleapis.com secretmanager.
googleapis.com
```

Cloud Buildでのビルド時には、成果物であるコンテナーイメージをプッシュするリポジトリを指定することができます。そのパスには通常プロジェクトIDとコンテナーイメージ名(今回はnuxt-app)を組み合わせたものを用います。Google Cloud CLIでは初期化時にプロジェクトが内部的に設定されていますが、そのIDは `gcloud config get-value project` で取得できます。これを用いて、コマンドライン変数 `PROJECT_ID` に次のコマンドでプロジェクトIDを代入しておきましょう。

*1 同様のサービスにContainer Registryがありますが、そちらは廃止予定です。

```
% export PROJECT_ID=$(gcloud config get-value project)
```

それでは、Google Cloud CLIのCloud Buildサービスに対して次のコマンドを実行します。コンテナーイメージのビルドからArtifact Registryへのプッシュが完了するまでには数分かかります。

```
% gcloud builds submit --tag gcr.io/$PROJECT_ID/nuxt-app
```

ビルドしたコンテナーイメージはgcr.ioリポジトリとしてプッシュされています。コンソールの検索フォームから「Artifact Registry」に移動すると、一覧にあるgcr.ioというフォルダーの中にコンテナーイメージがプッシュされているのが確認できます。

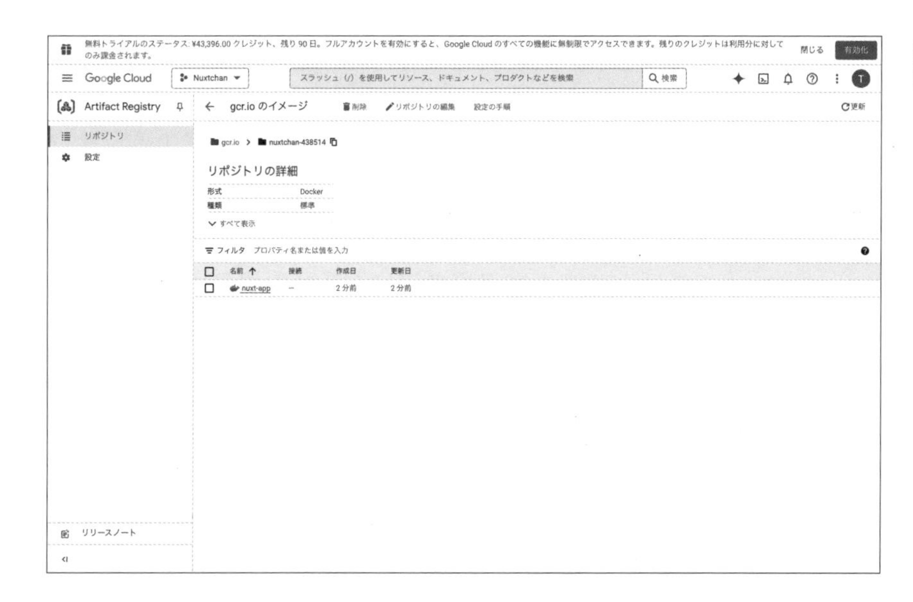

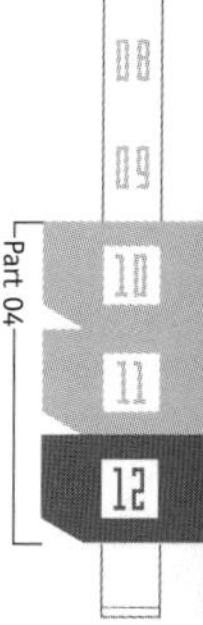

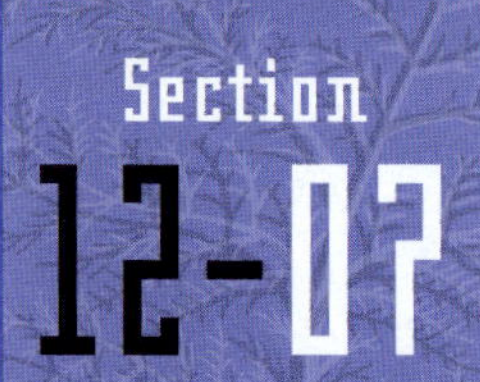

Section 12-07

コンテナー化したアプリケーションをデプロイする

Cloud Runでデプロイしたアプリケーションは、コンソール上で動作ログなどから状況を確認することができます。

このセクションのポイント

1. gcloud run deploy コマンドでアプリケーションをデプロイ
2. Secret Managerを利用して環境変数の値をシークレットとして扱う
3. サービスとイメージを削除してプロジェクトをクリーンアップ

それではビルドしたコンテナーイメージをもとに、Cloud Runでアプリケーションをデプロイします。ターミナルに gcloud run deploy コマンドを次のように入力し、デプロイを実行します。

```
% gcloud run deploy nuxtchan --image gcr.io/$PROJECT_ID/nuxt-app --region asia-northeast1
```

末尾のregionフラグでは、東京近辺のデータセンターを利用するasia-northeast1リージョンを指定しています。デプロイが成功するとURLが出力され、アプリケーションがWebで公開されていることがわかります。

```
% gcloud run deploy nuxtchan --image gcr.io/$PROJECT_ID/nuxt-app --region
 asia-northeast1
Allow unauthenticated invocations to [nuxtchan] (y/N)?  y

Deploying container to Cloud Run service [nuxtchan] in project [nuxtchan-438514] region
[asia-northeast1]
✓ Deploying new service... Done.
  ✓ Creating Revision...
  ✓ Routing traffic...
  ✓ Setting IAM Policy...
Done.
Service [nuxtchan] revision [nuxtchan-00001-8wr] has been deployed and is serving 100
percent of traffic.
Service URL: https://nuxtchan-5u6egxquxa-an.a.run.app
%
```

しかし今の状態では、アプリケーションは正しく動作していないようです。アプリケーションの動作ログを確認するには、Google CloudコンソールでナビゲーションメニューなどからCloud Runの画面にアクセスし、一覧から今回デプロイしたサービスの詳細画面を開いて「ログ」タブを選択します。ログを見てみると、MongoDB Atlasとの通信に必要な `NUXT_MONGODB_URI` の値が正しく設定されていないようです。今回の場合、ローカル開発環境で `docker build` したときと異なり、Cloud Buildではビルド時に.envファイルの環境変数が読み取られなかったことが原因でした。

```
Error connecting to MongoDB: MongoParseError: Invalid scheme, expected connection
string to start with "mongodb://" or "mongodb+srv://"
```

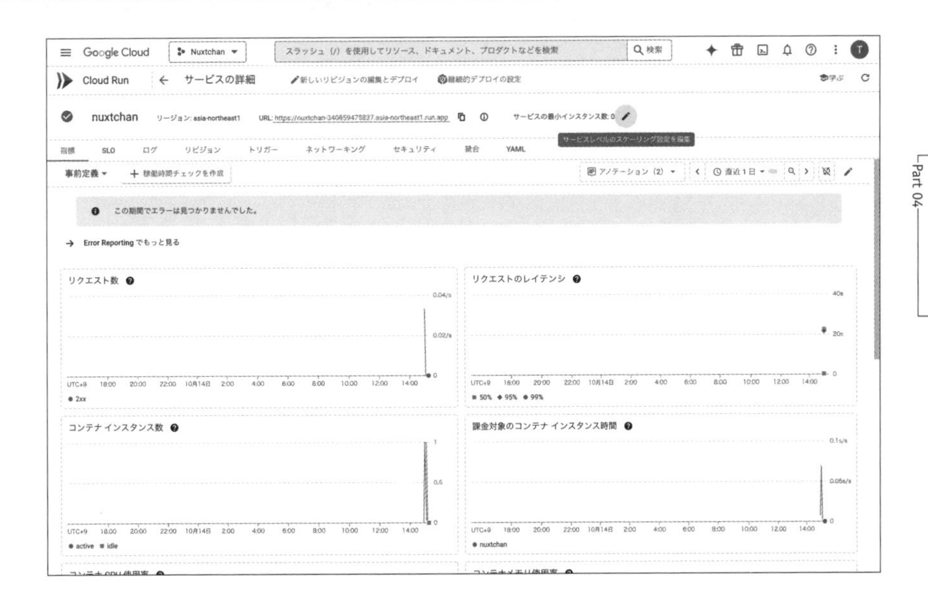

今回はGoogle Cloudのベストプラクティスにのっとり、Secret Managerというサービスを介して `NUXT_MONGODB_URI` の値を渡すようにします。まずは環境変数 `NUXT_MONGODB_URI` の値を格納した `monbgodb-uri` というシークレットを作成します。

```
% echo -n "mongodb+srv://[...]" | gcloud secrets create mongodb-uri --data-file=-
```

次にCloud Runのサービスアカウントを取得したのち、Secret Managerにアクセスする権限を付与します。

```
% SERVICE_ACCOUNT_EMAIL=$(gcloud run services describe nuxtchan --region asia-northeast1
--format='value(spec.template.spec.serviceAccountName)')
```

そのあと、以下のコマンドで `NUXT_MONGODB_URI` の値にシークレットを参照する形でCloud Runを再デプロイします。

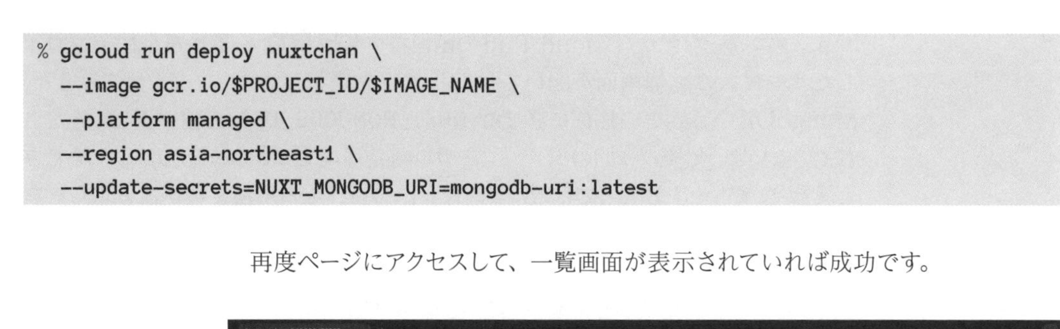

```
% gcloud run deploy nuxtchan \
  --image gcr.io/$PROJECT_ID/$IMAGE_NAME \
  --platform managed \
  --region asia-northeast1 \
  --update-secrets=NUXT_MONGODB_URI=mongodb-uri:latest
```

再度ページにアクセスして、一覧画面が表示されていれば成功です。

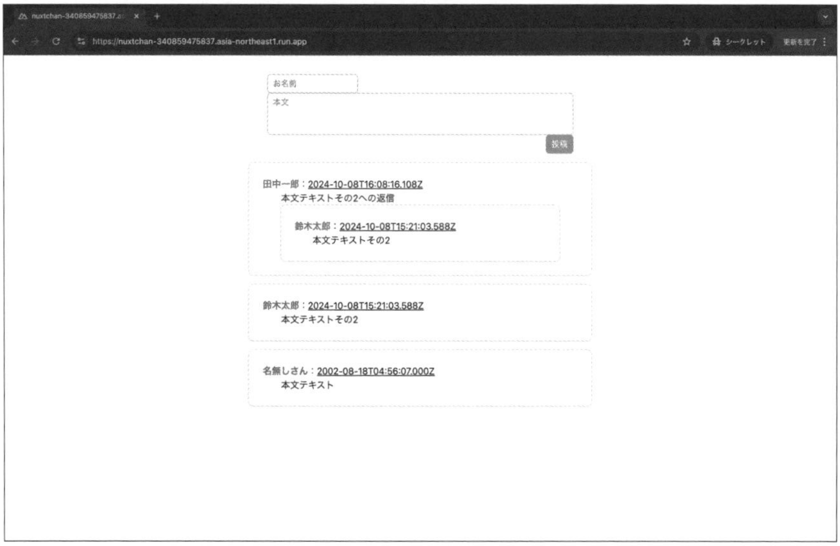

Section

12-08 第12章のまとめ

この章ではDockerでアプリケーションをコンテナー化し、サーバーレスアプリとしてCloud Runにデプロイしました。アプリケーションをコンテナー化することで、異なるPCやサーバーレスプラットフォーム上でも一貫した実行環境を実現できるのでした。Dockerでコンテナーを実行するために、まずDockerfileファイルを用いてコンテナーイメージをビルドしました。今回作成したのはNode.jsアプリケーションなので、Node.js公式イメージをベースイメージとして利用しました。

ハードウェアとしてのサーバーを自覚せずともアプリケーションを運用・管理できるクラウドサービスは、サーバーレスプラットフォームと呼ばれています。そのうちGoogle CloudではCloud Runを使って、コンテナーサービスをフルマネージドで提供できるのでした。Dockerコマンドと同様にしてGoogle Cloud CLIを使ってCloud Buildコンテナーイメージをビルドし、Cloud Runでデプロイしました。シークレットを管理するためのSecret Managerなどについても確認しました。

公開されたWebアプリケーションはURLが自動生成されたものになっていました。通常はロードバランサーなどを用いてインターネットからのアクセスを制御したり、カスタムドメインを設定したりします。また今回はクラウド版のMongoDB AtlasをHTTP通信経由で利用しましたが、こうしたデータベースアプリケーションをコンテナーに含めてしまう構成もよく見られます。さらにサーバーを常時起動させておく必要がなく、イベント駆動でジョブなどを随時行わせたい場合には、コンテナーの構成が不要なCloud Functionsなどの選択肢も利用できます。

開発の最後にクリーンアップとして、Webアプリケーションが動作しているCloud Runのサービスと、Cloud Buildでビルド・プッシュしたコンテナーイメージを削除しておきましょう。これにより、無料トライアル期間が経過しても費用が発生することありません。削除にはそれぞれ次のコマンドを実行します。

```
% gcloud run services delete nuxtchan
```

```
% gcloud container images delete gcr.io/$PROJECT_ID/nuxt-app
```

おわりに

学びて時に之を習ふ、亦説ばしからずや
——『論語』学而第一

高校数学の「二次関数」単元に、文字係数を式に含む場合の最大・最小値を求める問題がありました。定数aの値に応じて軸の位置や値域が動くため、aの値が取りうる範囲で場合分けをして解くというものです。この手の「場合分け」問題を前にして、なぜ各場合についていちいち考えないといけないのか、当時はその必要性が理解できませんでした。しかしプログラミングが仕事になってしばらくのち、そこで毎日のように書いている条件分岐はあのときの「場合分け」にほかならなかったと気づいたのです。

プログラミング教育が新学習指導要領下で必修化されてから、もうじき5年になるとのことです。一方では数学をはじめとする既存の教育課程が、プログラミングに必要な問題解決について考える力を養ってきたことは言をまたないでしょう。Webアプリケーションの構築という実世界の問題を取り扱うことの多いTypeScriptプログラミングにおいては、こうした思考力がわりあい活かしやすいように個人的には感じられます。多くの開発者の苦労と苦学を背景として生じる優等生的な側面が、TypeScriptが大規模開発を中心に受け入れられるようになったひとつの要因だと思います。

他方、プログラミングで本当に面白いところは図画工作と同様、自分でものが作れるようになるという点です。その技術を人に教えるためにはとっかかりとなる体験や認識が重要だと考えており、数学の教育課程においてはそれが「数学のよさ」という言葉でもって理解されています。本書では型というTypeScriptを代表する機能について、さまざまな実践を通じて読者にそのような「よさ」に気づいてもらうことを特に意識しました。そこから「プログラミングのよさ」ひいては「ものづくりのよさ」を知るきっかけに本書が少しでも寄与できればと願っています。

＊＊＊

本書を執筆することになったきっかけは、筆者が所属している株式会社Helpfeel宛てに、TypeScriptの書籍を執筆してほしいというメールが去年5月に届いたことでした。直近にはTSKaigi 2024という技術カンファレンスをスポンサーしており、そこで活動を目にした出版社の秀和システムがご連絡をくださったのでした。全体の構成から自由にやらせていただいたぶん、細部に至るまでなにかと注文の多い執筆者だったかと思いますが、そのたびに迅速に対応をしてくださりありがとうございました。直接関わることはありませんでしたが、レイアウト等に携わっている制作のみなさんもありがとうございました。

Helpfeel社の技術広報であり、自身も技術書の編集者である風穴江さんに、東京都内のスポンサーイベントで「いつか単著を出したい」という目標を口にしたのがTSKaigi開催のまさに前日だったことは、考えるほどに不思議なめぐり合わせです。風穴さんには執筆段階から原稿に対して多くのフィードバックを寄せていただいたほか、自身もTypeScriptの初学者として本プログラムの被験者となっていただきました。書籍執筆の話を共有いただいたことを含め、業務としての仕事を超えた協力と献身に感謝を申し上げます。またそのようなコラボレーションを可能とするBe Openな素地のことも常々ありがたいと感じています。

Google Cloudのサービスを取り扱う最終章の執筆に際しては、Google Cloud Japanの久保智夫さんが質問に親身に答えてくださいました。またGyazo開発チームで同僚のPasta-Kさんには、全体を通して用語法や最新情報に関するレビューをいただきました。そのほか、本が出たらぜひ読みたいと言ってくださったみなさんにあらかじめお礼を申し上げます。読者がいるとわかっている本を書くことは、書き手にとって幸いなことです。

私が知っているのはすでに世にある言葉の一部であり、私が本書を通して書き得たこともそのような知識の一部分にすぎません。知識が古び、言葉が廃れようとも、決して滅びないものが残ることを私は信じています。家族をはじめ、人に語るための言葉を私に授けてくれた人々とその忍耐に感謝します。とりわけ、日ごろ暮らしにおいて私の足りない部分を補い、時にそのことを心の底から思い知らせてくれるパートナー・真冬の存在に深く感謝します。

2025年正月　京都市左京区の仕事場にて
西山雄大

TECHNICAL MASTER

Appendix 補足資料

参考文献

Chapter 01

01-01

・NCSA Mosaic - Wikipedia
https://ja.wikipedia.org/wiki/NCSA_Mosaic

・Netscape シリーズ - Wikipedia
https://ja.wikipedia.org/wiki/Netscapeシリーズ

・JavaScript - Wikipedia
https://ja.wikipedia.org/wiki/JavaScript

・Brendan Eich - CEO of Brave - YouTube
https://www.youtube.com/watch?v=XOmhtfTrRxc

・Internet Explorer - Wikipedia
https://en.wikipedia.org/wiki/Internet_Explorer

・Microsoft Windows 95 - Wikipedia
https://ja.wikipedia.org/wiki/Microsoft_Windows_95

・ECMAScript - Wikipedia
https://en.wikipedia.org/wiki/ECMAScript

・File:NCSA Mosaic Browser Screenshot.png - Wikimedia Commons
https://commons.wikimedia.org/wiki/File:NCSA_Mosaic_Browser_Screenshot.png

・File:Internet Explorer 1.0.png - Wikipedia
https://en.wikipedia.org/wiki/File:Internet_Explorer_1.0.png

01-02

・The Real Story Behind ECMAScript 4
https://auth0.com/blog/the-real-story-behind-es4/

● 01-03

・Ajax - Wikipedia

https://ja.wikipedia.org/wiki/Ajax

・jQuery - Wikipedia

https://ja.wikipedia.org/wiki/JQuery

・Google Maps' biggest moments over the past 15 years

https://blog.google/products/maps/look-back-15-years-mapping-world/

● 01-04

・Node.js - Wikipedia

https://en.wikipedia.org/wiki/Node.js

・C10k problem - Wikipedia

https://en.wikipedia.org/wiki/C10k_problem

・Ryan Dahl: Node JS - YouTube

https://www.youtube.com/watch?v=EeYvFl7li9E

● 01-05

・歴史から見る TypeScript における webpack と Babel の必要性 #JavaScript - Qiita

https://qiita.com/hiroki-yama-1118/items/382f38054a9e7d31e455

・賢く使う Browserify | 第 1 回 Browserify とは

https://www.codegrid.net/articles/2015-browserify-1/

・webpack

https://webpack.js.org/

・Babel · The compiler for next generation JavaScript

https://babeljs.io/docs/learn

● 01-06

・Elm (プログラミング言語) - Wikipedia

https://ja.wikipedia.org/wiki/Elm_(プログラミング言語)

・CoffeeScript - Wikipedia

https://ja.wikipedia.org/wiki/CoffeeScript

・Dart - Wikipedia

https://ja.wikipedia.org/wiki/Dart

・TypeScript - Wikipedia

https://ja.wikipedia.org/wiki/TypeScript

● 01-07

・Language Server Protocol - Wikipedia

https://en.wikipedia.org/wiki/Language_Server_Protocol

Chapter 02

02-02

・What is Gradual Typing: 漸進的型付けとは何か #Python3 - Qiita

https://qiita.com/t2y/items/0a604384e18db0944398

・漸進的型付けの未来を考える - yigarashi のブログ

https://yigarashi.hatenablog.com/entry/future-of-gradual-typing

・TypeScript は gradual typing システムか #型 - Qiita

https://qiita.com/uhyo/items/df276348b966f0e9fe1c

・Steep、RBS はいかにして Ruby に静的な型検査を持ち込むか（松本宗太郎さん寄稿文）- Findy Engineer Lab

https://findy-code.io/engineer-lab/soutaro

02-03

・Idris: A Language for Type-Driven Development

https://www.idris-lang.org/

Chapter 03

03-02

・Quickstart | Bun Docs

https://bun.sh/docs/quickstart

・文と宣言 - JavaScript | MDN

https://developer.mozilla.org/ja/docs/Web/JavaScript/Reference/Statements

・const - JavaScript | MDN

https://developer.mozilla.org/ja/docs/Web/JavaScript/Reference/Statements/const

・function 宣言 - JavaScript | MDN

https://developer.mozilla.org/ja/docs/Web/JavaScript/Reference/Statements/function

● 03-10

・テンプレートリテラル (テンプレート文字列) - JavaScript | MDN

https://developer.mozilla.org/ja/docs/Web/JavaScript/Reference/Template_literals

Chapter 05

● 05-02

・bun init – Templating | Bun Docs

https://bun.sh/docs/cli/init

● 05-03

・Write a string to a file | Bun Examples

https://bun.sh/guides/write-file/basic

● 05-04

・Read a file as a string | Bun Examples

https://bun.sh/guides/read-file/string

● 05-05

・Write a file incrementally | Bun Examples

https://bun.sh/guides/write-file/filesink

・Parse command-line arguments | Bun Examples

https://bun.sh/guides/process/argv

● 05-10

・bun test – Test runner | Bun Docs

https://bun.sh/docs/cli/test

Chapter 06

● 06-02

・SQLite - Wikipedia

https://ja.wikipedia.org/wiki/SQLite

● 06-08

・const アサーション「as const」(const assertion) | TypeScript 入門『サバイバル TypeScript』

https://typescriptbook.jp/reference/values-types-variables/const-assertion

・TypeScript: Documentation - TypeScript 4.9

https://www.typescriptlang.org/docs/handbook/release-notes/typescript-4-9.html

Chapter 07

● 07-01

・10 Things I Regret About Node.js - Ryan Dahl - JSConf EU - YouTube

https://www.youtube.com/watch?v=M3BM9TB-8yA

・Node.js における設計ミス By Ryan Dahl - from scratch

https://yosuke-furukawa.hatenablog.com/entry/2018/06/07/080335

● 07-02

・GitHub でのアカウントの作成 - GitHub Docs

https://docs.github.com/ja/get-started/start-your-journey/creating-an-account-on-github

● 07-03

・HTTP Server: Hello World - Deno by Example

https://docs.deno.com/examples/http-server/

・example-helloworld - Deno Playground

https://dash.deno.com/playground/example-helloworld

● 07-04

・ウェブサーバーとは - ウェブ開発を学ぶ | MDN

https://developer.mozilla.org/ja/docs/Learn/Common_questions/Web_mechanics/What_is_a_web_server

・HTTP の概要 - HTTP | MDN

https://developer.mozilla.org/ja/docs/Web/HTTP/Overview

● 07-07

・ストリーム API - Web API | MDN

https://developer.mozilla.org/ja/docs/Web/API/Streams_API

・HTTP Server: Streaming - Deno by Example

https://docs.deno.com/examples/http-server-streaming/

Chapter 08

08-02

・REST - Wikipedia

https://en.wikipedia.org/wiki/REST

08-06

・HTTP Server: Routing - Deno by Example

https://docs.deno.com/examples/http-server-routing/

08-07

・CSS の基本 - ウェブ開発を学ぶ | MDN

https://developer.mozilla.org/ja/docs/Learn/Getting_started_with_the_web/CSS_basics

・sakura: a minimal classless css framework / theme

https://oxal.org/projects/sakura/

Chapter 09

09-01

・Hono - Web framework built on Web Standards

https://hono.dev/docs/

・Modules and dependencies

https://docs.deno.com/runtime/fundamentals/modules/

09-02

・HonoRequest - Hono

https://hono.dev/docs/api/request

09-03

・@b-fuze/deno-dom - JSR

https://jsr.io/@b-fuze/deno-dom

09-04

・キーバリュー型データベース - Wikipedia

https://ja.wikipedia.org/wiki/キーバリュー型データベース

・Deno KV Quick Start

https://docs.deno.com/deploy/kv/manual/

・HTTP レスポンスステータスコード - HTTP | MDN

https://developer.mozilla.org/ja/docs/Web/HTTP/Status

● 09-06

・encodeURIComponent() - JavaScript | MDN

https://developer.mozilla.org/ja/docs/Web/JavaScript/Reference/Global_Objects/encodeURIComponent

・パーセントエンコーディング - Wikipedia

https://ja.wikipedia.org/wiki/パーセントエンコーディング

● 09-07

・Deno Deploy | Deno

https://deno.com/deploy

Chapter 10

● 09-02

・はじめに | Vite

https://ja.vitejs.dev/guide/

● 09-03

・はじめに | Vue.js

https://ja.vuejs.org/guide/introduction

・テンプレート構文 | Vue.js

https://ja.vuejs.org/guide/essentials/template-syntax

・リアクティビティーの探求 | Vue.js

https://ja.vuejs.org/guide/extras/reactivity-in-depth

・単一ファイルコンポーネント | Vue.js

https://ja.vuejs.org/guide/scaling-up/sfc

● 09-04

・<script setup> | Vue.js

https://ja.vuejs.org/api/sfc-script-setup

● 09-07

・<form>: フォーム要素 - HTML: ハイパーテキストマークアップ言語 | MDN

https://developer.mozilla.org/ja/docs/Web/HTML/Element/form

・コンポーネントの v-model | Vue.js

https://ja.vuejs.org/guide/components/v-model

Chapter 11

● 11-02

・Routing • Get Started with Nuxt

https://nuxt.com/docs/getting-started/routing

・layouts/ • Nuxt Directory Structure

https://nuxt.com/docs/guide/directory-structure/layouts

● 11-03

・Introduction • Get Started with Nuxt

https://nuxt.com/docs/getting-started/introduction

・Tailwind CSS - Rapidly build modern websites without ever leaving your HTML.

https://tailwindcss.com/

・Nuxt UI: A UI Library for Modern Web Apps

https://ui.nuxt.com/

・Nuxt DevTools: Unleash Nuxt Developer Experience

https://devtools.nuxt.com/

● 11-04

・Auto-imports • Nuxt Concepts

https://nuxt.com/docs/guide/concepts/auto-imports

・components/ • Nuxt Directory Structure

https://nuxt.com/docs/guide/directory-structure/components

● 11-06

・Nuxt-mongoose • Nuxt Modules

https://nuxt.com/modules/nuxt-mongoose

・nuxt-fullstack/server/models/post.schema.ts at main • arashsheyda/nuxt-fullstack • GitHub

https://github.com/arashsheyda/nuxt-fullstack/blob/main/server/models/post.schema.ts

● 11-07

・server/ • Nuxt Directory Structure

https://nuxt.com/docs/guide/directory-structure/server

・Mongoose v8.7.0: Queries

https://mongoosejs.com/docs/queries.html

● 11-09

・$fetch • Nuxt Utils

https://nuxt.com/docs/api/utils/dollarfetch

■Chapter 12

● 12-01

・Docker: コンテナー アプリケーション開発の加速

https://www.docker.com/ja-jp/

● 12-02

・docker build — Docker-docs-ja 24.0 ドキュメント

https://docs.docker.jp/engine/reference/commandline/build.html#dockerignore

● 12-04

・Google Cloud で理解するサーバーレスアーキテクチャ - G-gen Tech Blog

https://blog.g-gen.co.jp/entry/serverless-architecture-explained

・Cloud Run: サーバーレス コンテナの話 | Google Cloud 公式ブログ

https://cloud.google.com/blog/ja/topics/developers-practitioners/cloud-run-story-serverless-containers

● 12-05

・クラウド コンピューティング サービス | Google Cloud

https://cloud.google.com/?hl=ja

・gcloud CLI をインストールする | Google Cloud CLI Documentation

https://cloud.google.com/sdk/docs/install?hl=ja

● 12-06

・Google Cloud プロジェクトでの API の有効化 | Cloud Endpoints with OpenAPI

https://cloud.google.com/endpoints/docs/openapi/enable-api?hl=ja

・CLI と API を使用してビルドを送信する | Cloud Build Documentation | Google Cloud

https://cloud.google.com/build/docs/running-builds/submit-build-via-cli-api?hl=ja

● 12-07

・シークレットを使用する | Cloud Run Documentation | Google Cloud

https://cloud.google.com/run/docs/configuring/secrets?hl=ja

・IAM を使用したアクセス制御 | Secret Manager Documentation | Google Cloud

https://cloud.google.com/secret-manager/docs/access-control?hl=ja

・Cloud Run へのコンテナ イメージのデプロイ | Cloud Run Documentation | Google Cloud

https://cloud.google.com/run/docs/deploying?hl=ja

TECHNICAL MASTER

Index 索　引

記号

<script> ブロック……211
<style> ブロック……218
<template> ブロック……211
@click ディレクティブ……221
.env ファイル……161, 245, 279

A

ActionScript……4
action 属性……221
Ajax……6, 16, 172, 173
AltJS……12, 16
any 型……20, 51
Apache HTTP Server……8
API……155, 276
API キー……156, 157, 173, 226
API クライアント……179
API サーバー……247
Artifact Registry……276
as……28
async/await……53
AsyncIterableIterator……188
async 関数……145
async キーワード……52
await……52, 73, 145, 182, 185, 250

B

Babel……11, 14
bash……58
BFF……247
boolean 型……18, 124, 125
break 文……107
Browserify……10
Bun……66, 94
button 要素……211, 221

C

C……24, 28
case 節……107
catch……43
catch ブロック……130
ChatGPT……154
ChatGPT API……154, 160, 163, 173
Chrome……6, 10
CI/CD……276
CLI……274
CoffeeScript……12
CommonJS……8, 10
const……36, 189
const アサーション……29, 48, 118
Created……186
CREATE 文……125
CRUD……131, 188, 200
CSR……226, 250, 257
CSS……4, 209, 218
CSS フレームワーク……231

D

Dart……12
Date……71
DBaaS……239
default 文……116
DELETE……103, 155, 193
DELETE 文……123
Deno……9, 134, 173, 200
Deno Deploy……137, 185, 196, 200
Deno DOM……181
deno.json……160, 162, 177, 181, 186
Deno KV……176, 185, 188, 197, 200
deno.lock……177
deployctl……196
Docker……262, 264, 281
Docker Desktop……263

Dockerfile …… 264, 276, 281
DOM …… 4, 6, 181, 200
DOMParser …… 181

E

Ecma …… 10, 16
ECMAScript …… 4
ECMAScript 6 …… 10, 13, 16
Ecma インターナショナル …… 3
Elm …… 12
else if 節 …… 42, 82
else 節 …… 42, 83
ESLint …… 14, 62, 64
export …… 87
Express …… 168
Express.js …… 8
extends キーワード …… 54

F

Facebook …… 12
false …… 18
Fetch API …… 182, 213, 223
File …… 73
FileSink …… 75
Firefox …… 10
Flash …… 4, 6
flexbox …… 218
Flow …… 12
for await...of 文 …… 165
for await... 文 …… 188
for 文 …… 43
FROM 句 …… 123
function …… 37

G

gcloud CLI …… 274
GET …… 140, 155, 178, 188, 192, 200, 213, 247
GhatGPT …… 173
Git …… 136
GitHub …… 12, 136, 169, 196
GKE …… 271
Go …… 24
Google Cloud …… 271, 276, 281
Google Cloud Build …… 271
Google Cloud CLI …… 274, 276, 281
Google Cloud Functions …… 271
Google Cloud Run …… 262, 271
Google Cloud コンソール …… 274, 278
Google Kubernetes Engine …… 271
Google マップ …… 6
GPT ファミリー …… 154
GUI …… 274

H

Haskell …… 24
Hello World コード …… 138
HelloWorld コンポーネント …… 211
HMR …… 205
Hono …… 168, 176, 200
HTML …… 139, 169, 173, 209, 223, 234
HTML コード …… 145
HTML タグ …… 215, 216
HTML ドキュメント …… 139, 142, 148, 151, 169, 173, 181, 200, 207, 217
HTTP …… 139, 151, 155, 173
HTTPS 通信 …… 155
HTTP プロトコル …… 141
HTTP メッセージ …… 139
HTTP リクエスト …… 52, 256
HTTP レスポンス …… 138

I

IBM …… 4
ID …… 101, 121, 193
IDE …… 13, 22, 59
Idris …… 23
if...else 節 …… 128, 129
if...else 文 …… 42, 107, 126
if 文 …… 26, 42, 82, 128
import 文 …… 88, 216, 235
INSERT …… 102

PUT……155
Python……20, 99

R

RDBMS……98
React……11, 12, 14, 173
ReadableStream……148, 164
readonly……118
ref……211
REST……155
REST API……155, 247
RESTful……155, 173, 176, 193, 200
return 文……37, 128
Ruby……12, 20
Ruby on Rails……12

S

satisfies……29, 118
SDK……156
Secret Manager……276, 279, 281
SELECT……102
SELECT 文……120
SNS……12
SQL……98
SQLite……98, 102, 111, 131
SQLite ドライバー……108, 120
SSR……226, 250, 257
string 型……18, 48
submit イベント……221
Svelte……208
switch 文……107, 116

T

Tailwind CSS……231, 260
TC39……4
test……90
text 型……101
Thunder Client……179, 187
timestamp 型……101
title タグ……181
title 要素……200
true……18
try……43
try...catch 文……43
try...catch 文……183
try ブロック……129
ts……69
tsc……14
tsconfig.json……207, 223
TS Playground……35
Tumblr……226
Twitter……226
TypeScript……13, 16
TypeScript プログラム……66
type 属性……221

U

UI ライブラリ……231
undefined……26, 34, 43, 45, 55, 80, 121, 167, 183
undefined 型……79
unknown 型……51
UPDATE……102
UPDATE 文……121, 123
URI……178, 188, 193, 245
URL……139, 141, 145, 160, 166, 181, 193, 196, 200, 278, 281
URL パス……228

V

V8 JavaScript エンジン……8
V8 エンジン……135
v-for ディレクティブ……215, 217, 252
v-if ディレクティブ……253
Visual Studio Code……13, 59
Vite……202, 205, 223
vite.config.ts……207
VM……12
v-model ディレクティブ……221, 255
VS Code……14, 22, 61, 64, 88, 94, 117, 135, 144, 151, 177, 179, 205, 208
Vue……14, 173, 202, 208, 223, 226, 228

W

X・Y・Z

あ行

エディター……31, 32, 59, 64
エラー……19, 31, 32, 36, 43, 55, 71, 79, 84, 88, 117, 129, 160
エラー処理……43, 55
エラーハンドリング……129, 131
エラーレスポンス……43, 183
エンコード……165
演算……39
演算子……18, 39, 55
エンドポイント……154, 155, 213, 220, 247, 250
エントリーポイント……177
オートインポート……235, 260
オブジェクト……18, 27, 28, 31, 35, 37, 39, 45, 48, 55, 112, 142, 161, 179, 185, 190, 209, 244, 250
オブジェクトID……246, 248
オブジェクト指向プログラミング……27, 244, 260
オブジェクトリテラル……40
オプショナル……46, 55
オプショナル引数……46
オプショナルチェーン……26
オプショナルチェーン演算子……46
オプション……207
オペランド……39
おもちゃの言語……7

か行

カード……216, 218, 222, 234, 251
改行……75, 92
解決……74
解釈……39, 80, 142
階層構造……226
開発環境……61, 64
開発サーバー……205
開発支援……94, 135
開発支援ツール……232
開発者コミュニティ……6, 16
開発者支援……31, 32
開発者体験……12, 14, 16, 94
開発体験……61
返り値……22, 30, 37, 50, 52, 55, 86, 104, 183, 185
角括弧……39, 45
拡張機能……61, 64, 135, 179, 208
カスタムコンポーネント……235
画像……139, 148, 154
画像埋め込み要素……217
仮想環境……262
仮想サーバー……196, 262, 269
画像要素……217
型……14, 18, 20, 22, 24, 26, 28, 30, 32, 37, 52, 55, 80, 86, 94, 112, 131, 167, 179, 185, 188, 251
型アサーション……28, 113, 131
型アノテーション……28, 30, 32, 37, 40, 46, 49, 55, 80, 86, 94, 113, 116, 183, 216
型安全……16, 19, 72
型引数……55, 179, 183, 185, 189, 200, 250
型エイリアス……22, 27, 50, 53, 131
型エラー……94, 113, 116, 125, 131, 163, 183
型ガード……26, 49, 130
型ガード関数……50
型拡張……48
型駆動開発……23
型検査……12, 15, 18, 19, 20, 22, 32, 86
型システム……18, 20, 24, 26, 30
型情報……28, 31, 250, 260
型推論……22, 24, 29, 32, 43, 53, 130
型注釈……5, 20, 22
型付け……18, 20, 29
型定義……22, 46, 189
型の絞り込み……26, 49, 55
型変換……71
カテゴリー……18, 24, 32
可読性……12, 16, 62
可搬性……262
カプセル化……209

ガベージ・コレクション……24, 28
空集合……26
空文字……80
仮データ……241, 252, 255
カレントディレクトリ……60
環境構築……202
環境変数……158, 161, 247, 279
監視……269
関数……22, 28, 35, 37, 42, 45, 52, 55, 85, 87, 90, 94, 108, 115, 154, 211, 269
関数型言語……12
関数型プログラミング言語……22
関数式……37
関数宣言……41, 86
関数呼び出し……45
カンマ……39, 124
キー……185, 200
キーバリュー型データベース……185
キーワード……52
機械学習モデル……154
機械のための型……24, 32
記事コンテンツ要素……217
期待値……92
機密情報……247
キュー……148
行……98
切り出す……127
切り取り……87
グーグル……6, 13, 271
クエリ……108, 111
クエリパラメーター……179, 200
組み込みAPI……6, 70
組み込みオブジェクト……53
組み込み関数……35, 130, 193
クライアント……139, 155, 226
クライアント1万台問題……8
クライアントサイド……6, 172, 226, 247, 257
クラウド……136, 151, 262
クラウドコンピューティング……271
クラウドサーバー……139
クラウドサービス……239, 269
クラス……5, 10, 13, 14, 16, 35, 181
クラスター……240, 245
クラスレスCSSフレームワーク……171
グラフィカルユーザーインターフェース……131, 274
クリーンアップ……281
クリックイベント……211, 221
クローズ……105
グローバルインストール……196, 203
訓練……154
継承……27
継続的インテグレーション／デプロイメント……276
軽量マークアップ言語……169
言語設計……24, 28
検索……97, 210, 213, 220, 223
検索エンジン……6
減算……39
健全……19
堅牢性……14
更新……102, 120, 131, 193
構造化……97, 142
購読……209
構文……11, 12, 16, 28, 35, 40, 214
効率……12
コードコメント……30, 75, 92
コードフォーマット……14
コード補完……14
コールバック関数……43, 178
互換性……16, 34
個別ページ……226, 234, 256
コマンドシェル……58, 64
コマンドプロンプト……58
コマンドライン……94, 131
コマンドライン引数……77, 79, 81, 82, 94, 96, 104, 111, 126, 177
コマンドラインインターフェース……274

コメント 15
コメントアウト 104
コレクション 193, 239, 244, 245, 260
コロン 28, 40, 166
コンストラクター 35, 138, 161, 248
コンソール 70, 73, 273
コンテキスト 154
コンテナー 262, 264, 271
コンテナーイメージ 264, 271, 276, 278, 281
コンテナーインスタンス 269
コンテナー化 262, 281
コンパイラー 22, 80, 200
コンパイル 14, 18, 39, 207, 208
コンパイル時 24
コンピューター 262, 269
コンポーザブル 250, 256, 260
コンポーネント 209, 210, 216, 223, 231, 232, 234, 260
コンポーネントベース 208

さ行

サードパーティー API 51
サーバー 6, 98, 139, 151, 155, 165, 166, 196, 200, 226, 239, 265, 269, 281
サーバーサイド 6, 8, 172, 245, 247, 260
サーバーサイド実行環境 202
サーバーサイドフレームワーク 168
サーバーサイドプログラミング 16, 138, 151, 173
サーバーサイドレンダリング 250
サーバーレス 271
サーバーレスプラットフォーム 262, 269, 271, 281
サービス 139, 196
再取得 255, 260
再代入 24, 36, 167
再評価 209
作業用ディレクトリ 63
削除 102, 123, 131, 193
作成 131
作成日 101
サジェスト 31, 94
作用 22, 39
算術演算子 39
算出可能プロパティ 209
参照 30, 42, 43, 45, 55, 102, 104, 120, 131, 160, 166, 188, 200, 213, 253
参照エラー 46, 55
参照先 246
サン・マイクロシステムズ 2
シークレット 279, 281
ジェネリクス 53
ジェネリック型 53, 55
シェルスクリプト 67
時間 70
式 35, 209
識別子 193
シグナル 209
時刻 101
自己説明的 31
字下げ 42
指示 154
自然言語 154, 173
実行環境 16, 30, 134, 138, 207, 262, 281
実行可能な形式 18
実装 27
自動化 196, 269, 276
自動スケーリング 269
自動フォーマット 62, 64
集合 26
集合論 26, 32
柔軟性 14, 28
従量課金制 159
主キー 100, 105
取得 111
仕様 269

消去……124, 131, 256
条件……42, 102, 208
条件文……42, 49, 55
条件分岐……94, 104, 107, 111, 121, 123, 126, 127, 129
乗算……39
小数……24
情報整理……131
証明書……155
初期化……37, 45, 68, 106, 124, 160, 276
初期値……36, 48
初期描画……257
ジョブ……269, 281
処理系……24, 39, 99
知らない……113
シングルファイルコンポーネント……223
シンタックスシュガー……12
シンタックスハイライト……14
推論能力……22, 28, 32
数学……24, 26, 32
数学モデル……98
数値……18, 24, 34
スーパーセット……20, 34
スキーマ……239, 244
スキーマ型……246
スクリプト……69, 139, 207, 209, 223, 231, 245, 265
スクリプト言語……24, 30, 32, 172
スケーラビリティ……269
スコープ……42, 108
スタイリング……231, 234
スタイル……170, 209, 218, 229
スタイルシート……173, 218
ステータス行……140
ステータスコード……140, 155
ステータステキスト……140
ステートレス……155
ストリーミング……148, 151, 154, 163, 169, 173
ストリームモード……163
ストレージ……176
制御構文……82
制御フロー……26, 42, 55
制御文字……75
整形……61, 112
整合性……177
成功レスポンス……195
整数……101
生成 AI……148, 154, 173
静的解析……31
静的解析……22, 31, 35, 39, 61, 71, 94, 117, 125, 131
静的型付き言語……20, 24
静的型付け……5, 18, 20, 32
静的検査……14
静的コンテンツ……176
制約……54, 100, 105, 155
積集合……26
セキュリティ……226, 247, 260
接続……105, 241, 245
設定ファイル……223, 231
説明リスト要素……217
セミコロン……40, 142
遷移……234, 256
宣言……18, 22, 28, 36, 42, 48, 52, 128, 189, 220, 255
全件取得……248
宣言的……208
宣言的プログラミング……12
漸進的型付け……13, 20, 24, 32
選択……26
選択肢……49, 55
早期リターン……128, 183
相互に排他的……26
操作……18, 26, 36, 39, 43, 55, 75, 85, 98, 155, 181, 185, 200, 260
送信イベント……255

相対パス……228
増分……165
双方向バインディング……221, 223
ソーシャルネットワーキングサービス……12
ソースコード……15, 18, 30, 32, 136, 137, 144, 231, 235, 276
属性……98, 100, 131, 208
疎結合……209
ソフトウェア……139, 155, 269
ソフトデリート……124

た行

ターミナル……58, 59, 63, 274
大規模開発……12, 16
大規模言語モデル……154
代入……22, 36, 48, 55, 80, 94
タイムライン……226
対話型AI……154, 173
タグ……142
タスク管理……131
タスクランナー……162, 165
単一ファイルコンポーネント……209
段階的な移行……13, 16
短文投稿サービス……226, 260
チェーン……45
チェーン演算子……45
チェック……18
チャット補完……161, 163
チャンク……148
注釈……15, 26, 28, 30, 32
抽象化……131, 269
直接インポート……160, 173
追加……102
ツールキット……66
ツールチェイン……14, 205
低水準言語……24
定数……36, 48
ディレクティブ……208
ディレクトリ構造……70
ディレクトリパス……228, 260
データ……18, 22, 30, 51, 55, 97, 98, 100, 124, 131, 148, 154, 185, 188, 193, 200, 208, 210, 213, 220, 223, 234, 239, 244, 260
データ型……18, 24, 34, 39, 55, 101, 105, 131
データ構造……35, 39, 55
データベース……97, 98, 100, 102, 104, 131, 185, 200, 226, 239, 244, 247, 260
データベースオブジェクト……105
データベース言語……98
データベース操作……102, 131
データモデル……181
テーブル……98, 100, 102, 105, 123, 131
テキスト……94
テキスト展開……214, 234, 260
テキストファイル……70, 73, 82, 97, 104
デコード……52
デザイン……102, 231
テスト……90, 94, 117, 276
テスト駆動開発……92
テストランナー……66, 90
手続き型……24, 28, 32
デバッガー……59
デバッグ……129, 179
デファクトスタンダード……205
デフォルトエクスポート……247
デプロイ……137, 140, 141, 142, 151, 176, 196, 200, 262, 276, 278, 281
デベロッパーツール……141, 151
伝播……129
テンプレート……177, 202, 205, 208, 264
テンプレート構文……208, 214, 216, 221, 223, 260
テンプレートリテラル……92, 220
問い合わせ……98
糖衣構文……12, 53
統一インターフェース……155, 200

動画……148
同期……221, 223
同期処理……53
投稿……234, 239, 245, 246
統合開発環境……13, 16, 59
投稿作成 API……255
投稿取得 API……253
動作エンジン……71
導出……22
動的型付け……18, 32
動的型付き言語……18, 20, 28
動的に書き換える……6
登録……102, 108, 185, 188, 200, 242
トークン……159
トークン認証……156
ドキュメンテーション……15, 30, 32
ドキュメント……15, 239, 248
ドキュメント指向……239
ドキュメント志向データベース……244
トップページ……226, 228, 234, 256
ドメイン固有言語……30, 264
トランスコンパイル……11
トランスパイル……11, 16, 19

な行

内容……100
名前……27, 30, 36, 46, 63, 216, 226
波括弧……40, 42
二項演算子……39
二重中括弧……208
日時……74, 75, 79, 94
入力値……220
入力フォーム……220, 234, 255
入力補完……31, 61
認可……155, 156, 177
人間のための型……24, 26, 32
認証……155, 156

は行

場合分け……82
バージョン管理……177, 181
バージョン管理システム……136
パース……52, 182, 200
パーセントエンコーディング……193
パーソナル・コンピューター……2
バーチャルマシン……12
ハードウェア……262, 269, 281
パーミッション……161
バイトコード……148
バイナリ実行ファイル……77
配列……18, 24, 35, 37, 39, 45, 55, 79, 188, 250
バインディング……208, 217, 252
バインド……216, 255
破壊的……79
バグ……19, 32
パス……67, 77, 139, 166, 168, 173, 200, 234
パスパラメーター……173, 193, 220, 253
パターン……49, 97, 107
パターンマッチング……166, 173
バックエンド……247, 250, 260
バッククォート……92
パッケージ……177, 207, 231
パッケージ管理……16, 134, 160, 196
パッケージ管理システム……8, 66, 203, 223, 227
ハッシュ……169
パラダイム……8
パラメーター……53, 154, 156, 166, 173, 179, 226
パラメーター名……166
貼り付け……87
バリデーション……120
半構造化データ……98
バンドラー……10, 66
ハンドル……46
バンドル……10, 16
反復……165
反復処理……43

引数……30, 37, 43, 46, 49, 53, 83, 86, 109
非構造化データ……98, 239
ビット数……24
非同期関数……52, 73
非同期処理……8, 55, 165
非同期通信……6
非同期入出力……8
秘匿性……158
ビュー……208
評価……18, 35, 39, 42, 55, 80
評価時……46
表示……139, 149, 208, 210, 211, 213, 222
標準エラー出力……130
標準化……4, 16, 151, 221
標準出力……35, 69
ビルド……264, 271, 276, 278, 281
ビルドツール……205, 223, 231
ファイル拡張子……114
ファイル構成……206, 223
ファイルシステムベースのルーティング……226
ファイル操作……94
ファイル入出力……8, 70
ファイルベースのルーティング……247
ファイルベースのルートディレクトリ……228
フィールド……101, 102, 108, 120, 124, 125
フェイスブック……12
フェッチ……213, 223
フォーマッター……151
フォーム……220
フォームデータ……187
フォーム入力要素……221
フォーム要素……221
復合……193
複合型……26
副作用……209
符号化……193
符号付き浮動小数点数……24
不整合……22
プッシュ……276
物理削除……124, 131
不変性……167
ブラウザー……2, 6, 8, 16, 69, 148, 151, 166, 197, 210
ブラウザー戦争……2
フラグ……124, 186, 203, 265, 267, 278
プラグイン……207, 231
プラットフォーム……136, 157
プリフィックス……181, 188
プリミティブ……34, 55
プリミティブ型……18, 26
プリミティブ値……37, 48, 55
フルマネージドサービス……185, 269
プレイグラウンド……137, 140, 141, 151
プレースホルダー……92
フレームワーク……172, 231
ブレンダン・アイク……2
プログラミング言語……2, 12, 24, 32
プログラム……19, 20, 22, 43, 60, 76
プログレッシブフレームワーク……228
プロジェクト……59, 63, 68, 88, 94, 138, 144, 151, 177, 196, 205, 223, 227, 228, 231, 260, 271, 276
プロセス……262
ブロック……42, 43, 55, 128
ブロックスコープ……14, 16, 49
ブロック文……41
プロトコル……139, 151, 155
プロトコルバージョン……139
プロパティ……26, 28, 30, 45, 48, 55, 117, 118, 142, 189, 192, 206, 208, 211, 214, 234, 246, 251, 257
プロパティ名……39, 46, 250
プロモート……198
フロントエンド……208, 215, 250, 260
フロントエンド開発……210, 223

フロントエンドフレームワーク……173, 202, 223, 226, 260
プロンプト……154, 161, 173
プロンプトエンジニアリング……154
文……41, 42, 69
分割代入……250
分岐……42, 49
文脈……22, 32
文脈的型付け……37, 43
ページタイトル……181, 186, 200
ヘッダー……140, 142, 146, 229
ヘルパー関数……256
変換……18, 85, 188
返信……226, 246, 251
変数……18, 22, 24, 28, 36, 40, 42, 45, 48, 55, 92, 94, 208
変数名……43
ホームディレクトリ……63
保守性……12, 30
ホスティング……137, 196
ホスティングサービス……160, 262
ポスト……226, 234, 255, 257
保存……248
ホバー……31, 71, 80, 145
本体……140, 156, 173
本文……142, 148, 151, 186, 226, 246

ま行

マークアップ……142, 173, 181, 215, 217, 234, 260
マークアップ言語……30, 169
マイクロソフト……2
マクロメディア……4
マスタッシュ……208
丸括弧……42, 43
見出し要素……142, 217, 228
無名関数……10
命題……51
命名規則……30
メソッド……35, 43, 52, 75, 139, 148, 165, 178, 185, 188, 200
メソッドチェーニング……45, 248
メソッドチェーン……244
メタフレームワーク……168, 173, 226, 247, 260
メディア種別……140, 142, 146, 151, 161, 187
メモリ……24, 28, 32
メモリ管理……24, 28
モーダルウィンドウ……158
文字コード……146
文字化け……146
モジュール……8, 10, 13, 16, 88, 90, 94, 106, 114, 144, 160, 177, 231, 235, 244, 260
モジュール依存……160, 177, 181
モジュールシステム……5, 8
モジュールバンドラー……10
文字列……18, 24, 34, 101
文字列結合……112
文字列処理……166, 200
文字列操作……97
モック……117
モックアップ……234
モデル……245, 248, 260
モデル化……244

や行

ヤフー……5
山括弧……53
ユーザーインターフェース……7, 102, 223, 250
ユーザー体験……163
ユーザー認証……136, 226
ユーティリティ CSS クラス……231
ユニーク……100
ユニオン型……26, 32, 49, 55, 110, 179
要素……18, 35, 39, 40, 43, 45, 79, 113, 165, 188
抑止……19, 32

抑制……48, 221
余白……229
呼び出し……38, 88, 183, 256
呼び出し処理……145
読み込み可能ストリーム……148
読み取り専用……48, 118, 190

ら行

ライアン・ダール……8, 134
ライブラリ……6, 10, 16, 98, 154, 155, 156, 160, 169, 173, 176, 181, 226, 231, 244, 260
ランタイム……18, 39, 46, 69, 70, 77, 151, 166, 202, 223, 226
リアクティビティ……209, 223
リアクティブ……211, 214, 257
リアクティブオブジェクト……213, 220, 223, 255
リアルタイム性……148
リクエスト……6, 139, 154, 161, 166, 178, 185, 192, 197, 200, 213, 223, 269
リクエスト行……139
リクエストヘッダー……156
リクエストボディ……185, 194, 200, 248, 256
リクエストメソッド……155, 173
リソース……148, 155, 196, 200, 269
リテラル……39, 55
リテラル型……48, 110
リファクタリング……14
リプライポスト……226
リポジトリ……265, 276
リレーショナルデータベース……98, 131, 239
リレーショナルデータベース管理システム……98
リレーショナルモデル……98
リンク……226, 234
リンター……151
ルーティング……154, 166, 185, 226, 228, 232, 260
ルートパス……228
ループ……43, 55
ループカウンター……43
レイアウト……228
例外……43
レコード……100, 102, 111, 120, 131, 185
レジストリ……276
レスポンス……6, 8, 52, 139, 141, 151, 155, 173, 178, 192, 200, 213, 222
列……98, 101, 102, 105, 131
レンダリング……226, 250
ローカル環境……144, 151, 196, 200, 276
ローカルホスト……162
ロックファイル……160, 177
論理演算子……39
論理学……26
論理削除……124, 131
論理値……18, 34
論理和……39

わ行

和集合……26

著者プロフィール

西山 雄大 (Yudai Nishiyama)

株式会社Helpfeel 開発部 プロジェクトマネージャー
京都大学大学院 人間・環境学研究科 修士課程修了。2019年に新卒でWebエンジニアとして就職し、大規模求人サイトやECサイトなどの案件で開発・管理に携わる。プログラミングについて理解を深めるうちに計算機理論分野でも修士号の取得を志すも、入試に苦戦した経験を機に転職。現職ではスクリーンショットツール「Gyazo」を開発するかたわら、個人開発や研究発表、クリエイティブなどの活動も行う。Google Cloud 認定資格（Platform Certificated Developer）、中学校・高等学校教諭一種免許状（数学）ほか取得資格多数。

Webサイト：https://yudainishiyama.com

TECHNICAL MASTER（テクニカルマスター）
はじめてのTypeScript（タイプスクリプト）
エンジニア入門編（にゅうもんへん）

発行日　2025年　2月14日　　第1版第1刷

著　者　西山（にしやま）　雄大（ゆうだい）

発行者　斉藤　和邦
発行所　株式会社　秀和システム
〒135-0016
東京都江東区東陽2-4-2　新宮ビル2F
Tel 03-6264-3105（販売） Fax 03-6264-3094
印刷所　三松堂印刷株式会社　　Printed in Japan

ISBN978-4-7980-7363-7 C3055

定価はカバーに表示してあります。
乱丁本・落丁本はお取りかえいたします。
本書に関するご質問については、ご質問の内容と住所、氏名、電話番号を明記のうえ、当社編集部宛FAXまたは書面にてお送りください。お電話によるご質問は受け付けておりませんのであらかじめご了承ください。